U0290884

新型工业化教育·应用型本科系列教材

全国电子信息类和财经类优秀教材

广东省一流专业、广东省线上线下一流课程、广东省产业学院建设教学成果

计算机应用基础

（第6版）

◆ 苑俊英　张鉴新　钟晓婷　郭中华　何伟宏　主编

电子工业出版社·

Publishing House of Electronics Industry

北京·BEIJING

内容简介

本书依据教育部高等学校大学计算机课程教学指导委员会发布的"白皮书"中对大学计算机课程的要求，结合《全国计算机等级考试大纲》编写而成。

本书内容充实，知识点丰富，主要包括：计算机基础知识、Windows 11 操作系统、金山办公软件 WPS Office（含 WPS 文字、WPS 表格、WPS 演示）、网络与搜索等。

本书为教师提供电子课件，配套教材《计算机应用基础实验教程（第 6 版）》包括与本书配套的实验、习题及解答等。

本书可作为高等学校"大学计算机"及相关课程的教材，也可供计算机入门人员参考。

图书在版编目（CIP）数据

计算机应用基础 / 苑俊英等主编. -- 6 版. -- 北京：电子工业出版社，2024. 9. -- ISBN 978-7-121-48730-9

Ⅰ. TP3

中国国家版本馆 CIP 数据核字第 2024WJ0178 号

责任编辑：章海涛　　　　　文字编辑：纪　林
印　　刷：河北迅捷佳彩印刷有限公司
装　　订：河北迅捷佳彩印刷有限公司
出版发行：电子工业出版社
　　　　　北京市海淀区万寿路 173 信箱　　邮编　100036
开　　本：787×1092　1/16　　印张：21.5　　字数：547 千字
版　　次：2010 年 9 月第 1 版
　　　　　2024 年 9 月第 6 版
印　　次：2024 年 9 月第 1 次印刷
定　　价：69.90 元

凡所购买电子工业出版社图书有缺损问题，请向购买书店调换。若书店售缺，请与本社发行部联系，联系及邮购电话：（010）88254888，88258888。

质量投诉请发邮件至 zlts@phei.com.cn，盗版侵权举报请发邮件至 dbqq@phei.com.cn。

本书咨询联系方式：192910558（QQ 群）。

前　言

计算机技术是当今世界发展最快和应用最广的技术。目前，计算机应用已经深入社会的每个领域，计算机在人们的工作、学习和生活中起着越来越重要的作用。因此，普及信息技术是现代社会发展和人们生活水平提高的迫切需要，而对于高等学校的计算机基础教育而言，"大学计算机"课程承担着重要的任务。

正是在这种背景下，我们编写了本书。本书以"大学计算机"课程的教学基本要求为前提，侧重于应用型本科院校的教学内容及学生实际的需求，重点培养学生的实际应用能力。本书的每位作者都具有丰富的教学经验，把对教学经验的总结融入本书的编写过程。

本书为广东省一流专业、广东省线上线下一流课程和广东省产业学院建设的教学成果经验总结。

本书在 2016 年被中国电子教育学会评为"**全国电子信息类和财经类优秀教材**"。

本书内容充实，知识点丰富，对于初入大学的学生来说是一本不可不读的教材。本书以计算机基础知识为主要内容，突出对学生能力的培养，让学生掌握对计算机基础知识的理解，同时掌握最流行、最实用的计算机操作技能，进而帮助自己谋求一个合适的工作或职位。

本书共 6 章，主要内容包括：第 1 章介绍计算机的发展过程、计算机中的数据和编码、计算机系统的组成、多媒体技术、计算机病毒与防治、人工智能等；第 2 章介绍 Windows 11 的基本操作、文件管理、磁盘管理、控制面板、附件、计算机的故障与维护等内容；第 3 章介绍 WPS 文字处理功能、格式设置与样式、表格编辑、插图与图表、批注与修订等内容；第 4 章介绍 WPS 表格数据处理与计算、图表制作、数据格式化与样式设置、公式与函数、表格设计布局等内容；第 5 章介绍 WPS 演示幻灯片设计与编辑、动画与过渡效果、图表和图形、演示播放与控制等内容；第 6 章介绍网络基础和搜索引擎。每章后都有小结对知识点进行总结。

本书注重理论联系实际，教师在授课过程中应采用先进的教学手段，将理论教学与实验相结合。为了提高学生的实际应用能力，本书配套有实验教材——《计算机应用基础实验教程（第 6 版）》，主要包括与本书配套的实验、习题及解答。

本书由苑俊英、张鉴新、钟晓婷等编写，主要编写人员和分工如下：第 1 章由苑俊英编写，第 2 章、第 6 章由郭中华编写，第 3 章由张鉴新编写，第 4 章由钟晓婷编写，第 5 章由何伟宏编写。全书由苑俊英、张鉴新负责统稿和定稿。

本书在编写过程中得到了珠海金山办公软件有限公司的经费资助及各级领导的大力支持。此外，邓华老师为此书提供了大量文档、视频教程资料，在此表示衷心感谢。

限于作者水平有限，书中难免有不妥之处，敬请指正。

为了让学生了解全国计算机等级考试、金山办公 KOS 认证和全国高等学校计算机水平考试（CCT），我们对相关考证进行了介绍。同时，本书提供配套的电子课件，有需要者请登录到华信教育资源网（http://www.hxedu.com.cn）后进行下载。

作　者

目　录

第 1 章

计算机基础知识

冯·诺依曼 美籍匈牙利科学家，最早提出程序存储的思想，并成功将其运用在计算机的设计中。根据该原理制造的计算机被称为冯·诺依曼结构计算机。世界上第一台冯·诺依曼计算机是 1949 年研制的 EDVAC。由于冯·诺依曼对现代计算机技术的突出贡献，因此他又被称为"计算机之父"。

计算机无疑是人类社会20世纪最伟大的发明之一，在几十年的时间里，它一直以令人难以置信的速度发展着。计算机的出现彻底改变了人类社会的文化生活，并且对人类的整个历史发展都有着不可估量的影响，标志着人类文明的发展进入了一个崭新的阶段。随着计算机技术和应用的发展，计算机已经成为人们进行信息处理的一种必不可少的工具。

本章主要介绍计算机的基本知识，使读者通过本章的学习，对计算机有概括性的了解，为以后的学习奠定基础。

1.1 计算机概述

1.1.1 计算机的起源和发展

计算机相关基础理论的研究和先进思想的出现推动了计算机的发展。1854年，英国数学家布尔（George Boole，1824—1898）提出了符号逻辑的思想，数十年后形成了计算机软件的理论基础。1936年，英国数学家图灵（Alan Turing，1912—1954）提出了著名的"图灵机"模型，探讨了现代计算机的基本概念，从理论上证明了研制通用数字计算机的可行性。1945年，匈牙利出生的美籍数学家冯·诺依曼（John von Neumann，1903—1958）提出了在数字计算机内部的存储器中存放程序的概念。这是所有现代计算机的范式，被称为"冯·诺依曼结构"。按这种结构制造的计算机被称为存储程序计算机，又称为通用计算机。几十年过去了，虽然现在的计算机系统从性能指标、运算速度、工作方式、应用领域和价格等方面与当时的计算机有很大差别，但基本结构没有变，都属于冯·诺依曼结构计算机。冯·诺依曼因此而被人们誉为"计算机之父"。

图 1-1 ENIAC

1946年，由美国宾夕法尼亚大学的工程师们开发出了世界上第一台多用途的计算机 ENIAC（Electronic Numerical Integrator And Calculator），这是一台真正现代意义上的计算机，如图1-1所示。ENIAC共使用了18000个电子管、1500个电子继电器、70000个电阻器、18000个电容器，占地面积170 m²，重达30 t，耗电140 kW，堪称"巨型机"。ENIAC能在1秒内完成5000次加法运算，ENIAC产生后立即用于军事计算。它虽然庞大笨重，不可与后来的各式计算机同日而语，但是标志着计算机的诞生。

计算机从诞生之日起，就以惊人的速度发展着，一般将电子计算机的发展分成四个阶段，如表1-1所示。

表 1-1 各发展阶段计算机的主要特点

代 别	起止年份	代表产品	硬 件			处理方式	应用领域
			逻辑单元	主存储器	其 他		
第一代	1946—1957	ENIAC EDVAC IBM-705	电子管	磁鼓 磁芯	输入、输出主要采用穿孔卡片	机器语言 汇编语言	科学计算
第二代	1958—1964	IBM-7090 ATLAS	晶体管	磁芯	外存开始采用磁带、磁盘	作业连续处理，编译语言	科学计算、数据处理、事务管理

代　别	起止年份	代表产品	硬　件			处理方式	应用领域
			逻辑单元	主存储器	其　他		
第三代	1965—1970	IBM-360 PDP-11 NOVA1200	集成电路	磁鼓 磁芯 半导体	外存普遍采用 磁带、磁盘	多道程序实时 处理	实现标准化，应 用于各领域
第四代	1971 年至今	IBM-370 VAX-11 CRAY Ⅱ	超大规模 集成电路	半导体	普遍使用各种专 业外设，大容量 磁盘	网络结构，实 时、分时处理	广泛用于各领域

1.1.2　个人计算机的发展

在计算机的发展史中，个人计算机（Personal Computer，PC）的出现和普及是计算机发展中最重大的事件。个人计算机又称为微型计算机（Microcomputer，简称微机），是以微处理器芯片为核心构成的计算机。

随着集成电路的出现，在单个芯片上集成大量的电子元件已经成为现实。Intel 公司于 1971年顺利开发出全球第一块 4 位微处理器 Intel 4004 芯片，产生了世界上第一台 4 位微型电子计算机 MCS-4。这台计算机揭开了世界微型计算机发展的序幕。

1972 年，Intel 公司研制成功 8 位微处理器 Intel 8008，即第一代微处理器，由它装备的微型计算机被称为第一代微型机。Intel 公司在 1974 年推出了新一代 8 位微处理器 Intel 8080，集成了 6000 个晶体管，并一举突破 1 MHz 的工作频率大关，达到 2 MHz。Intel 8080 是一个划时代的产品，使得 Intel 有了自己真正意义上的个人计算机微处理器。1975 年 1 月，由 MITS公司研制的以 Intel 8080 为 CPU 的全球第一台计算机 Altair 问世。另外，Intel 8080 和 Altair计算机的出现也催生了 Apple 计算机。1976 年，乔布斯和沃兹制作了 Apple Ⅰ 计算机；1977年 4 月，Apple Ⅱ 计算机上市。Apple 计算机的出现宣布了个人计算机时代的到来。

1978 年，Intel 公司成功开发了 16 位微处理器 Intel 8086，采用 H-MOS（High performance MOS）新工艺，因此比第二代的 8085 在性能方面提高了将近 10 倍。1981 年，IBM 的工程师们在佛罗里达的 Boca Raton，采用 8086 和 8088 微处理器芯片设计出了自己的个人计算机 IBM-PC，并且建立了个人计算机的标准。由于 IBM 的品牌效应，个人计算机迅速获得了成功，它的影响一直持续到了今天。

1982 年 2 月 1 日，Intel 80286 芯片正式发布。此后，以“微处理器”称谓的个人计算机沿着 Intel 所划定的 80286、80386、80486 一路走下来。1993 年，Intel 公司推出了 32 位微处理器芯片 Pentium（奔腾），其外部数据总线为 64 位，工作频率为 66～200 MHz。随后，微处理器市场经历了 Pentium Pro（高能奔腾）、Pentium MMX（多能奔腾）、Pentium Ⅱ、Pentium Ⅲ、Pentium 4 几代产品。现在流行的 64 位双核微处理器的工作频率达到了 2.4 GHz 以上。

1993 年后是 Pentium（奔腾）系列微处理器时代，通常称为第 5 代。典型产品是 Intel 公司的奔腾系列芯片及与之兼容的 AMD 的 K6 系列微处理器芯片。随着 MMX（Multi Media eXtended）微处理器的出现，微机在网络化、多媒体化和智能化等方面跨上了更高的台阶。

2005 年至今是 Core（酷睿）系列微处理器时代，通常称为第 6 代。Core 是一款领先节能的新型微架构，早期是基于笔记本处理器的。2010 年 6 月，Intel 公司再次发布革命性处理器：第二代 Core i3/i5/i7；2011 年初，发布新一代处理器微架构 SNB（Sandy Bridge）；2012 年，发布 ivy bridge（IVB）处理器。

1.1.3 我国计算机的发展

我国从 1957 年开始研制通用数字电子计算机，于 1958 年和 1959 年分别研制出了 103 小型数字计算机和 104 大型通用数字计算机，这两台机器标志着我国最早的电子数字计算机的诞生。

1983 年 12 月，我国第一个巨型机系统——"银河"超高速电子计算机系统在长沙研制成功，并通过了国家鉴定，其向量运算速度为每秒 1 亿次以上。1989 年，"银河Ⅱ"10 亿次巨型机研制成功，计算速度每秒 10 亿次以上，主频 50 MHz，其性能令世界瞩目。

从 20 世纪 90 年代初开始，国际上采用主流的微处理器芯片研制高性能并行计算机已成为一种发展趋势。国家智能计算机研究开发中心于 1993 年研制成功曙光Ⅰ号全对称共享存储多处理机。1995 年，国家智能计算机中心推出了国内第一台具有大规模并行处理机结构的并行机曙光 1000（含 36 个处理机），峰值速度每秒 35 亿次浮点运算。

1997 年，国防科技大学研制成功"银河Ⅲ"百亿次巨型并行计算机系统，采用可扩展分布共享存储并行处理体系结构，由 130 多个处理节点组成，峰值性能为每秒 130 亿次浮点运算，系统综合技术达到当时的国际先进水平。

国家智能计算机中心与曙光公司于 1997 至 1999 年先后在市场上推出具有机群结构的曙光 1000A、曙光 2000-I、曙光 2000-Ⅱ超级服务器，峰值计算速度已突破每秒 1000 亿次浮点运算，机器规模已超过 160 个处理机；2000 年，推出每秒 3000 亿次浮点运算速度的曙光 3000 超级服务器；2004 年上半年，推出每秒 1 万亿次浮点运算速度的曙光 4000 超级服务器。

2002 年，我国成功制造出首枚高性能通用 CPU——龙芯一号，结束了近二十年无"芯"的历史，并持续推动着国产芯片的发展。

2009 年 6 月 15 日，国内首台百万亿次超级计算机"魔方"在上海正式启动；同年 10 月，中国第一台千万亿次超级计算机"天河一号"在湖南长沙亮相；2010 年 8 月，第三代处理器"神威·蓝光"千万亿次超级计算机成功运行。

"神威·太湖之光"超级计算机是由国家并行计算机工程技术研究中心研制，安装在国家超级计算无锡中心。"神威·太湖之光"安装了 40960 个中国自主研发的申威 26010 众核处理器，采用 64 位自主神威指令系统，峰值性能为 12.5 亿亿次每秒，持续性能为 9.3 亿亿次每秒，核心工作频率为 1.5 GHz。2020 年 7 月，中国科学技术大学在"神威·太湖之光"上首次实现千万核心并行第一性原理计算模拟。2022 年，"神威·太湖之光"在全球超级计算机 500 强排名中位列前十。

我国计算机的发展经历了从无到有、从弱到强的发展历程，在几代科研人员的不懈努力下，在全球计算机行业中占据了一席之地。面对未来，中国计算机行业仍需坚持走自主创新之路，以科技强国为目标，不断推动技术进步和产业升级。

1.1.4 计算机的主要特点

计算机的主要特点如下。

① 运算速度快。计算机的运算速度是指在单位时间内执行的平均指令数。目前，计算机的运算速度已达每秒数万亿次，极大地提高了工作效率。

② 运算精度高。当前计算机字长为 32 位或 64 位，计算结果的有效数字可精确到几十位

甚至上百位。

③ 存储功能强。计算机具有存储"信息"的存储装置，可以存储大量的数据，需要时又可准确无误地取出。计算机这种存储信息的"记忆"能力使它能成为信息处理的有力工具。

④ 具有记忆和逻辑判断能力。计算机不仅能进行计算，还可以把原始数据、中间结果、指令等信息存储起来，随时调用，并能进行逻辑判断，从而完成许多复杂问题的分析。

⑤ 具有自动运行能力。计算机能够按照存储在其中的程序自动工作，不需要用户直接干预运算、处理和控制。这是计算机与其他计算工具的本质区别。

1.1.5　计算机的应用领域

计算机的应用已经渗透到社会的各行各业，正在改变着工作、学习和生活的方式，推动着社会的发展。归纳起来，计算机主要应用于以下几方面。

① 科学计算。科学计算也称为数值计算，通常是指完成科学研究和工程技术中提出的数学问题的计算。随着科学技术的发展，各领域的计算模型日趋复杂，人工计算已无法解决这些复杂的计算问题，需要依靠计算机进行复杂的运算。科学计算的特点是计算工作量大、数值范围变化大。

② 数据处理。数据处理也称为非数值计算，是指对大量的数据进行加工处理，如统计分析、合并、分类等。与科学计算不同，数据处理涉及的数据量大，但计算方法较简单。数据处理包括数据的采集、记载、分类、排序、存储、计算、加工、传输和统计分析等工作，结果一般以表格或文件的形式存储或输出，常常泛指非科学计算方面、以管理为主的所有应用。例如，企业管理、财务会计、统计分析、仓库管理、商品销售管理、资料管理和图书检索等。

③ 过程控制。过程控制又称为实时控制，是指用计算机及时采集检测数据，按照最佳值迅速对控制对象进行自动控制或自动调节。利用计算机进行过程控制不仅可以大大提高控制的自动化水平，还可以提高控制的及时性和准确性，从而改善劳动条件、提高质量、节约能源、降低成本。计算机过程控制已在军事、冶金、化工、机械、航天等领域得到广泛的应用。

④ CAD/CAM。计算机辅助设计（Computer Aided Design，CAD）就是用计算机帮助设计人员进行设计，如飞机船舶设计、建筑设计、机械设计、大规模集成电路设计等。计算机辅助制造（Computer Aided Manufacturing，CAM）就是用计算机进行生产设备的管理、控制和操作的过程。

除了 CAD、CAM，计算机辅助系统还有计算机辅助教学（Computer Aided Instruction，CAI）、计算机辅助教育（Computer Based Education，CBE）、计算机辅助工程（Computer Aided Engineering，CAE）、计算机辅助工艺规划（Computer Aided Process Planning，CAPP）、计算机集成制造系统（Computer Integrated Manufacture System，CIMS）等。

⑤ 多媒体（Multimedia）技术。多媒体是一种以交互方式将文本、图形、图像、音频、视频等多种媒体信息，经过计算机设备的获取、操作、编辑、存储等综合处理后，将这些媒体信息以单独或合成的形态表现出来的技术和方法。多媒体技术以计算机技术为核心，将现代声像技术和通信技术融合为一体，追求更自然、更丰富的界面，因而其应用领域十分广泛。

⑥ 网络技术。20 世纪 80 年代发展起来的因特网（internet）正在促进全球信息产业化的发展，对全球的经济、科学、教育、政治、军事等领域起着巨大的作用，可以实现各部门、地区、国家之间的信息资源共享和交换。

⑦ 虚拟现实（Virtual Reality）。虚拟现实（也称为灵境）是利用计算机生成一种模拟环境，通过多种传感设备，使用户"投入"该环境，实现用户与环境直接进行交互的目的。这种模拟环境是用计算机构成的具有表面色彩的立体图形，可以是某特定现实世界的真实写照，也可以是构想出来的世界。

⑧ 电子商务（e-Business）。电子商务是指利用计算机和网络进行的商务活动，具体地说，是指综合利用 LAN（局域网）、Intranet（企业内部网）和 Internet 进行商品与服务交易、金融汇兑、网络广告或提供娱乐节目等商业活动。交易的双方可以是企业与企业（B-to-B），也可以是企业与消费者（B-to-C）。

⑨ 人工智能（Artificial Intelligence，AI）。人工智能是指用计算机来模拟人类的智能。虽然计算机的能力在许多方面（如计算速度）远远超过了人类，但是真正要达到人类的智能还是非常遥远的事情。不过，目前一些智能系统已经能够代替人的部分脑力劳动，获得了实际的应用，尤其是在机器人、专家系统、模式识别等方面。

随着网络技术的不断发展，计算机的应用会进一步深入社会的各行各业，通过高速信息网实现数据与信息的查询、高速通信服务（如电视会议、电子邮件）、电子教育、电子娱乐、电子购物、远程医疗、交通信息查询与管理等。计算机的应用将推动信息社会更快地发展。

1.1.6　计算机的分类

从不同的角度，计算机的分类如下。

❖ 按工作原理分类：计算机可以分为数字计算机和模拟计算机。

❖ 按用途分类：计算机可以分为专用计算机和通用计算机。

❖ 按功能分类：计算机可以分为巨型机、小巨型机、大型机、小型机、工作站和微型机。

❖ 按使用方式分类：计算机可以分为掌上计算机、笔记本计算机、台式计算机、网络计算机、工作站、服务器、主机等。

❖ 新兴分类：计算机可以分为生物计算机、光子计算机、量子计算机等。

还有一些其他分类方法，这里不再详述。本书所讨论的计算机都是数字计算机，而实际操作主要针对个人计算机系列的微型计算机。

1.1.7　计算机的发展趋势

随着新技术、新发明的不断涌现和科学技术水平的提高，计算机技术也将会继续高速发展下去。从目前计算机科学的现状和趋势看，计算机将向以下 4 个方向发展。

① 巨型化。为了适应尖端科学技术的需要，将发展出一批高速度、大容量的巨型计算机。巨型机的发展集中体现了国家计算机科学的发展水平，推动了计算机系统结构、硬件和软件理论与技术、计算数学及计算机应用等方面的发展，是一个国家综合国力的反映。

② 微型化。随着信息化社会的发展，微型计算机已经成为人们生活中不可缺少的工具，所以计算机将会继续向着微型化的趋势发展。从笔记本计算机到掌上计算机，再到嵌入各种家电的计算机控制芯片，进入人体内部甚至能嵌入人脑的微机不久将成为现实。

③ 网络化。随着网络带宽的增大，计算机网络成为人们生活的一个不可或缺的部分。通过计算机网络，用户可以下载自己喜欢的电影，控制远在万里之外的家电设备，等等。

④ 智能化。智能化计算机的研究领域包括自然语言的生成与理解、模式识别、自动定理证明、专家系统、机器人等。智能化计算机的发展将使计算机科学和计算机的应用达到一个崭新的水平。

1.2 计算机中的数据和编码

1.2.1 数字化信息编码的概念

使用计算机进行信息处理，首先必须使计算机能够识别信息。信息的表示有两种形态：一是人类可识别、理解的信息形态；二是电子计算机能够识别和理解的信息形态。电子计算机只能识别机器代码，即用 0 和 1 表示的二进制数据。用计算机进行信息处理时，必须将信息进行数字化编码后，才能方便地进行存储、传送和处理等操作。

所谓编码，是采用有限的基本符号，通过某个确定的原则，对这些基本符号加以组合，用来描述大量的、复杂多变的信息。信息编码的两大要素是基本符号的种类及符号组合的规则。日常生活中常遇到类似编码的实例，如用 10 个阿拉伯数码表示数字，用 26 个英文字母表示词汇等。

冯·诺依曼结构计算机采用二进制编码形式，即用 0 和 1 两个基本符号的组合表示各种类型的信息。虽然计算机的内部采用二进制编码，但是计算机与外部的信息交流还是采用大家熟悉和习惯的形式。

1.2.2 数制

数制（Numbering System），即表示数值的方法，有非进位数制和进位数制两种。表示数值的数码与它在数中的位置无关的数制被称为非进位数制，如罗马数字就是典型的非进位数制。按进位的原则进行计数的数制被称为进位数制，简称"进制"。

进位数制的基本特点如下。

1）数制的基数确定了所采用的进位数制

表示一个数时所用的数字符号的个数称为基数（Radix），如十进制数的基数为 10、二进制数的基数为 2。N 进位数制有 N 个数字符号。例如，十进制数有 10 个数字符号，分别是 0～9；二进制有 2 个符号，分别是 0 和 1；八进制有 8 个符号，分别是 0～7；十六进制有 16 个符号，分别为 0～9 和 A～F。

2）逢 N 进 1

十进制采用逢 10 进 1，二进制采用逢 2 进 1，八进制采用逢 8 进 1，十六进制采用逢 16 进 1，如表 1-2 所示。

3）采用位权表示法

处在不同位置上的相同数字所代表的值不同，一个数字在某个固定位置上所代表的值是确定的，这个固定的位置被称为位权（Weight）或权。各种进位制中位权的值恰好是基数的整数次幂。小数点左边的第一位的位权为基数的 0 次幂，第二位的位权为基数的 1 次幂，以此类推；小数点右边第一位的位权为基数的-1 次幂，第二位位权为基数的-2 次幂，以此类推。根据这个特点，任何一种进位数制表示的数都可以写成按位权展开的多项式之和。

表 1-2 整数 0～15 的 4 种常用进制表示

十进制数	二进制数	八进制数	十六进制数	十进制数	二进制数	八进制数	十六进制数
0	0	0	0	8	1000	10	8
1	1	1	1	9	1001	11	9
2	10	2	2	10	1010	12	A
3	11	3	3	11	1011	13	B
4	100	4	4	12	1100	14	C
5	101	5	5	13	1101	15	D
6	110	6	6	14	1110	16	E
7	111	7	7	15	1111	17	F

位权和基数是进位数制中的两个要素。在计算机中常用的进位数制是二进制、八进制和十六进制。表 1-3 给出了不同进制的数按位权展开式的例子。

表 1-3 不同进制的数按位权展开式

进 制	原 始 数	按位权展开	对应的十进制数
十进制	923.56	$9\times10^2 + 2\times10^1 + 3\times10^0 + 5\times10^{-1} + 6\times10^{-2}$	923.56
二进制	1101.1	$1\times2^3 + 1\times2^2 + 0\times2^1 + 1\times2^0 + 1\times2^{-1}$	13.5
八进制	472.4	$4\times8^2 + 7\times8^1 + 2\times8^0 + 4\times8^{-1}$	314.5
十六进制	3B2.4	$3\times16^2 + 11\times16^1 + 2\times16^0 + 4\times16^{-1}$	946.25

1.2.3 不同进制之间的转换

1）r 进制数转换成十进制数

将 r 进制数转换为十进制数，其转换公式为

$$N = \pm\sum_{i=-m}^{n-1} K_i \times r^i$$

公式本身就提供了将 r 进制数转换为十进制数的方法。例如，将二进制数转换为相应的十进制数，只要将二进制数中出现 1 的位权相加即可。

例如，$(1101)_2$ 可表示为

$$(1101)_2 = 1\times2^3 + 1\times2^2 + 0\times2^1 + 1\times2^0 = (13)_{10}$$

【例 1-1】 $(10011.101)_2$ 可表示为

$$(10011.101)_2 = 1\times2^4 + 0\times2^3 + 0\times2^2 + 1\times2^1 + 1\times2^0 + 1\times2^{-1} + 0\times2^{-2} + 1\times2^{-3}$$
$$= (19.625)_{10}$$

【例 1-2】 $(125.3)_8$ 可表示为

$$(125.3)_8 = 1\times8^2 + 2\times8^1 + 5\times8^0 + 3\times8^{-1} = (85.375)_{10}$$

【例 1-3】 $(1CF.A)_{16}$ 可表示为

$$(1CF.A)_{16} = 1\times16^2 + 12\times16^1 + 15\times16^0 + 10\times16^{-1} = (463.625)_{10}$$

2）十进制数转换成 r 进制数

将十进制数转换成 r 进制数时，可将此数分成整数与小数两部分分别转换，再拼起来。下面分别进行介绍。

整数部分的转换：把十进制整数转换成 r 进制整数采用除 r 取余法，即将十进制整数不断除以 r 取余数，直到商为 0，将余数从右到左排列，首次取得的余数放在最右一位。

【例 1-4】 将十进制数 57 转换为二进制数。

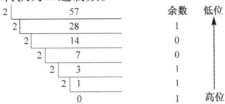

所以，$(57)_{10} = (111001)_2$。

小数部分的转换。小数部分转换成 r 进制小数采用乘 r 取整法，即将十进制小数不断乘以 r 取整数，直到小数部分为 0 或达到所求的精度为止（小数部分可能永不为 0）。所得的整数从小数点自左往右排列，取有效精度，首次取得的整数放在最左边。

【例 1-5】 将十进制数 0.3125 转换成二进制数。

	整数	高位
$0.3125 \times 2 = 0.625$	0	
$0.625 \times 2 = 1.25$	1	
$0.25 \times 2 = 0.5$	0	
$0.5 \times 2 = 1.0$	1	低位

所以，$(0.3125)_{10} = (0.0101)_2$。

注意：十进制小数常常不能准确地换算为等值的二进制小数（或其他进制数），有换算误差存在。

若将十进制数 57.3125 转换成二进制数，可分别进行整数部分和小数部分的转换，再拼在一起，结果为 $(57.3125)_{10} = (111001.0101)_2$。

3）二进制数、八进制数、十六进制数间的转换

由例 1-5 看到，十进制数转换成二进制数的转换过程比较长，为了转换方便，人们常把十进制数转换成八进制数或十六进制数，再转换成二进制数。由于二进制数、八进制数和十六进制数之间存在特殊关系：$8^1 = 2^3$，$16^1 = 2^4$，即 1 位八进制数相当于 3 位二进制数，1 位十六进制数相当于 4 位二进制数，因此转换方法就变得比较容易，如表 1-4 所示。

表 1-4　二进制数、八进制数和十六进制数之间的关系

二进制数	八进制数	二进制数	十六进制数	二进制数	十六进制数
000	0	0000	0	1000	8
001	1	0001	1	1001	9
010	2	0010	2	1010	A
011	3	0011	3	1011	B
100	4	0100	4	1100	C
101	5	0101	5	1101	D
110	6	0110	6	1110	E
111	7	0111	7	1111	F

根据这种对应关系，二进制数转换成八进制数时，以小数点为中心向左右两边分组，每 3 位为一组，两头不足 3 位补 0 即可，然后根据表 1-4 即可完成转换。

同样，二进制数转换成十六进制数时，只要将二进制数以 4 位为一组即可。

将八（十六）进制数转换为二进制数只要 1 位化 3（4）位即可。

【例 1-6】 将二进制数 1101101110.110101 转换成八进制数和十六进制数。

$$(\underbrace{001}_{1} \quad \underbrace{101}_{5} \quad \underbrace{101}_{5} \quad \underbrace{110}_{6} . \underbrace{110}_{6} \quad \underbrace{101}_{5})_2 = (1556.65)_8$$

$$(\underbrace{0011}_{3} \quad \underbrace{0110}_{6} \quad \underbrace{1110}_{E} . \underbrace{1101}_{D} \quad \underbrace{0100}_{4})_2 = (36E.D4)_{16}$$

【例 1-7】 将八（十六）进制数转换为二进制数。

$$(2C1D.A1)_{16} = (\underbrace{0010}_{2} \quad \underbrace{1100}_{C} \quad \underbrace{0001}_{1} \quad \underbrace{1101}_{D} . \underbrace{1010}_{A} \quad \underbrace{0001}_{1})_2$$

$$(7123.14)_8 = (\underbrace{111}_{7} \quad \underbrace{001}_{1} \quad \underbrace{010}_{2} \quad \underbrace{011}_{3} . \underbrace{001}_{1} \quad \underbrace{100}_{4})_2$$

1.2.4 数据存储单位

在计算机中，数据存储的最小单位为位（bit，b），1 位为 1 个二进制位（也称为比特）。

1 位太小，无法用来表示数据的信息含义，所以又引入了"字节"（Byte，B）作为数据存储的基本单位。在计算机中规定，1 字节为 8 个二进制位。除了字节，还有千字节（KB）、兆字节（MB）、吉字节（GB）、太字节（TB）、拍字节（PB）、爱字节（EB）等单位。它们的换算关系是：

❖ $1\,KB = 1024\,B = 2^{10}\,B$

❖ $1\,MB = 1024\,KB = 1024 \times 1024\,B = 2^{20}\,B$

❖ $1\,GB = 1024\,MB = 1024 \times 1024\,KB = 1024 \times 1024 \times 1024\,B = 2^{30}\,B$

❖ $1\,TB = 1024\,GB = 2^{40}\,B$

❖ $1\,PB = 1024\,TB = 2^{50}\,B$

❖ $1\,EB = 1024\,PB = 2^{60}\,B$

在谈到计算机的存储容量或某些信息量的大小时，常常使用上述存储单位，如目前个人计算机的内存容量一般达到 4 GB，硬盘容量一般在 500 GB 以上。

1.2.5 英文字符编码

计算机除了进行数值计算，大多是进行各种数据的处理，其中字符处理占有相当大的比重。由于计算机是以二进制数的形式存储和处理的，因此字符也必须按特定的规则进行二进制编码才能进入计算机。字符编码的方法很简单：首先，确定需要编码的字符总数；然后，将每个字符按照顺序确定顺序编号，编号值的大小无意义，仅作为识别与使用这些字符的依据。字符形式的多少涉及编码的位数。这如同必须有一个学号来唯一地表示某个学生，学校的招生规模决定了学号的位数一样。对于西文和中文字符，由于形式的不同，使用不同的编码。

在计算机中，最常用的英文字符编码为 ASCII（American Standard Code for Information Interchange，美国信息交换标准码），如表 1-5 所示，它原为美国的国家标准，1976 年确定为国际标准。ASCII 用 7 个二进制位表示 1 个字符，排列次序为 $d_6d_5d_4d_3d_2d_1d_0$，d_6 为高位，d_0 为低位。而一个字符在计算机内实际用 8 位表示。在正常情况下，最高位 d_0 为 0，在需要奇

表 1-5　7 位 ASCII 代码

$d_3d_2d_1d_0$	$d_6d_5d_4$							
	000	001	010	011	100	101	110	111
0000	NUL	DLE	SP	0	@	P	`	p
0001	SOH	DC1	!	1	A	Q	a	q
0010	STX	DC2	"	2	B	R	b	r
0011	ETX	DC3	#	3	C	S	c	s
0100	EOT	DC4	$	4	D	T	d	t
0101	ENQ	NAK	%	5	E	U	e	u
0110	ACK	SYN	&	6	F	V	f	v
0111	BEL	ETB	'	7	G	W	g	w
1000	BS	CAN	(	8	H	X	h	x
1001	HT	EM	)	9	I	Y	i	y
1010	LF	SUB	*	:	J	Z	j	z
1011	VT	ESC	+	;	K	[	k	{
1100	FF	PS	,	>	L	\	l	|
1101	CR	GS	-	=	M	]	m	}
1110	SO	RS	.	<	N	^	n	~
1111	SI	US	/	?	O	_	o	DEL

偶校验时，该位可用于存储奇偶校验的值，此时称该位为校验位。

ASCII 是 128 个字符组成的字符集，其中 94 个为可打印或可显示的字符，其他为不可打印或不可显示的字符。在 ASCII 的应用中，也经常用十进制数或十六进制数表示。在这些字符中，"0"～"9" "A"～"Z" "a"～"z" 都是顺序排列的，且小写字母比大写字母的值大32，即位值 d_5 为 0 或 1，这有利于大写、小写字母之间的编码转换。

有些特殊的字符编码需要记住，例如：

❖ "a" 字母字符的编码为 1100001，对应的十进制数为 97，十六进制数为 61H。
❖ "A" 字母字符的编码为 1000001，对应的十进制数为 65，十六进制数为 41H。
❖ "0" 数字字符的编码为 0110000，对应的十进制数为 48，十六进制数为 30H。
❖ " " 空格字符的编码为 0100000，对应的十进制数为 32，十六进制数为 20H。
❖ "LF（换行）" 控制符的编码为 0001010，对应的十进制数为 10，十六进制数为 0AH。
❖ "CR（回车）" 控制符的编码为 0001101，对应的十进制数为 13，十六进制数为 0DH。

1.2.6　汉字编码

用计算机处理汉字时必须先将汉字代码化，即对汉字进行编码。汉字是象形文字，种类繁多，编码比较困难，而且在一个汉字处理系统中，输入、内部存储和处理、输出等部分对汉字代码的要求不尽相同，使用的代码也不尽相同。因此，在处理汉字时，需要进行一系列的汉字代码转换。

计算机对汉字的输入、保存和输出过程如下：在输入汉字时，操作者在键盘上输入输入码，通过输入码找到汉字的国际区位码，再计算出汉字的机内码后保存内码。

而当显示或打印汉字时，则先从指定地址取出汉字的内码，根据内码从字模库中取出汉字的字形码，再通过一定的软件转换，将字形输出到屏幕或打印机上，如图 1-2 所示。

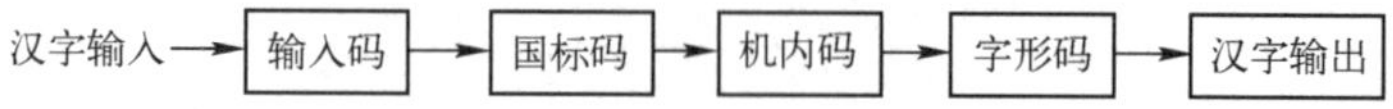

汉字输入 → 输入码 → 国标码 → 机内码 → 字形码 → 汉字输出

图 1-2　汉字信息处理系统模型

1）输入码

为了能直接使用英文键盘进行汉字输入，必须为汉字设计相应的编码，即输入码。汉字的输入码主要分为三类：数字编码、拼音编码和字形编码。

① 数字编码：用一串数字表示一个汉字，如区位码。区位码实际上是把汉字表示成二维数组，区码和位码各两位十进制数字，因此输入一个汉字需要按键 4 次。数字码缺乏规律，难于记忆，通常很少用。

② 拼音编码：以汉语拼音为基础的输入方法，如全拼输入法、搜狗输入法等。拼音法的优点是学习速度快，学过拼音就可以掌握，但重码率高，打字速度慢。

③ 字形编码：按汉字的形状进行编码，如五笔字型、郑码等。字形编码的优点是平均触键次数少，重码率低，缺点是需要背字根，不易掌握。

2）国际区位码

为了解决汉字的编码问题，1980 年我国公布了 GB 2312—1980 国家标准。此标准中含有 6763 个简化汉字，其中：一级汉字 3755 个，属常用字，按汉语拼音顺序排列；二级汉字 3008 个，属非常用字，按部首排列。在该标准的汉字编码表中，汉字和符号按区位排列，共分成 94 个区，每个区有 94 位。一个汉字的编码由它所在的区码和位码组成，称为区位码。

3）机内码

机内码是字符在设备或信息处理内部最基本的表达形式，是在设备和信息处理系统内部存储、处理、传输字符用的代码。在西文计算机中，没有交换码和机内码之分。目前，世界各大计算机公司一般均以 ASCII 为机内码来设计计算机系统。由于汉字数量多，用 1 字节无法区分，一般用 2 字节来存放汉字的内码。2 字节共 16 位，可以表示 2^{16}（65536）个可区别的码；如果 2 字节各用 7 位，就可表示 2^{14}（16384）个可区别的码。一般来说，这已经够用了。现在我国的汉字信息系统一般采用这种与 ASCII 相容的 8 位编码方案，用两个 8 位编码构成一个汉字内部码。另外，汉字字符必须与英文字符能相区别，以免造成混淆。英文字符的机内码是 7 位 ASCII，最高位为"0"，汉字机内码中 2 字节的最高位均为"1"。

为了统一地表示世界各国的文字，1993 年，国际标准化组织公布了"通用多八位编码字符集"的国际标准 ISO/IEC 10646，简称 UCS（Universal Code Set）。UCS 包含了中、日、韩等国的文字，为包括汉字在内的各种正在使用的文字规定了统一的编码方案。我国相应的国家标准为 GB 13000.1—1993《信息技术　通用多八位编码字符集（UCS）第 1 部分：体系结构与基本多文种平面》。

4）字形码

汉字字形码又称为汉字字模，用于在显示屏或打印机输出汉字。汉字字形码通常有两种表示方式：点阵和矢量。

用点阵表示字形时，汉字字形码指的就是这个汉字字形点阵的代码。根据输出汉字的要求不同，点阵的多少也不同。简易型汉字为 16×16 点阵，提高型汉字为 24×24 点阵、32×32 点阵、48×48 点阵等。点阵规模越大，字形越清晰美观，所占存储空间也越大。

矢量表示方式存储的是描述汉字字形的轮廓特征，当要输出汉字时，通过计算机的计算，由汉字字形描述生成所需大小和形状的汉字点阵。矢量化字形描述与最终文字显示的大小、分辨率无关，因此可产生高质量的汉字输出。

点阵方式的编码、存储方式简单，无须转换直接输出，但字形放大后产生的效果差，而且同一种字体不同的点阵需要不同的字库。矢量方式正好与前者相反。

1.3 计算机系统的组成

计算机系统由硬件（Hardware）系统和软件（Software）系统两部分组成，如图1-3所示。

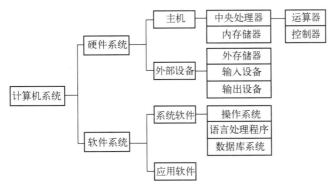

图1-3 计算机系统的组成

硬件系统是组成计算机系统的各种物理设备的总称，是计算机系统的物质基础。按照冯·诺依曼体系结构，计算机硬件包括输入设备、运算器、控制器、存储器、输出设备五部分。只有硬件系统的计算机被称为裸机，裸机只能识别由0、1组成的机器代码，对于一般用户来说几乎是没有用的。

软件系统是为运行、管理和维护计算机而编制的各种程序、数据和文档的总称。实际上，用户所面对的是经过若干层软件"包装"的计算机。计算机的功能不仅取决于硬件系统，更大程度上是由所安装的软件系统决定的。

1. 硬件系统

总的来说，计算机硬件包括运算器、控制器、存储器、输入设备和输出设备五大功能部件，如图1-4所示。

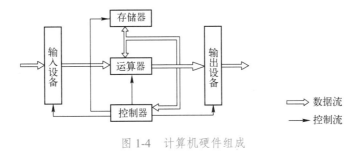

图1-4 计算机硬件组成

1）运算器

运算器又叫算术逻辑单元（Arithmetic Logic Unit，ALU），是计算机对数据进行加工处理的部件，包括算术运算（加、减、乘、除等）部件和逻辑运算（与、或、非、异或、比较等）部件。

2）控制器

控制器负责从存储器中取出指令，并对指令进行译码；根据指令的要求，按时间的先后顺序，负责向其他各部件发出控制信号，保证各部件协调一致地工作，一步一步地完成各种操作。控制器主要由指令寄存器、译码器、程序计数器、操作控制器等组成。

运算器和控制器组成硬件系统的核心部件——中央处理器（Central Processing Unit，CPU）。因为 CPU 采用大规模集成电路工艺制成，所以又被称为微处理器。

3）存储器

存储器是用来存放程序和数据的部件，分为内存储器、外存储器、高速缓冲存储器。

内存储器简称内存，也叫主存储器，分为只读存储器（Read Only Memory，ROM）和随机存储器（Random Access Memory，RAM）。内存空间的大小（一般指 RAM 部分）也叫内存的容量，对计算机的性能影响很大。内存容量越大，能保存的数据就越多，从而减少了与外存储器交换数据的频率，因此效率也越高。目前，个人计算机内存一般达到 4 GB，甚至更多。

外存储器简称外存，也叫辅存，主要用来长期存放程序和数据。通常，外存不与计算机的其他部件直接交换数据，只与内存交换数据，而且不是按单个数据进行存取，而是成批地进行数据交换。常用的外存有磁盘、磁带、光盘、移动硬盘等。目前，硬盘的存储容量一般为 500 GB 甚至更多。

高速缓冲存储器（Cache）也叫高速缓存，是 CPU 与内存之间设立的一种高速缓冲器。由于与高速运行的 CPU 数据处理速度相比，内存的数据存取速度太慢，为此在内存与 CPU 之间设置了高速缓存，其中可以保存下一步将要处理的指令和数据，以及在 CPU 运行的过程中重复访问的数据和指令，从而减少了 CPU 直接到速度较慢的内存中访问的次数。

4）输入设备

输入设备是计算机输入信息的设备，是重要的人机接口，负责将输入的信息（包括数据和指令）转换成计算机能识别的二进制代码，通过运算器再送入存储器保存。常用的输入设备包括键盘、鼠标、扫描仪、麦克风、触摸屏等。

5）输出设备

输出设备是输出计算机处理结果的设备。在大多数情况下，输出设备将这些结果转换成便于人们识别的形式。常用的输出设备有显示器、打印机、绘图仪等。

2．系统软件

系统软件是维持计算机系统的正常运行，支持用户应用软件运行的基础软件，包括操作系统、程序设计语言和数据库管理系统等。

1）操作系统

为了使计算机系统的所有资源（包括中央处理器、存储器、各种外部设备及各种软件）协调一致、有条不紊地工作，就必须有一个软件来进行统一管理和统一调度，这种软件被称为操作系统（Operating System，OS）。操作系统的功能就是管理计算机系统的全部硬件资源、软件资源及数据资源，使计算机系统所有资源最大限度地发挥作用，为用户提供方便、有效、友善的服务界面。

操作系统的功能如下：CPU 管理、存储管理、设备管理、文件管理和进程管理。实际的操作系统是多种多样的，根据侧重面和设计思想，操作系统的结构和内容存在很大差别。目前，微机常见的操作系统有 DOS、Windows、macOS、UNIX、XENIX、Linux、NetWare 等。DOS 是单用户单任务操作系统，Windows 是单用户多任务操作系统。

2）程序设计语言

程序设计语言是程序设计的最重要工具，是指计算机能够接受和处理的、具有一定格式的语言。从计算机诞生至今，计算机语言发展经历了三代。

① 机器语言：由 0、1 代码组成，能被机器直接理解、执行的指令集合。机器语言编程质量高，所占空间小，执行速度快，是机器唯一能够执行的语言。但是机器语言不易学习和修改，且不同类型机器的机器语言不同，只适合专业人员使用。

② 汇编语言：用助记符来代替机器语言中的指令和数据。汇编语言在一定程度上克服了机器语言难读难改的缺点，同时保持了其编程质量高、占用存储空间小、执行速度快的优点。不同计算机一般有不同的汇编语言。汇编语言程序必须翻译成机器语言的目标程序后再执行。

③ 高级语言：一种完全符号化的语言，采用自然语言（英语）中的词汇和语法习惯，容易被人们理解和掌握；完全独立于具体的计算机，具有很强的可移植性。用高级语言编写的程序称为源程序。源程序不能在计算机中直接执行，必须被翻译或解释成目标程序后，才能为计算机所理解和执行。高级语言的种类繁多，如面向过程的 FORTRAN、Pascal、C、BASIC 等，面向对象的 C++、Java、Visual Basic、Visual C++、Delphi、Python 等。

3）数据库管理系统

数据库管理系统主要面向解决数据处理的非数值计算问题，用于档案管理、财务管理、图书资料管理及仓库管理等的数据处理。这类数据的特点是数据量比较大，数据处理的主要内容为数据的存储、查询、修改、排序、分类等。目前，常用的数据库管理系统有 FoxPro、Access、SQL Server、Oracle、Sybase、DB2、MySQL、人大金仓等。

3．应用软件

利用计算机的软件、硬件资源为某专门的应用目的而开发的软件被称为应用软件。应用软件可以分为三大类：通用应用软件、专用应用软件及定制应用软件。一些常见的应用软件有办公软件（如 Microsoft Office）、信息管理软件（如财务管理系统、仓库管理系统、人事档案管理系统）、浏览器（如 Microsoft Internet Explorer）、图形图像处理软件（如 CorelDraw、Photoshop）、工程设计软件（如 AutoCAD、MATLAB）等。

1.4 多媒体技术简介

多媒体技术是当今计算机软件发展的一个热点。多媒体技术使得计算机可以同时交互地接收、处理并输出文本（Text）、图形（Graphics）、图像（Image）、声音（Sound）、动画（Animation）、视频（Video）等信息。

1．多媒体的基本概念

① 媒体。媒体（Medium）在计算机领域中主要有两种含义：一是指用以存储信息的实体，如磁带、磁盘、光盘、半导体存储器等；二是指用以承载信息的载体，如数字、文字、声音、

图形、图像、动画等。在计算机领域，媒体一般分为感觉媒体、表示媒体、表现媒体、存储媒体和传输媒体五类。

② 多媒体。多媒体（Multimedia），简单地说，是一种以交互方式将文本、图形、图像、声音、动画、视频等多种媒体信息，经过计算机设备的获取、操作、编辑和存储等综合处理后，以单独或合成的形态表现出来。

③ 多媒体技术。多媒体技术涉及许多学科，如图像处理技术、声音处理技术、视频处理技术及三维动画技术等，是一门跨学科的综合性技术。多媒体技术用计算机把不同的电子媒体集成并控制起来，这些媒体包括计算机屏幕显示、CD-ROM、语言和声音的合成及计算机动画等，且使整个系统具有交互性，因此多媒体技术又可被看成一种界面技术，使得人机界面更为形象、生动、友好。

2．多媒体的关键技术

多媒体的关键技术主要包括数据压缩与解压缩、媒体同步、多媒体网络、超媒体等。其中以视频和音频数据的压缩与解压缩技术最重要。

视频和音频信号的数据量大，同时要求传输速度要高，目前的微机还不能完全满足要求，因此，对多媒体数据必须进行实时的压缩与解压缩。

数据压缩技术，又称为数据编码技术，主要包括如下标准。

① JPEG 标准。JPEG（Joint Photographic Experts Group）是 1986 年制定的主要针对静止图像的第一个图像压缩国际标准。该标准制定了有损和无损两种压缩编码方案，对单色和彩色图像的压缩比通常分别为 10：1 和 15：1，常用于 CD-ROM、彩色图像传真和图文管理。许多 Web 浏览器都将 JPEG 图像作为一种标准文件格式。

② MPEG 标准。MPEG（Moving Picture Experts Group）标准实际上是数字电视标准，包括三部分：MPEG-Video、MPEG-Audio 和 MPEG-System。MPEG 是针对 CD-ROM 式有线电视（Cable-TV）传播的全动态影像，严格规定了分辨率、数据传输速率和格式，平均压缩比为50：1。

③ H.261 标准。这是国际电报电话咨询委员会（CCITT）为可视电话和电视会议制定的标准，是关于视像和声音双向传输的标准。

几十年来已经产生了各种不同用途的压缩算法、压缩手段、实现这些算法的大规模集成电路和计算机软件，人们还在不断地研究更为有效的算法。

3．多媒体计算机系统组成

多媒体计算机具有能捕获、存储、处理和展示文字、图形、声音、动画及活动影像等多种类型信息的能力。完整的多媒体计算机系统由多媒体硬件系统和多媒体软件系统组成。

1）多媒体计算机硬件系统

多媒体计算机硬件系统主要包括以下：

❖ 多媒体主机，支持多媒体指令的 CPU。

❖ 多媒体输入设备，如录像机、摄像机、CD-ROM、话筒等。

❖ 多媒体输出设备，如音箱、耳机、录像带等。

❖ 多媒体接口卡，如音频卡、视频卡、图形压缩卡、网络通信卡等。

❖ 多媒体操纵控制设备，如触摸式显示屏、鼠标、操纵杆、键盘等。

2）多媒体计算机软件系统

多媒体计算机软件系统主要包括以下：

- ❖ 支持多媒体的操作系统。
- ❖ 多媒体数据库管理系统。
- ❖ 多媒体压缩与解压缩软件。
- ❖ 多媒体通信软件。

3）多媒体个人计算机

能够处理多媒体信息的个人计算机被称为多媒体个人计算机（Multimedia Personal Computer, MPC）。目前，市场上的主流个人计算机都是MPC，配置已经远远超过了国际MPC标准。

在多媒体个人计算机中，声卡、CD-ROM驱动器是必须配置的，其他装置可根据需要选配。下面介绍多媒体个人计算机涉及的主要硬件技术。

① 声卡的配置。声卡又称为音频卡，是多媒体个人计算机的必选配件，是进行声音处理的适配器。其作用是从话筒中捕获声音，经过模数转换器，对声音模拟信号以固定的时间进行采样，变成数字化信息，经转换后的数字信息便可存储到计算机中。在重放时，再把这些数字信息输入声卡数模转换器，以同样的采样频率还原为模拟信号，经放大后作为音频输出。有了声卡，计算机便具有了听、说、唱的功能。

② 显示卡的配置。图像处理已经成为多媒体个人计算机的热门应用。图像的获取一般可通过两种方法：一是利用专门的图形、图像处理软件创作所需要的图形；二是利用扫描仪或数字照相机把照片、艺术作品或实景输入计算机。然而，上述方法只能采集静止画面，要想捕获动态画面，就需借助于电视设备。显示卡的作用就是为多媒体个人计算机和电视机、录像机或摄像机提供一个接口，用来捕获动态图像，进行实时压缩生成数字视频信号，可以存储、进行各种特技处理，像一般数据一样进行传输。

4．音频信息

1）音频的数字化

在多媒体系统中，声音是指人耳能识别的音频信息。计算机内采用二进制数表示各种信息，所以计算机内的音频信号必须是数字形式的，必须把模拟音频信号转换成有限个数字表示的离散序列，即实现音频数字化。这种处理技术涉及音频的采样、量化和编码。

2）数字音频的技术指标

数字音频的技术指标有采样频率、量化位数和声道数。采样频率是指1秒内采样的次数。

量化位数是对模拟信号的幅度轴进行数字化，决定了模拟信号数字化以后的动态范围。由于按字节运算，一般的量化位数为8位和16位。量化位数越高，信号的动态范围越大，数字化后的音频信号就越可能接近原始信号，但所需的存储空间也越大。

声道数包含单声道和双声道，双声道又称为立体声，在硬件中要占两条线路，音质、音色好，但立体声数字化后所占空间比单声道多一倍。

3）数字音频的文件格式

音频文件通常分为两类：声音文件和MIDI文件。声音文件是指通过声音录入设备录制的原始声音，直接记录了真实声音的二进制采样数据，通常文件较大；MIDI文件则是一种音乐演奏指令序列，相当于乐谱，可以利用声音输出设备或与计算机相连的电子乐器进行演奏，由于不包含声音数据，其文件尺寸较小。

数字音频是将真实的数字信号保存起来，播放时通过声卡将信号恢复成悦耳的声音。声音文件采用了不同的音频压缩算法，在保持声音质量基本不变的情况下，尽可能获得更小的文件。

① Wave 文件（.wav）：Microsoft 公司开发的一种声音文件格式，符合 RIFF（Resource Interchange File Format）文件规范，用于保存 Windows 平台的音频信息资源，被 Windows 平台及其应用程序广泛支持。

② Audio 文件（.au）：Sun Microsystems 公司推出的一种经过压缩的数字声音格式，是计算机网络中常用的声音文件格式。

③ MPEG 音频文件（.mp1/.mp2/.mp3）：MPEG 标准中的音频部分，即 MPEG 音频层（MPEG Audio Layer）。MPEG 音频文件的压缩是一种有损压缩，根据压缩质量和编码复杂程度的不同可分为三层（MPEG Audio Layer 1/2/3），分别对应 MP1、MP2、MP3 三种声音文件。MPEG 音频编码具有很高的压缩率，MP1 和 MP2 的压缩率分别为 4：1 和 6：1~8：1，MP3 的压缩率则高达 10：1~12：1，目前使用最多的是 MP3 文件格式。

④ MIDI（Musical Instrument Digital Interface，乐器数字接口）文件（.mid/.rmi）：数字音乐的标准，几乎所有的多媒体计算机都遵循这个标准。它规定了不同厂家的电子乐器与计算机连接的方案及设备间数据传输的协议。

5. 图形和图像

图像所表现的内容是自然界的真实景物，而图形实际上是对图像的抽象。组成图形的画面元素主要是点、线、面或简单立体图形等，与自然界景物的真实感相差很大。

1）图形和图像的基本属性

① 分辨率：分辨率是一个统称，分为显示分辨率、图像分辨率等。显示分辨率是指在某种显示方式下，显示屏上能够显示出的像素数目，以水平和垂直的像素数表示。图像分辨率是指组成数字图形与图像的像素数目，以水平和垂直的像素数表示。

② 颜色深度：图像中每个像素的颜色（或亮度）信息所占的二进制数位数，记为位/像素（bits per pixel，b/p）。常见颜色深度种类如下。

❖ 4 位：VGA 标准支持的颜色深度，共 16 种颜色。

❖ 8 位：数字媒体应用中的最低颜色深度，共 256 种颜色。

❖ 16 位：其中的 15 位表示 R、G、B 三种颜色，每种颜色 5 位，用余下的 1 位表示图像的其他属性。

❖ 24 位：用 3 个 8 位分别表示 R、G、B，称为 3 个颜色通道，可生成的颜色数为 16 777 216 种，约 16M 种颜色，这已成为真彩色。

❖ 32 位：同 24 位颜色深度一样，也是用 3 个 8 位通道分别表示 R、G、B（红、绿、蓝）三种颜色，剩余 8 位用来表示图像的其他属性。

③ 文件的大小：图形与图像文件的大小（也称为数据量）是指在磁盘上存储整幅图像所有点的字节数，反映了图像所需数据存储空间的大小。

2）图形和图像的数字化

计算机存储和处理的图形与图像信息都是数字化的，因此，无论以什么方式获取图形或图像信息，最终都要转换为一系列二进制数代码表示的离散数据的集合。这个集合即数字图像信息，即图形和图像的获取过程就是图形和图像的数字化过程。

数字化图像可以分为位图和矢量图两种基本类型。位图（Bit-mapped Graphics）是由许多像素组合而成的平面点阵图。其中每个像素的颜色、亮度和属性是用一组二进制像素值来表示的。矢量图（Vector Graphics）用一系列计算机指令集合的形式来描述或处理一幅图，描述的对象包括一幅图中包含的各图元的位置、颜色、大小、形状、轮廓和其他一些特性，也可以用更复杂的形式表示图像中的曲面、光照、阴影、材质等效果。

3）图形和图像文件的格式

① BMP 格式。BMP 是英文 Bitmap（位图）的缩写，是 Windows 操作系统的标准图像文件格式。这种格式的特点是包含的图像信息较丰富，几乎不进行压缩，占用磁盘空间大。最典型的应用程序就是 Windows 的画笔。

② GIF 格式。GIF（Graphics Interchange Format，图形交换格式）是用来交换图片的。GIF 是一种经过压缩的 8 位图像的格式，文件存储量很小，所以在网络上得到广泛应用，传输速度比其他格式的图像文件快得多。但是 GIF 格式不能存储超过 256 色的图形。

③ JPEG 格式。JPEG 的文件扩展名为 .jpg 或 .jpeg，在获取到极高的压缩率的同时，能得到较好的图像质量。JPEG 文件的应用非常广泛，特别是在网络和光盘读物上。目前，大多数 Web 页面都可以看到这种格式的文件，其原因就是 JPEG 格式的文件尺寸较小，下载速度快，有可能以较短的下载时间提供大量美观的图像。

④ JPEG2000 格式。JPEG2000 同样是由 JPEG 组织负责制定的。与 JPEG 相比，其压缩率提高约 30%左右。JPEG2000 同时支持有损压缩和无损压缩，因此适合保存重要图片。JPEG2000 还能提高渐进传输，即先传输图像的轮廓，再逐步传输数据，不断提高图像质量。

⑤ TIFF 格式。TIFF（Tag Image File Format）是由 Aldus 为 Macintosh 机开发的一种图形文件格式，最早流行于 Macintosh（macOS）操作系统，现在 Windows 操作系统的主流图像应用程序也支持该格式。目前，TIFF 是使用最广泛的位图格式，在 macOS 和 Windows 平台上移植 TIFF 文件十分便捷，大多数扫描仪也都可以输出 TIFF 格式的图像文件，支持的色彩数最高可达 16M 种。其特点如下：存储的图像质量高，占用的存储空间也非常大，大小是相应 GIF 图像的 3 倍、JPEG 图像的 10 倍。

⑥ PSD 格式。这是著名的 Adobe 公司的图像处理软件 Photoshop 的自建标准文件格式。PSD 其实是 Photoshop 进行平面设计的一张"草稿图"，里面包含各种图层、通道、遮罩等多种设计的样稿，以便于下次打开文件时可以修改上一次的设计。由于 Photoshop 应用越来越广泛，这种格式也逐步流行起来。

⑦ PNG 格式。PNG（Portable Network Graphics）是一种新兴的网络图像格式，汲取了 GIF 和 JPEG 两者的优点，存储形式丰富，能把图像文件压缩到极限以利于网络传输，但又能保留所有与图像品质有关的信息。目前，越来越多的软件开始支持 PNG 格式。

⑧ DXF 格式。DXF（Autodesk Drawing Exchange Format）是 AutoCAD 中的矢量文件格式，以 ASCII 方式存储文件，在表现图形的大小方面十分精确。

⑨ WMF 格式。WMF（Windows Metafile Format）是 Windows 中常见的一种图元文件格式，属于矢量文件格式。它具有文件短小、图案造型化的特点，整个图形由各自独立的组成部分拼接而成，其图形往往较粗糙。

还有其他图形图像文件格式，这里不再赘述。

6．视频信息

电影、电视、DVD、VCD 等都属于视频（Video）的范畴。视频是活动的图像，是由一系列图像组成的。在电视中，每幅图像称为一帧（Frame）；在电影中，每幅图像称为一格。

与静止图像不同，视频是活动的图像。当以一定的速率将一幅画面投射到屏幕上时，由于人眼的视觉暂留效应，人的视觉就会产生动态画面的感觉，这就是电影和电视的原理。对于人眼来说，若每秒播放 24 帧（电影的播放速率）、25 帧（PAL 制电视的播放速率）或 30 帧（NTSC 制电视的播放速率），就会产生平滑和连续的画面效果。

目前有多种视频压缩编码方法，下面简单介绍一些流行的视频格式。

① AVI 格式（.avi）。AVI（Audio Video Interleaved，音频视频交错）是 Microsoft 公司开发的一种符合 RIFF 文件规范的数字音频与视频文件格式，最初用于 Microsoft Video for Windows（VFW）环境，现在已被 Windows、macOS 等操作系统直接支持。AVI 文件目前主要应用在多媒体光盘上，用来保存电影、电视等各种影像信息，有时也出现在计算机网络上，供用户下载、欣赏新影片的精彩片段。

② MPEG 格式（.mpeg/ .mpg/ .dat）。MPEG 文件格式是运动图像压缩算法的国际标准，采用有损压缩方法，减少了运动图像中的冗余信息，同时保证每秒 30 帧的图像动态刷新率，已被几乎所有的计算机平台共同支持。MPEG 标准包括 MPEG 视频、MPEG 音频和 MPEG 系统（视频、音频同步）三部分，前文介绍的 MP3 音频文件就是 MPEG 音频的一个典型应用，Video CD（VCD）、Supper VCD（SVCD）、DVD（Digital Versatile Disk）则是全面采用 MPEG 技术所产生的新型消费类电子产品。

③ QuickTime 格式（.mov/ .qt）。QuickTime 是 Apple 公司开发的一种音频、视频文件格式，用于保存音频和视频信息，具有先进的视频和音频功能（包括 macOS、Windows 在内的所有主流计算机平台支持）。QuickTime 文件支持 25 位彩色，支持 RLE、JPEG 等领先的集成压缩技术，提供 150 多种视频效果，并提供 200 多种 MIDI 兼容音响和设备的声音装置。

④ ASF 格式。ASF（Advanced Streaming Format）是 Microsoft 开发的一种可以直接在计算机网络上观看视频节目的文件压缩格式。由于它使用了 MPEG-4 的压缩算法，因此压缩率和图像的质量都很不错。

⑤ nAVI 格式。nAVI 是 newAVI 的缩写，是一个名为 ShadowRealm 的组织发展起来的一种新视频格式（与上面所说的 AVI 格式没有太大联系）。它是由 Microsoft ASF 压缩算法修改而来的，以牺牲原有 ASF 视频文件视频"流"特性为代价，而通过增加帧率来大幅提高视频文件的清晰度。

⑥ RM 格式。Real Networks 公司所制定的音频视频压缩规范称为 Real Media，用户可以使用 RealPlayer 或 RealOne Player，对符合 RealMedia 技术规范的网络音频/视频资源进行实况转播，并且可以根据不同的网络传输速率制定出不同的压缩比率，从而实现在低速率的网络上进行影像数据实时传送和播放。RM 格式的另一个特点是，用户使用 RealPlayer 或 RealOne Player 播放器可以在不下载音频/视频内容的条件下实现在线播放。另外，RM 作为目前主流网络视频格式，还可以通过其 Real Server 服务器将其他格式的视频转换成 RM 视频，并由 Real Server 服务器负责对外发布和播放。

RM 和 ASF 格式可以说各有千秋，通常 RM 视频更柔和一些，ASF 视频则更清晰一些。

⑦ RMVB 格式。RMVB 是一种多媒体视频文件格式。RMVB 中的 VB 指 Variable Bit Rate

（可改变比特率），较上一代 RM 格式画面要清晰了很多，原因是降低了静态画面下的比特率，可以用 RealOne Player 多媒体播放器来播放。

⑧ WMV 格式。WMV 格式是独立于编码方式的在 Internet 上实时传播多媒体的技术标准。Microsoft 公司希望用其取代 QuickTime 之类的技术标准及 WAV、AVI 之类的文件扩展名。WMV 格式的主要优点在于：可扩充的媒体类型、本地或网络回放、可伸缩的媒体类型、流的优先级化、多语言支持、扩展性等。

⑨ MP4 格式。MP4（MPEG-4 Part 14）是一种使用 MPEG-4 标准的多媒体计算机档案格式，后缀为 .mp4，以存储数码音频及视频为主。另外，MP4 又可理解为 MP4 播放器，它是一种集音频、视频、图片浏览、电子书、收音机等于一体的多功能播放器。MP4 播放器都将以便携、播放视频为准则，它们可以通过 USB 或 1394 端口传输文件，很方便地将视频文件下载到设备中进行播放，而且应当自带 LCD 屏幕，以满足随时播放视频的需要。

7．计算机动画

计算机动画（Computer Animation）是利用计算机二维和三维图形处理技术，并借助动画编程软件直接生成，或对一系列人工图形进行一种动态处理后，生成的一系列可供实时演播的连续画面。

动画文件的格式如下。

① GIF 格式（.gif）。Graphics Interchange Format（图形交换格式）在 20 世纪 80 年代由美国一家著名的在线信息服务机构 CompuServe 开发而成。GIF 格式的特点是压缩比高，得以在网络上大行其道。目前，Internet 上大量采用的彩色动画文件多为这种格式的文件，也称为 GIF89a 格式文件。很多图像浏览器如 ACDSee 等都可以直接观看该类动画文件。

② Flic 格式（.fli/ .flc）。Flic 格式由 Autodesk 公司研制而成，在 Autodesk 公司出品的 Autodesk Animator、Animator Pro 和 3D Studio 等动画制作软件中均采用了这种彩色动画文件格式。Flic 是 FLC 和 FLI 的统称：FLI 是最初的基于 320×200 分辨率的动画文件格式，而 FLC 进一步扩展，它采用了更高效的数据压缩技术，所以具有比 FLI 更高的压缩比，其分辨率也有了不少提高。

③ SWF 格式（.swf）。Flash 是 Macromedia 公司的产品，严格地说，Flash 是一种动画（电影）编辑软件，可以制作出一种后缀名为 .swf 的动画，这种格式的动画能用比较小的体积来表现丰富的多媒体形式，并且可以与 HTML 文件达到一种"水乳交融"的境界。Flash 动画其实是一种"准"流（Stream）形式的文件，也就是说，我们在观看的时候，可以不必等到动画文件全部下载到本地再观看，而是随时可以观看，哪怕后面的内容还没有完全下载到硬盘中，也可以开始欣赏动画。而且，Flash 动画是利用矢量技术制作的，不管将画面放大多少倍，画面仍然清晰流畅。

1.5　计算机病毒与防治

随着计算机技术的发展和广泛应用，计算机病毒如同瘟疫对人的危害一样侵害计算机系统。计算机病毒会导致存储介质上的数据被感染、丢失和破坏，甚至整个计算机系统完全崩溃，近来更有损坏硬件的病毒出现。计算机病毒严重威胁着计算机信息系统的安全，有效预防和控制计算机病毒的产生、蔓延，清除入侵到计算机系统内的计算机病毒是用户必须关心的问题。

1994 年 2 月 18 日，我国正式颁布实施了《中华人民共和国计算机信息系统安全保护条例》，在第二十八条中明确指出："计算机病毒，是指编制或者在计算机程序中插入的破坏计算机功能或者毁坏数据，影响计算机使用，并能自我复制的一组计算机指令或者程序代码。"此定义具有法律性和权威性。

1．病毒的产生

病毒是如何产生的呢？其过程可分为程序设计、传播、潜伏、触发、运行、实行攻击等。其产生的原因可有以下几种。

① 恶作剧。某些爱好计算机并精通计算机技术的人士为了炫耀自己的高超技术和智慧，凭借对软件、硬件的深入了解，编制一些特殊程序。这些程序通过载体传播出去后，在一定条件下被触发，如显示动画、播放音乐等，然后演变成计算机病毒。此类病毒破坏性一般不大。

② 个别人的报复心理。对社会不满而心怀不轨的编程高手，可能编制一些危险性的程序，如 CIH 病毒。

③ 版权保护。计算机发展初期，由于在法律上对于软件版权保护还没有像今天如此完善，很多商业软件被非法复制。有些开发商为了保护自己的利益制作出一些特殊程序，附在产品中。目前，这种病毒已不多见。

④ 特殊目的。某些组织或个人为了达到某种特殊目的，对政府机构、单位的特殊系统进行的宣传或破坏。

⑤ 产生于游戏。编程人员在无聊时互相编制一些程序输入计算机，让程序去销毁对方的程序，如最早的"磁芯大战"，这样新的病毒又产生了。

2．病毒的特性

计算机病毒一般具有以下特征。

① 隐蔽性。计算机病毒为了不让用户发现，用尽一切手段将自己隐藏起来，一些广为流传的计算机病毒都隐藏在合法文件中。一些病毒以合法的文件身份出现，如电子邮件病毒，当用户接收邮件时，同时收下病毒文件，一旦打开文件或满足发作的条件，将对系统造成影响。当计算机加电启动时，病毒程序从磁盘上被读入内存常驻，使计算机染上病毒并有传播的条件。

② 传染性。计算机病毒能够主动将自身的复制品或变种传染到系统其他程序上。当用户对磁盘进行操作时，病毒程序通过自我复制而很快传播到其他正在执行的程序中，被感染的文件又成了新的传染源，在与其他计算机进行数据交换或是通过网络接触时，计算机病毒会继续进行传染，从而产生连锁反应，造成病毒的扩散。

③ 潜伏性。计算机病毒侵入系统后，一般不会马上发作，可长期隐藏在系统中，不会干扰计算机的正常工作，只有在满足其特定条件时才能执行其破坏功能。

④ 破坏性。计算机病毒只要入侵系统，都会对计算机系统及应用程序产生不同程度的影响。轻则降低计算机工作效率、占用系统资源；重则破坏数据、删除文件或加密磁盘、格式化磁盘、造成系统崩溃，甚至造成硬件的损坏。病毒程序的破坏性会造成严重的危害，因此不少国家（或地区）包括我国都把制造和有意扩散计算机病毒视为一种刑事犯罪行为。

⑤ 触发性。计算机病毒一般都有一个或者几个触发条件。满足其触发条件或者激活病毒的传染机制，使病毒进行传染；或者激活病毒的表现部分或破坏部分。触发的实质是一种条件的控制，病毒程序可以依据设计者的要求，在一定条件下实施攻击。这个条件可以是输入特定字符、使用特定文件、某特定日期或特定时刻、病毒内置的计数器达到一定次数等。

3．病毒的分类

从第一个病毒问世以来，病毒的种类多得已经难以准确统计。时至今日，病毒的数量仍在不断增加。据国外统计，计算机病毒数量正以 10 种/周的速度递增，另据我国公安部统计，国内以 4~6 种/月的速度在递增。

计算机病毒的分类方法有很多种。因此，同一种病毒可能有多种不同的分法。

1）按照计算机病毒攻击的系统分类

计算机病毒分为攻击 DOS 系统的病毒、攻击 Windows 系统的病毒、攻击 UNIX 系统的病毒、攻击 macOS 系统的病毒。

2）按照病毒攻击的机型分类

计算机病毒分为攻击微型计算机的病毒、攻击小型机的计算机病毒、攻击工作站的计算机病毒。

3）按照计算机病毒的链接方式分类

① 源码型病毒：攻击高级语言编写的程序，该病毒在高级语言所编写的程序编译前插入到源程序中，经编译成为合法程序的一部分。

② 嵌入型病毒：将自身嵌入现有程序，把计算机病毒的主体程序与其攻击的对象以插入的方式链接。这种计算机病毒是难以编写的，一旦侵入程序体后也较难消除。

③ 外壳型病毒：将自身包围在主程序的四周，对原来的程序不做修改。这种病毒最为常见，易于编写，也易于发现，一般通过测试文件的大小可知。

④ 操作系统型病毒：用它自己的程序意图加入或取代部分操作系统代码进行工作，具有很强的破坏力，可以导致整个系统的瘫痪。圆点病毒和大麻病毒就是典型的操作系统型病毒。

4）按照计算机病毒的破坏情况分类

① 良性计算机病毒：指不包含对计算机系统产生直接破坏作用的代码。这类病毒为了表现其存在，只是不停地进行扩散，从一台计算机传染到另一台，并不破坏计算机内的数据。有些只是表现为恶作剧。这类病毒取得系统控制权后，会导致整个系统的运行效率降低，系统可用内存总数减少，使某些应用程序暂时无法执行。

② 恶性计算机病毒：指在其代码中包含损伤和破坏计算机系统的操作，在其传染或发作时会对系统产生直接的破坏作用。这类病毒有很多，如米开朗基罗病毒。当米开朗基罗病毒发作时，硬盘的前 17 个扇区将被彻底破坏，使整个硬盘的数据无法恢复，造成的损失是无法挽回的。有的病毒甚至会对硬盘进行格式化等破坏性操作。

5）按照计算机病毒的寄生部位或传染对象分类

① 磁盘引导区传染的计算机病毒：磁盘引导区传染的病毒主要是用病毒的全部或部分逻辑取代正常的引导记录，而将正常的引导记录隐藏在磁盘的其他地方。由于引导区是磁盘能正常使用的先决条件，因此这种病毒在运行的一开始（如系统启动时）就能获得控制权，其传染性较大。由于在磁盘的引导区内存储着需要使用的重要信息，因此，如果对磁盘上被移走

的正常引导记录不进行保护，在运行过程中就会导致引导记录的破坏。引导区传染的计算机病毒较多，如"大麻"和"小球"病毒。

② 操作系统传染的计算机病毒：操作系统是计算机应用程序得以运行的支持环境，由SYS、EXE 和 DLL 等许多可执行的程序及程序模块构成。操作系统型病毒就是利用操作系统中的一些程序及程序模块寄生并传染的病毒。通常，这类病毒成为操作系统的一部分，只要计算机开始工作，病毒就处在随时被触发的状态。而操作系统的开放性和不完善性给这类病毒出现的可能性与传染性提供了方便。"黑色星期五"就是这类病毒。

③ 可执行程序传染的计算机病毒：通过可执行程序传染的病毒通常寄生在可执行程序中，一旦程序被执行，病毒就会被激活，病毒程序首先被执行，并将自身驻留内存，然后设置触发条件进行传染。

6）按照计算机病毒激活的时间分类

① 定时病毒：仅在某特定时间才发作。

② 随机病毒：一般不是由时钟来激活的。

7）按照传播媒介分类

① 单机病毒：单机病毒的载体是磁盘，在一般情况下，病毒从 U 盘、移动硬盘传入硬盘，感染系统，再传染其他 U 盘和移动硬盘，接着传染其他系统，如 CIH 病毒。

② 网络病毒：网络病毒的传播介质不再是移动式存储载体，而是网络通道，这种病毒的传染能力更强，破坏力更大，如"尼姆达"病毒。

4．病毒发作症状

当计算机感染病毒后，主要表现在以下几方面：

① 系统无法启动，启动时间延长，重复启动或突然重启。

② 出现蓝屏，无故死机或系统内存被耗尽。

③ 屏幕上出现一些乱码。

④ 出现陌生的文件，陌生的进程。

⑤ 文件时间被修改，文件大小变化。

⑥ 磁盘文件被删除，磁盘被格式化等。

⑦ 无法正常上网或上网速度很慢。

⑧ 某些应用软件无法使用或出现奇怪的提示。

⑨ 磁盘可利用的空间突然减少。

5．病毒的预防、检测和清除

1）计算机病毒的预防

病毒在计算机之间传播的途径主要有两种：一种是通过存储媒体载入计算机，如硬盘、软盘、盗版光盘、网络等；另一种是在网络通信过程中，通过不同计算机之间的信息交换，造成病毒传播。随着 Internet 的快速发展，Internet 已经成了计算机病毒传播的主要渠道。

对计算机用户而言，预防病毒的较好方法是借助主流的防病毒卡或软件。国内外不少公司和组织研制出了许多防病毒卡和防病毒软件，对抑制计算机病毒的蔓延起到很大的作用。在对计算机病毒的防治、检测和清除三个步骤中，预防是重点，检测是预防的重要补充，而清除是亡羊补牢。

2）计算机病毒的检测

阻塞计算机病毒的传播比较困难，我们应经常检查病毒，及早发现，及早根治。要想正确消除计算机病毒，必须对计算机病毒进行检测。一般说来，计算机病毒的发现和检测是一个比较复杂的过程，许多计算机病毒隐藏得很巧妙。不过，病毒侵入计算机系统后，系统常常会有前面介绍的发作症状，可以作为判断的依据。

3）计算机病毒的清除

清除计算机病毒一般有两种方法：人工清除和软件清除。

① 人工清除法：一般只有专业人员才能进行，是指利用实用工具软件对系统进行检测，清除计算机病毒。

② 软件清除法：利用专门的防治病毒软件，对计算机病毒进行检测和清除。常见的计算机病毒清除软件有：金山毒霸、瑞星杀毒软件、卡巴斯基杀毒软件、Norton Antivirus、360 安全卫士等。

1.6 云计算和大数据简介

1. 云计算

2006 年 8 月 9 日，Google 公司首席执行官埃里克·施密特在搜索引擎大会（SES San Jose 2006）首次提出了"云计算"（Cloud Computing）的概念。该概念源于 Google 工程师克里斯托弗·比希里亚所做的"Google 101"项目中的"云端计算"。2008 年年初，Cloud Computing 在中文文献中被翻译为"云计算"。

美国国家标准与技术研究院给出了关于"云计算"的定义：云计算是一种能够通过网络以便利的、按需付费的方式获取计算资源（包括网络、服务器、存储、应用和服务等）并提高其可用性的模式。这些资源来自一个共享的、可配置的资源池，并能够以最省力和无人干预的方式获取和释放。

云计算技术具有可靠性较强、服务性、可用性高、经济性、多样性服务和编程便利性共六大特征。

云计算按服务类型大致分为三类：

① 基础设施即服务（Infrastructure as a Service，IaaS）：服务提供商把计算基础（服务器、网络技术、存储和数据中心空间）作为一项服务提供给用户。

② 平台即服务（Platform as a Service，PaaS）：服务提供商将软件开发环境和运行环境等以开发平台的形式提供给用户。

③ 软件即服务（Software as a Service，SaaS）：服务提供商将应用软件提供给用户。

2. 大数据

2010 年前后，随着"第三次信息化浪潮"，云计算、大数据的快速发展，标志着大数据时代已经到来。"大数据"已经成为互联网信息技术行业的流行词汇。

大数据，又可以称为巨量数据、海量数据，指的是所涉及的数据量规模巨大到目前无法通过人工在合理时间内达到截取、管理、处理、并整理为人类所能解读的信息。

大数据有以下四个特征：

① 数据量大（Volume）：存储的数据量巨大，PB 级别是常态，"数据爆炸"成为大数据时代的鲜明特征。

② 数据类型繁多（Variety）：数据的来源及格式多种多样，数据格式除了传统的结构化数据外，还包括半结构化或非结构化数据，如音频、视频、微信、微博、位置信息、网络日志等。

③ 处理速度快（Velocity）：数据增长速度快且越新的数据价值越大，这就要求对数据的处理速度也要快，以便能够从数据中及时提取知识、发现价值。

④ 价值密度低（Value）：在大数据时代，很多有价值的信息分散在海量数据中。在成本可接受的条件下，通过快速采集、发现和分析，需要从大量、多种类别的数据中提取有价值的数据。

大数据决策成为一种新的决策方式，大数据应用促进信息技术与各行业的深度融合，大数据开发推动新技术和新应用的不断涌现，大数据将会对社会发展产生深远的影响。

1.7　增强现实和虚拟现实简介

1．增强现实

增强现实（Augmented Reality，AR）是一种全新的人机交互技术，通过一定的设备去增强在现实世界的感官体验。增强现实技术可以让用户与虚拟对象进行实时互动，突破空间、时间以及其他客观限制条件，获得一种身临其境的体验。

增强现实技术与行业的融合越来越深入，如苹果的 ARKit、谷歌的 ARCore、亚马逊的 Sumerian 等都是增强现实技术的应用产品。由于增强现实技术需要实时呈现出图像，对网速的要求非常高，而现有的互联网基础设施包括云计算设施还不足以支撑大规模的消费级增强现实应用，因此发展相对缓慢。

2．虚拟现实

虚拟现实（或"灵境"，Virtual Reality，VR）通过计算机技术生成一种模拟环境，使用户沉浸到创建出的三维动态实景，是一种对现实世界的仿真系统。

虚拟现实技术主要包括模拟环境、感知、自然技术和传感设备等方面，具有多感知性、存在感、交互性和自主性的特征。

现在的虚拟现实技术已经被应用于多个领域中，如教育、娱乐、影视、建筑、旅游等，其中以影视和娱乐方面的应用发展最快，包括 VR 游戏、VR 电影、VR 新闻等。

1.8　人工智能与大语言模型简介

1．人工智能

人工智能（Artificial Intelligence，AI）从 1956 年正式提出，现已经成为一门广泛的交叉和前沿学科，是一门基于计算机科学、生物学、心理学、神经科学、数学和哲学等学科，研究、开发用于模拟、延伸和扩展人的智能的理论、方法、技术及应用的一门新的技术科学。

1956 年 8 月，在美国汉诺斯小镇的达特茅斯学院，约翰·麦卡锡（John McCarthy）、马文·闵斯基（Marvin Minsky，人工智能与认知学专家）、克劳德·香农（Claude Shannon，信息论的创始人）、艾伦·纽厄尔（Allen Newell，计算机科学家）、赫伯特·西蒙（Herbert Simon，诺贝尔经济学奖得主）等科学家正聚在一起，讨论着一个完全不食人间烟火的主题：用机器来模仿人类学习以及其他方面的智能，这就是著名的达特茅斯会议（Dartmouth Conference）。达特茅斯会议标志着人工智能作为一个学科领域的正式诞生，从此人工智能走上了快速发展的道路。

1）发展历程

早期阶段（20世纪50至70年代）：人工智能的早期研究主要集中在符号主义方法上，即基于逻辑和规则的推理系统。此阶段出现了一些标志性的成果，如图灵提出的图灵测试，用于评估机器是否具有智能，约翰·麦卡锡提出了"人工智能"术语，并创建了世界上第一个人工智能实验室。

知识工程阶段（20世纪80至90年代）：随着专家系统的兴起，人工智能进入知识工程阶段。这个阶段注重于通过构建包含特定领域知识的系统来解决实际问题。然而，知识工程面临着知识获取和表示等难题，限制了其进一步发展。

机器学习阶段（21世纪至今）：进入21世纪后，机器学习技术的兴起为人工智能带来了新的发展机遇。机器学习通过让计算机从数据中学习规律和模式，实现了对复杂任务的自动化处理。特别是深度学习技术的突破，使得人工智能在图像识别、语音识别、自然语言处理等领域取得了显著进展。

2）典型事件

深蓝战胜卡斯帕罗夫：1997年，IBM的超级计算机"深蓝"在国际象棋比赛中战胜了世界冠军卡斯帕罗夫，标志着人工智能在特定领域达到了人类专家的水平。

AlphaGo战胜李世石：2016年，谷歌旗下的AlphaGo在与世界围棋冠军李世石的对决中以4：1的总比分获胜，展示了人工智能在复杂策略游戏中的强大实力。

GPT-3的发布：2020年，OpenAI发布了自然语言处理模型GPT-3，该模型具有惊人的文本生成能力，能够完成各种自然语言处理任务，如文本摘要、问答系统、对话生成等。

3）发展趋势

跨界融合：未来，人工智能将与更多领域进行深度融合，如医疗健康、教育、交通、金融等。通过跨界融合，人工智能将为社会带来更大的价值和变革。

技术革新：随着深度学习、强化学习、神经符号主义等技术的不断发展，人工智能将具备更强的学习、推理和决策能力。同时，量子计算等新兴技术也将为人工智能的发展提供新的可能。

伦理与安全：随着人工智能应用的日益广泛，人们越来越关注其带来的伦理和安全问题。因此，加强人工智能的伦理规范和安全保障将成为未来发展的重要方向。

普及化：随着技术的进步和应用场景的拓展，人工智能将更加普及化，不仅将在企业和政府等领域得到广泛应用，还将逐渐渗透到人们的日常生活中。

2. 大语言模型

大语言模型（Large Language Model，LLM），也称为大型语言模型，是一种人工智能模型，旨在理解和生成人类语言，在大量的文本数据上进行训练，可以执行广泛的任务，包括文本总结、翻译、情感分析等。大语言模型的特点是规模庞大，包含数十亿的参数，可以学习语言数据中的复杂模式。这些模型通常基于深度学习架构，如转化器，有助于它们在各种自然语言处理（Natural Language Processing，NLP）任务上取得令人印象深刻的表现。

生成式人工智能（Artificial Intelligence Generated Content，AIGC）是人工智能 1.0 时代进入 2.0 时代的重要标志。从计算智能、感知智能再到认知智能的进阶发展来看，生成式人工智能已经为人类社会打开了认知智能的大门。通过单个大规模数据的学习训练，令人工智能具备了多个不同领域的知识，只需要对模型进行适当的调整修正，就能完成真实场景的任务。

ChatGPT（Chat Generative Pre-trained Transformer，聊天生成预训练模型）是大语言模型和 AIGC 技术的一个成功应用实例，利用大模型的强大能力，结合自然语言处理技术，为用户提供了高质量的对话体验和内容生成服务。

ChatGPT 的工作流程如下。

（1）预训练阶段。ChatGPT 使用大规模的文本数据集进行预训练，以学习语言的统计特征、语义结构和语境理解能力。通过自监督学习方法，模型能够从数据中自动学习语言模式和规律。

（2）微调阶段。在预训练后，ChatGPT 可能经过微调，以适应特定的任务或领域。例如，可以将 ChatGPT 微调为客户服务机器人、智能助手或特定主题领域的问答系统。

（3）推理阶段。一旦经过预训练和可能的微调，ChatGPT 就可以用于实际的对话和交互。用户可以向 ChatGPT 提出问题、分享想法，或者与它进行对话，ChatGPT 会根据其训练所学到的知识和模式生成响应。

ChatGPT 的优点在于能够生成连贯、合理的文本，并且能够理解和生成多种语言结构。但是，ChatGPT 也有一些局限性，如在处理复杂的推理或跨领域知识时可能表现不佳。不过，随着技术的不断进步和模型的不断优化，ChatGPT 和类似的聊天机器人会变得越来越智能和适用于更多的场景。

3．我国大语言模型的发展

我国大模型技术已经取得了显著的进步，并涌现出一系列具有影响力的产品和应用。以下是对国内典型大模型技术和产品的详细介绍：

① 文言一心：具备强大的语言理解和生成能力，能够进行自然、流畅的对话，提供知识问答、文本创作、逻辑推理等功能，还具有多领域知识增强的特点，可广泛应用于客户服务、内容创作、教育等领域。

② AtomoVideo：阿里巴巴推出的一个高保真图像视频生成框架，利用高质量的数据集和训练策略，保持了时间性、运动强度、一致性和稳定性，具有高灵活性，可应用于长序列视频预测任务。因为与 Open AI 此前推出的文生视频模型 Sora 功能相似，AtomoVideo 也被称为"中国版 Sora"。

③ ChatGLM-6B：清华大学研发的开源对话语言模型，基于 GLM 架构，具有 62 亿参数。支持中英双语，结合模型量化技术，可以在消费级显卡上进行本地部署。

④ 讯飞星火：科大讯飞推出的认知智能大模型，具有知识增强、检索增强和对话增强的技术特色，支持跨语言、跨领域的知识理解、推理能力和多模态交互能力，可以处理文本、语音、图像等多种形式的输入。

⑤ Kimi：由月之暗面科技有限公司推出的智能助手产品，擅长中英文对话，并能阅读和

理解用户上传的文件，结合搜索结果来回答问题还能处理多种文件格式，如 TXT、PDF、Word 文档等。

⑥ 云雀大模型：抖音推出的大模型产品，其特性和应用尚未有详细公开信息，但预计将与抖音平台的内容创作和推荐系统紧密结合。

⑦ 紫东太初大模型：中国科学院研发的大模型，其具体应用场景和技术特点尚未有详细公开信息，但作为中国科学界的代表，其技术实力和应用前景值得期待。

以上国内的大模型技术和产品代表了当前人工智能领域的较高水平，不仅在技术上不断创新和突破，还在不同领域得到了广泛应用，为人们的工作和生活带来了便利和效率提升。未来，随着技术的不断进步和应用场景的不断拓展，大模型技术将发挥更加重要的作用，推动人工智能领域的发展。

4．AIGC 应用场景及代表性产品

典型的 AIGC 应用场景可以归纳如下。

① 文本生成：新闻报道、博客文章、小说、对话等自动生成；根据输入的主题或语境，创造性地生成符合逻辑和语法的文本内容。代表性应用：新闻写作机器人、内容创作助手等。

② 图像生成：艺术作品、插图、图像修复等生成；根据输入的描述或要求，创造性地生成视觉内容。代表性应用：妙鸭相机（AI 摄影师应用）、PAI 绘画（AI 绘画生成网站）等。

❖ 妙鸭相机：由阿里和优酷内部孵化，定位为"每个人的 AI 摄影师"；帮助用户"便宜、快捷、安全地追求美"，社交媒体上的晒图热情体现了大众对妙鸭生成效果的肯定。

❖ PAI 绘画：AI 绘画生成网站，接入抖音等平台；用户可以通过输入画面描述和简单设置，生成所需的画面。

③ 音频生成：音乐、声音特效、语音合成等音频内容创作；模仿不同的音频风格和声音，生成逼真的音频内容。代表性应用：音乐创作软件（如 AI 作曲工具）、语音合成软件等。

④ 视频生成：影片、动画、短视频等视频内容生成；结合图像和音频生成复杂的视频内容。代表性应用：视频剪辑软件中的 AI 剪辑功能、AI 生成的虚拟场景等。

⑤ 跨模态生成：将不同模态的内容进行结合创作，如文本转图像、音频转视频等；创造出独特的跨领域作品。代表性应用：基于文本描述生成图像或视频的应用。

AIGC 其他代表性产品如下。

❖ 阿里妈妈创意中心：大数据营销平台，结合阿里大数据，实现数字媒体的一站式触达；利用 AIGC 技术，为大型品牌主、代理公司以及中小企业提供创新的营销解决方案。

❖ 即时设计：云端 UI 设计工具及团队协作平台开发商；通过 AIGC 技术，提供高复用性的设计模式和云端资源，为用户提供高效友好的操作体验。

总之，上述 AIGC 产品和应用场景不仅展示了 AIGC 在创造性和创新方面的巨大潜力，也为各行各业带来了全新的创作方式和体验。然而，AIGC 仍然需要人类的指导和监督，以确保创作的质量和道德性。

本章小结

本章对计算机基础知识进行了总体介绍，为读者学习后面章节打下基础。

本章重点内容包括：计算机的发展、特点及分类；计算机中的数据及编码；计算机系统的组成；多媒体的基本概念，音频、图形和图像、视频、动画的基本概念；计算机病毒与防治；大数据、人工智能的基本概念。

第2章

Windows 11 操作系统

吉姆·阿尔钦 1951 年出生于美国密歇根，在佛罗里达大学短暂学习电子工程后，曾中途辍学，后又重返斯坦福大学、佐治亚理工学院等高校深造；经历多家公司，是 Vines 网络操作系统的主要负责人，被尊称为"Windows 之父"。在他的带领下，Windows NT 取代了 Novell 的地位，从网络操作系统的跟随者变成领跑者，并让 Windows 成为主流桌面平台。现在，吉姆·阿尔钦已经成为 Windows 操作系统的同义词。

操作系统是安装到计算机中的第一个系统软件，用户学习和掌握操作系统的基本操作，可以更好地管理计算机中各种软件、硬件资源，使计算机能更好地提供服务。

2.1 Windows 11 基础知识

操作系统是连接用户与其他应用程序的平台，是第一个被安装到计算机中的软件。在操作系统没有安装之前，不能安装其他任何应用软件。因此，可以将操作系统定义为：操作系统是一个大型的程序系统，负责计算机的全部软、硬件资源的分配、调度工作，控制并协调其他活动，实现信息的存取和保护。操作系统提供用户接口，使用户获得良好的工作环境，也使整个计算机系统实现高效率和高度自动化。

从 1985 年微软公司开始推广 Windows 操作系统至今，已经历了 Windows 3.1、Windows 95、Windows NT 4.0、Windows 98、Windows 98 SE、Windows ME、Windows 2000、Windows XP、Windows Server 2003、Windows Vista、Windows Server 2008、Windows 7、Windows 8，以及现在的 Windows 10、Windows 11。

Windows 11 在 2021 年 6 月 24 日公布，在 2021 年 10 月 5 日开始向符合条件的 Windows 10 设备提供免费升级，提供了许多创新功能，如新版"开始"菜单和输入逻辑等，支持与时代相符的混合工作环境。Windows 11 版本包括家庭版、专业版、专业教育版和专业工作站版等，这些版本在功能和适用范围上有所不同。例如，专业版提供了更多的企业级功能，适合需要更高级安全性和管理功能的用户。

Windows 11 还在不断更新中，每个月的第二个星期二会发布安全更新。截至 2024 年 4 月，Windows 11 正式版已更新至 22631.3447 版本，预览版已更新至 2899 版本。注意，不同版本的 Windows 11 可能在功能和价格上有所差异，建议根据自己的需求选择合适的版本。

Windows 11 的新功能如下。

1. "开始"菜单

Windows 11 带有全新的"开始"菜单和任务栏体验，如图 2-1 所示。动态磁贴已被图标取代，类似于 Android 和 iOS。用户仍然可以切换回左对齐的开始菜单，并应用强调色来自定义操作系统的外观。

图 2-1　居中的"开始"菜单

2．新的任务视图和虚拟桌面体验

重新设计的任务视图屏幕为虚拟桌面提供新的控件。默认情况下，任务栏有任务视图按钮，通过单击可以启动任务视图。任务视图可以让用户查看桌面上所有打开的窗口，包括最小化或最大化的窗口，如图 2-2 所示。

图 2-2　新的任务视图

3．全新的设置界面

打开 Windows 11 设置界面（同时按下 Windows 徽标键和 i 键），左侧为 Windows 设置选项一级菜单，不需再从设置主窗口进入，更加便捷，如图 2-3 所示。

图 2-3　全新的设置界面

4．分屏操作优化

Windows 11 的窗口提供了多种排列的方式，操作便捷，只需右键全屏化的按钮（或将光标移动到上面稍作停留），便可触发分屏机制。

图 2-4 语音输入悬浮窗

5．语音输入功能

Windows 11 的语音输入功能简直是不太爱打字或打字较慢的人群的福音，使用方法非常简单，只需要在输入文本的界面按下 Windows 徽标键+H 键，就会立刻跳出一个语音输入的悬浮窗（如图 2-4 所示），然后可以使用麦克风按钮调出语音输入。

6．实时字幕

Windows 11 具有实时字幕功能，可以为屏幕上正在播放的任何内容添加字幕。如果正在播放其中一个视频，只需按 Windows 徽标键+Ctrl+L 组合键，就会在顶部显示实时字幕栏和实时字幕，如图 2-5 所示。

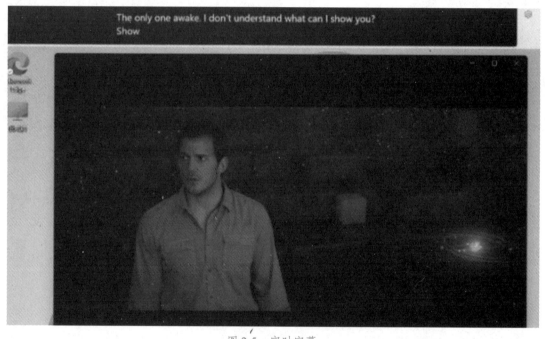

图 2-5 实时字幕

7．操作中心

新的操作中心将所有软件和系统的通知集中在一起，方便用户查看和管理，如图 2-6 所示。底部也添加了一些常用开关按钮，如平板模式开关，OneNote 按钮、定位和所有设置等，既方便又快捷，还更符合时下智能手机的操作习惯。

2.1.1　Windows 11 的安装

在安装 Windows 11 前，必须保证所使用的计算机配置已经达到 Windows 11 的基本要求。Windows 11 对计算机硬件的最低要求如表 2-1 所示。

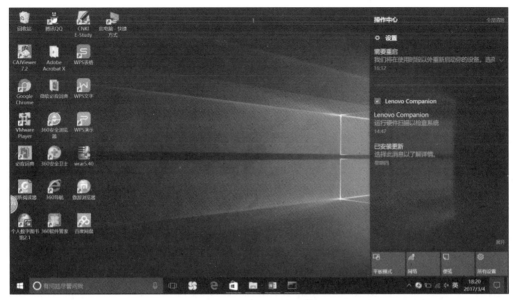

图 2-6　操作中心

表 2-1　Windows 11 硬件配置要求

设备名称	基本要求
CPU	1GHz 或更快处理器 64 位的处理器（双核或多核）或系统单芯片 SoC
内存	4GB
硬盘	64GB 或更大容量的存储设备
显卡	DirectX12 或更高版本，支持 WDDM 2.0 驱动程序
显示器	对角线长度大于 9 英寸的高清（720P）显示屏，每个颜色通道位 8 位
系统固件	支持 UEFI 安全启动
TPM	受信任的平台模块（TPM）2.0 版本

Windows 11 的安装有多种方法，比如：通过更新推送升级 Windows 11，前提条件是计算机需要符合升级条件；如果符合升级条件，但是没有收到 Windows 11 更新推送而无法升级的，就可以使用 Windows 11 安装助手升级，前提条件是需要下载并安装"Windows 11 安装助手"，可以根据提示进行升级；也可以通过创建 Windows 11 系统安装媒体工具制作启动盘或者下载 Windows 11 的 ISO 镜像文件进行安装。

下面以媒体创建工具制作启动盘这种方法为例介绍 Windows 11 的安装过程，首先制作 U 盘启动盘，然后利用启动盘进行安装。

制作 U 盘启动盘的具体过程如下。

Step1：打开微软官网 Windows 11 下载页面，在"创建 Windows 11 安装"区域下单击"立即下载"按钮，下载创建工具。

Step2：将 U 盘插入计算机的 USB 接口，并运行下载的程序，在打开的对话框中单击"接受"按钮。

Step3：保持默认选项不变，单击"下一步"按钮。

Step4：选择"U 盘"按钮，并单击"下一步"按钮。

Step5：在可移动驱动器列表中，选择要使用的 U 盘，单击"下一步"按钮。

Step6：此时该工具会开始下载 Windows 11 安装镜像，并显示下载进度。

Step7：下载完成后，即会创建 Windows 11 介质。

Step8：进入"你的 U 盘已准备就绪"界面，单击"完成"按钮。

Step9：打开 U 盘即可看到 Windows 11 系统的安装文件，到此 U 盘启动盘制作完成。

下面可以将其连接到需要安装的机器上，通过修改启动项指定 U 盘为第一启动项，即可进行装机。

安装 Windows 11 系统的操作步骤如下。

Step1：按主机的开机键，进入首界面时按 Delete 键，进入 BIOS 设置界面，选择"BIOS 功能"，在下方"选择启动优先顺序"列表中单击"启动优先权#1"后按 Enter 键。

Step2：弹出"启动优先权#1"对话框，选择优先启动的介质，即制作的 U 盘启动盘的名称（不同的 U 盘名称一般是不一样的），此时可以看到 U 盘驱动器已被设置为第一启动项。

Step3：按 F10 键，弹出"储存并离开 BIOS 设定"对话框，单击"是"按钮，完成 BIOS 设置。此时完成了将 U 盘设置为第一启动项操作，重启后，计算机将从 U 盘启动。

Step4：计算机从 U 盘启动，并加载 Windows 11 安装程序，进入启动界面，此时不用执行任何操作。

Step5：启动完成后，弹出"Windows 安装程序"界面，保持默认选项，单击"下一步"按钮。

Step6：要立即安装 Windows 11，则单击"现在安装"按钮。

Step7：进入"激活 Windows"界面，输入购买 Windows 11 操作系统时的密钥，单击"下一步"按钮。

Step8：进入"选择要安装的操作系统"界面，选择要安装的版本，单击"下一步"按钮。

Step9：进入"适用的声明和许可条款"界面，接受许可条款，然后单击"下一步"按钮。

Step10：进入"你想执行哪种类型的安装？"界面，这里选择"自定义"选项。

Step11：进入"你想将 Windows 安装在哪里？"界面，如果硬盘没有分区的新硬盘，首先进行分区操作，否则选择要安装的硬盘分区（默认情况下，系统会安装在 C 盘）。这里选择"新建"按钮。

Step12：在下方显示设置分区大小的参数，在"大小"文本框中输入"61440"，单击"应用"按钮（注意，对于 Windows 11 操作系统，系统盘容量需要 60～120GB，61440MB 即 60GB）。

Step13：弹出提示框，提示"若要确保 Windows 的所有功能都能正常使用，Windows 可能要为系统文件创建额外的分区"，单击"确定"按钮。

Step14：可以看到新建的分区，选中要安装系统的分区"分区 3"，单击"下一步"按钮。

Step15：进入"正在安装 Windows"界面，程序自动执行复制 Windows 文件、准备安装的文件、安装功能、安装更新等操作，此时等待系统自动安装即可。

Step16：安装完毕，弹出"Windows 需要重新启动才能继续"界面，单击"立即重启"按钮，计算机会自动重启。

Step17：重启后，需要等待系统进行进一步安装设置，此时不需执行任何操作，等待即可。

Step18：系统准备就绪后进入设置界面，按照提示进行设置即可。设置完成后，进入准备状态，等待一段时间即可。

到此完成了 Windows 11 操作系统的安装操作，进入 Windows 11 操作系统的桌面。

2.1.2 Windows 11 的启动和退出

启动操作系统实际上就是启动计算机，是把操作系统的核心程序从启动盘（通常为硬盘）中调入内存并执行的过程。这是用户在使用计算机不可缺少的首要操作步骤。虽然启动操作系统的内部处理过程非常复杂，但这一切都是自动执行，不需用户操心。

对于 Windows 操作系统，一般的启动方法有以下三种：

方法 1：冷启动。也称加电启动，用户只需打开计算机电源开关即可。这是计算机处于未通电状态下的启动方式。

方法 2：重新启动。可以通过"关闭计算机"对话框中的"重新启动"命令来实现。

方法 3：复位启动。用户只需长按一下主机箱面板上的 Reset 按钮（也称复位按钮）即可实现。这是在系统完全崩溃无论按什么键（包括按 Ctrl+Alt+Delete 组合键）计算机都没有反应的情况下，对计算机强行复位重新启动操作系统（注：有的品牌机没有安装这个按钮）。

1. Windows 11 的启动

Windows 11 安装完毕会自动重新启动计算机。以后需要启动 Windows 11 时，只要打开计算机即可。启动 Windows 11 后，屏幕上出现一个登录对话框，提示用户输入在 Windows 11 中注册的用户名和口令。（打开计算机的操作步骤是：先按下显示器电源开关，再打开主机电源）。

2. Windows 11 的退出

需要结束对计算机的操作时，一定要先退出 Windows 11 系统，再关闭显示器，否则会丢失文件或破坏程序。如果在没有退出 Windows 系统的情况下就关机，将认为是非法关机，下次再开机时，计算机会自动执行自检程序。

退出 Windows 11 的正确操作如下：在"开始"菜单中单击 按钮，然后选择"关机"。退出 Windows 11 后，主机电源将自动关闭，最后关闭显示器电源按钮。

2.1.3 Windows 11 桌面布局

Windows 11 的桌面包括桌面图标、桌面背景、任务栏等，如图 2-7 所示。

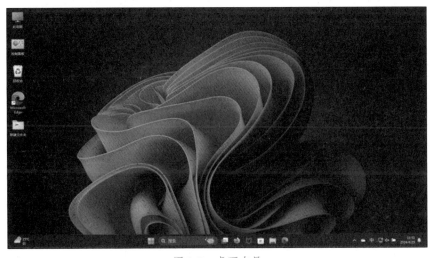

图 2-7 桌面布局

1．桌面图标

图标是系统资源的符号表示，包含了对象的相关信息，由图标和文字说明构成。图标下面的文字说明是图标打开后的窗口标题，图标可以表示应用程序、数据文件、文件夹、驱动器、打印机等对象。通过双击桌面图标可以方便、快捷地打开窗口或启动相应的应用程序，提高工作效率。

2．任务栏

桌面底部横置的长条是"任务栏"，默认包含 8 个图标，在 Windows 11 中采用居中布局。其他程序启动后，程序图标也会居中显示在任务栏中，如图 2-8 所示。如果不习惯居中布局，也可以在"设置"面板中将其设置为左对齐。

图 2-8　任务栏

2.2　Windows 11 的基本操作

Windows 11 的基本操作主要包括鼠标、键盘、窗口、对话框和菜单的操作。

2.2.1　鼠标、键盘的操作

1．鼠标的操作

鼠标是用来控制屏幕中光标移动的一种设备，计算机的大部分操作都可以用鼠标来完成。鼠标的操作比较简单，主要使用以下基本操作来实现不同的功能，如表 2-2 所示。

表 2-2　鼠标的操作方法

动　作	操作方法
单击	快速在一个对象上按鼠标一下，来选中一个对象。单击又分为单击左键和单击右键，单击左键主要用于选定图标或打开菜单等，单击右键主要用于打开当前的快捷菜单
双击	快速连续地在一个对象上单击两次鼠标左键，主要用于启动程序或是打开一个窗口
拖放	鼠标指向一个对象，按住左键并拖至目标位置，然后释放鼠标
指向	将鼠标指针指向对象，停留一段时间，即为指向或称为持续操作，主要用来显示指向对象的提示信息
滚轮	按住滚轮，然后前后滚动即可，主要用于屏幕窗口中内容的上下移动

Windows 11 常见的鼠标指针形状及其含义如表 2-3 所示。

表 2-3　鼠标指针形状及其含义

指针形状	表示状态	具体作用
ℝ	正常选择	表示准备接受用户指令
○	忙	正处于忙碌状态，此时不能执行其他操作
I	文本选择	出现在可输入文本位置，表示此处可输入文本内容
✥	移动	该光标在移动窗口或对象时出现，使用它可以移动整个窗口或对象
✋	链接选择	表示该指针所在位置是一个超级链接
⊘	不可用	鼠标所在的按钮或某些功能不能使用

2．键盘的操作

键盘是用户和计算机交流信息的主要输入设备之一。在 Windows 11 中，使用一些组合按键可以加快操作的速度，这些键的组合被称为快捷键，如表 2-4 所示。

表 2-4　Windows 10 中常用的快捷键

快捷键	功　　能	快捷键	功　　能
Ctrl + Esc	打开"开始"菜单	Del/Delete	删除选中对象
F10（或 Alt）	激活当前程序中的菜单栏	Shift + Delete	永久删除
Alt + enter	显示所选对象的属性	Esc	取消所选项目
Alt + Tab	在当前打开的各窗口间进行切换	Ctrl + shift	在不同输入法之间切换
PrintScreen	复制当前屏幕图像到剪贴板	Shift + 空格键	全角/半角切换
Alt + PrintScreen	复制当前窗口或其他对象到剪贴板	Ctrl + 空格键	输入法/非输入法切换
Alt + F4	关闭当前窗口或退出程序	F1	显示被选中对象的帮助信息
Ctrl + A	选中所有显示的对象	Ctrl + X	剪切
Ctrl + C	复制	Ctrl + V	粘贴
Ctrl + Z	撤销	Ctrl + A	选中全部内容

2.2.2　设置桌面图标

图标是文件、程序或快捷方式的图形化表示，在桌面、任务栏、"开始"菜单及整个系统中有各种图标。添加到桌面的大多数图标是快捷方式，下面将介绍如何在桌面上添加图标，更改图标样式，以及如何对桌面图标进行操作。

1．添加常用系统桌面图标

刚安装好的 Windows 11 默认情况下桌面只有"回收站"和"Microsoft Edge"两个图标，为了提高操作效率，可在桌面添加桌面图标。

Step1：在桌面空白区域单击右键，在弹出的快捷菜单中选择"个性化"命令。

Step2：弹出"设置 → 个性化"面板，选择"主题"选项。

Step3：在"主题"界面的"相关设置"区域中，单击"桌面图标设置"选项。

Step4：弹出"桌面图标设置"对话框，选中要添加图标前的复选框，单击"确定"按钮。

Step5：返回桌面，即可看到添加的系统图标。

> 对文件创建桌面快捷方式图标，直接右击要添加快捷方式的文件，在弹出的快捷菜单中选择"显示更多选项 → 发送到"命令，单击"桌面快捷方式"命令即可。

2．桌面图标的排列

随着操作系统使用时间的增加，桌面上会有越来越多的快捷方式图标，需要进行整理，变得整洁美观。具体操作如下：在桌面空白区域单击右键，在弹出的快捷菜单中选择"排列方式"命令，其中有"名称""大小""项目类型""修改日期"4 个选项，可根据自己的需要选择选项；选中后，桌面图标将按照所选要求进行排列。

3．桌面图标的删除

桌面上存在的大量图标，不仅影响系统的运行速度，也会降低用户的工作效率，因此用户可以将不必要的图标删除。具体操作如下：右键单击桌面上要删除的快捷方式图标，在弹出的快捷菜单中选择 🗑 即可。

> 桌面图标删除的只是程序或文件的快捷方式，其程序或文件本身并没有被删除。

2.2.3　窗口的操作

窗口是 Windows 的重要组成部分，限定了每个应用程序在屏幕上的工作范围，当窗口被关闭时，应用程序同时被关闭。每个窗口负责显示和处理某类信息。用户可随意在任意一个窗口上工作，并可以在各窗口间交换信息。下面介绍对窗口的一些基本操作。

1．打开窗口

打开窗口是窗口操作的第一步，只有将窗口打开，才能在窗口工作区中进行编辑或其他操作。一般情况下，可采用双击对象图标（如桌面图标）的方式来打开窗口，还可以在单击对象图标后按 Enter 键，或右击对象图标，在弹出的快捷菜单中选择"打开"命令，打开窗口。

打开窗口后，就可看到相应的窗口界面，打开的窗口不同，其中包含的内容和操作对象也不相同；即使打开相同的窗口，不同的计算机其内容也可能不相同，但它们的基本结构都是类似的。

2．最大化和最小化窗口

用户可以根据自己的需要使窗口最大化和最小化。

最大化操作：单击"最大化"按钮，可将窗口最大化并铺满整个桌面。

最小化操作：单击"最小化"按钮，可将暂时不需要的窗口最小化以节省桌面空间，窗口将以按钮的形式缩小到任务栏上。

单击"窗口还原"按钮，可以将窗口恢复到原来打开时的初始状态。当窗口最大化或以"50%"比例显示时，将鼠标指针移动到窗口的标题栏，按住鼠标左键不放往屏幕中间位置拖动窗口，即可还原窗口大小。

3．窗口的缩放

用户可以根据自己的需要对窗口的大小进行调整，以取得对窗口中信息浏览的最佳效果。具体操作如下：当用户只需要改变窗口的宽度时，可把鼠标指针放在窗口的垂直边框上，当鼠标指针变成双向的箭头时，可以任意拖动。如果只需改变窗口的高度，可以把鼠标指针放在水平边框上，当指针变成双向箭头时进行拖动。如果需要对窗口进行等比缩放，可以把鼠标指针放在边框的任意角上进行拖动。

4．窗口的移动

窗口被打开后，会遮盖住屏幕上的其他内容，为了方便操作，有时需要移动窗口的位置。

Step1：将鼠标指针移动至窗口标题栏处，按住鼠标左键不放，将窗口向任意方向拖动。

Step2：当窗口移动到需要的位置时，松开鼠标左键即可。

5．窗口的排列

Windows 11 中若要调整窗口的排列，具体的操作如下。

Step1：打开要调整的窗口，按住 Windows 徽标键并按左右方向键，如按 Windows 徽标键 + →组合键，可以看到，当前要调整的窗口会自动贴到屏幕右侧，不需手动调整大小或定位，如图 2-9 所示。

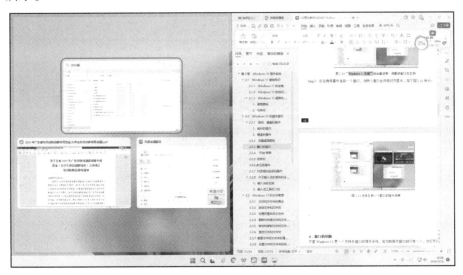

图 2-9 按 Windows 徽标键 + →组合键结果，调整的窗口在右侧

Step2：按 Windows 徽标键+ ←组合键，当前要调整的窗口会自动贴到屏幕左侧，不需手动调整大小或定位，如图 2-10 所示。

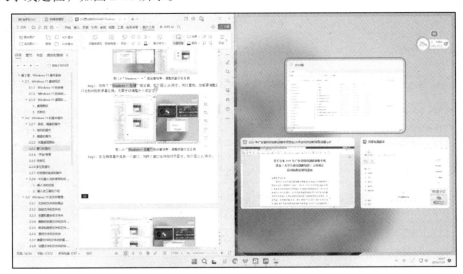

图 2-10 按 Windows 徽标键+ ←组合键结果，调整的窗口在左侧

Step3：在左侧屏幕中选择一个窗口，则两个窗口会并排对齐显示，如图 2-11 所示（注意这个是针对图 2-9 后的结果）。

Step4：将鼠标指针放置在活动窗口的"最大化"按钮上，弹出贴靠布局（或者按 Windows 徽标键+Z 组合键也可以打开贴靠布局），如图 2-12 所示。

Step5：选择其中一种贴靠布局，并选择当前窗口所处的位置，如图 2-13 所示，此时即显示所选的贴靠布局，如图 2-14 所示。

图 2-11　选择左侧一个窗口的显示结果

图 2-12　弹出贴靠布局

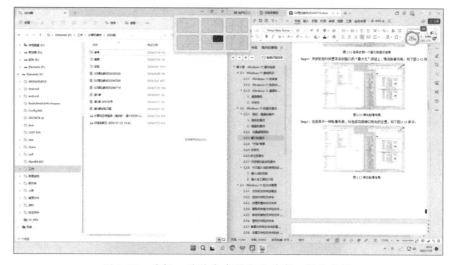

图 2-13　选择一种贴靠布局和当前窗口所处位置

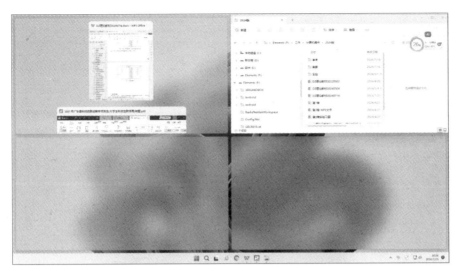

图 2-14　贴靠布局选择结果显示

Step6：选择屏幕左上方要显示的窗口，如图 2-15 所示。

图 2-15　选择屏幕左上方要显示的窗口后的显示结果

Step7：使用同样方法，选择屏幕左下侧要显示的窗口，如图 2-16 所示。

6．窗口的切换

尽管 Windows 11 是一个支持多窗口的操作系统，但当前操作窗口只有一个。当打开多个窗口时，要从当前的窗口切换到其他窗口的方法有以下几种。

方法 1：当需要切换的窗口缩小在任务栏上成为窗口按钮时，单击该窗口按钮即可将窗口还原至原始大小，并成为当前窗口。

方法 2：当需要切换的窗口显示在屏幕上又有部分可见时，单击该窗口的可见部分即可将该窗口切换为当前窗口。

方法 3：按 Alt+Tab 键，屏幕上将出现任务切换栏，所有已经打开的窗口将以窗口缩略图图标形式排列，按住 Alt 键不放的同时按住 Tab 键，就可以依次在不同窗口图标进行切换，当切换到需要打开的窗口图标后释放所有按键，就可以将该窗口切换为当前窗口。

图 2-16 选择屏幕左下侧要显示的窗口后的显示结果

7. 关闭窗口

当对某个窗口操作完毕，就可以关闭该窗口。关闭窗口的方法有以下几种。

方法 1：单击窗口标题栏右侧的 ⊠ 按钮。

方法 2：按 Alt+F4 组合键。

方法 3：右击标题栏，在弹出的快捷菜单中选择"关闭"命令。

方法 4：当需要关闭的窗口缩小在任务栏上成为窗口按钮时，右键单击该窗口按钮，然后在弹出的快捷菜单中选择"关闭"命令。

方法 5：按 Alt+Ctrl+Delete 组合键，打开"任务管理器"对话框，在"应用"选项中选择需关闭的窗口名称，然后单击"结束任务"按钮。

8. 分屏功能

Windows 11 的分屏功能可以将多个不同的应用窗口展示在一个屏幕中。具体操作如下：按住鼠标左键，将桌面的应用程序窗口向左（或向右）拖动，直至屏幕出现分屏提示框（灰色透明蒙版）松开鼠标，即可实现分屏显示窗口，如图 2-17 所示。

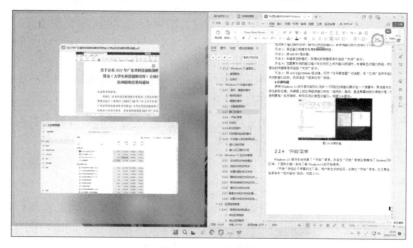

图 2-17 分屏功能

2.2.4 "开始"菜单

Windows 11 的"开始"菜单位于中央控制区域,默认位于任务栏的正中间位置。单击该按钮后,会弹出"开始"菜单,主要包括"搜索框"和"已固定"程序列表,"所有应用"按钮、"推荐的项目"列表、"用户"按钮、"电源"按钮,如图 2-18 所示。

2.2.5 任务栏

任务栏是 Windows 操作系统使用最多的桌面元素,位于窗口底部,包括"开始"按钮、搜索框、任务视图、小组件、聊天、文件资源管理器、Microsoft Edge 和 Microsoft Store。空白区域用于显示正在运行的应用程序和打开的窗口。

1. 设置任务栏属性

在任务栏的空白处单击右键,在弹出的快捷菜单中选择"任务栏设置"命令,弹出"任务栏设置"窗口,如图 2-19 所示。其中,"任务栏行为"选项可对任务栏进行对齐、标记、隐藏等设置。

图 2-18 "开始"菜单   图 2-19 "任务栏设置"窗口

2. 添加和删除任务栏的按钮

默认的 8 个按钮中,开始、搜索、任务视图、小组件按钮不可删除,只能被取消显示;要删除其他 4 个按钮,可右击该按钮,在弹出的快捷菜单中选择"从任务栏取消固定"命令。

还可在"设置 → 个性化 → 任务栏"面板的"任务栏项"区域下,将要取消显示的按钮开关设置为"关"。

如果要在任务栏中固定应用图标，可以打开所有应用列表，右击需要固定到任务栏的应用图标，在弹出的快捷键菜单中选择"更多 → 固定到任务栏"命令，即可看到选定应用的图标出现在任务栏中。

2.2.6　多任务操作

多任务操作可帮助用户更快地完成工作，如计算机上运行大量的程序、屏幕越来越拥挤时，可以创建虚拟桌面来获得更多的空间，并将需要的工作项添加进来。当需要一次性打开多个程序时，可以将这些程序分别安排在屏幕的不同位置。

1．创建多个桌面

如果用户经常需要开启大量的程序窗口进行排列而又没有多显示器配置，Windows 11 的虚拟桌面可以使杂乱无章的桌面变得整洁。用户可以添加桌面环境，将程序窗口移至新的桌面，具体操作如下。

Step1：在任务栏搜索框右侧单击"🔳"按钮，进入任务视图界面。

Step2：创建一个新的空白"桌面 2"，如图 2-20 所示。

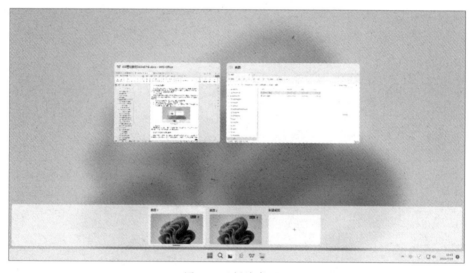

图 2-20　新建桌面 2

Step3：在任务视图界面中，将鼠标指针置于"桌面 1"上，可看到打开的程序，将鼠标指针移至"桌面 2"，可以看到是空白，没有任何打开的程序。此时，可以从桌面 1 中拖动程序图标到下方的"桌面 2"窗口，此时可以看到桌面 2 中出现了刚刚所拖动的程序图标。

2．删除虚拟桌面

若要删除创建的虚拟桌面，可以单击"任务视图"按钮，然后单击"桌面 2"右上方的"关闭"按钮，此时"桌面 2"中的程序图标将全部回到系统桌面。

2.2.7　对话框的组成和操作

对话框是特殊类型的窗口，可以提出问题，允许用户选择选项来执行任务，或提供信息。

与常规窗口不同，多数对话框无法最大化、最小化或调整大小，但它们可以被移动。对话框与窗口在一些地方具有共同点，但对话框比窗口更简洁、更直观，更侧重于与用户的交流。一般的对话框主要包括标题栏、标签和选项卡、文本框、复选框、列表框、下拉列表、微调框、单选按钮、命令按钮等，如图 2-21 所示。

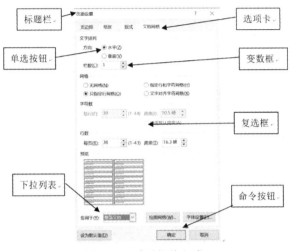

图 2-21　对话框的组成

对话框的组成元素的功能如表 2-5 所示。

表 2-5　对话框的组成元素的功能

名　称	功　能
标题栏	位于对话框的最上方，左侧标明该对话框的名称，右侧为"关闭"按钮。有些对话框包含"帮助"按钮
选项卡	Windows 将所有相关功能的对话框合在一起形成一个多功能对话框，选项卡是每项功能在对话框中叠放的页。单击对话框顶端的标签，可以打开相应的选项卡
文本框	文本框是需要用户输入信息的方框。在文本框中输入信息前，先将光标移到该文本框中，这时鼠标光标变为垂直的插入光标，即可输入信息
复选框	用户可以选择任意多个选项。复选框中的每个选项的左边都有一个小方框，称为选择框。当选择框中显示"√"时，表示该项被选中
列表框	列表框用来将系统所提供的所有选项列在一个选项框中，用户可以通过滚动条来选择需要的选项，而且通常列表框是单选的，当用户选择某项后，其余选项被取消
下拉列表框	下拉列表框是一个单行列表框，右侧有一个向下箭头按钮，当单击该按钮时，将弹出一个下拉列表，用户可以在该下拉列表中选择相应的选项
单选按钮	用户只能在多项中选择一项。单选按钮中的每个选项的左边都有一个圆圈，称为选项按钮，选中的选项按钮有一个小黑点
命令按钮	单击对话框中的命令按钮，将执行一个命令。例如，单击"取消"按钮，可放弃所设定的选项并关闭对话框。若某命令按钮是灰色的，则表示该按钮当前不能使用

2.2.8　中文输入法的使用和设置

Windows 11 的默认输入语言是中文，如果输入英文，就需要进行输入法切换。

1．输入法的切换

Windows 11 自带两款中文输入法：微软拼音和微软五笔。用户可以在不同输入法间进行切换。具体操作方法如下。

方法 1：单击任务栏的语言栏中的 中 按钮，可以进行中、英文切换。

方法 2：按 Windows+空格键组合键，输入法依次切换；按 Ctrl+空格键，进行中文、英文输入法的切换。

方法 3：按 Ctrl+Shift 组合键，输入法依次切换；按 Ctrl+空格键，进行中文、英文输入法的切换。

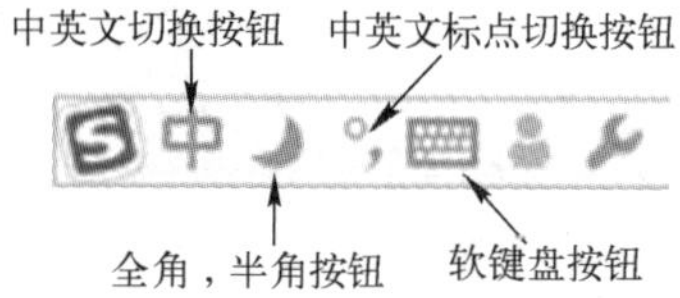

图 2-22 中文输入法工具栏

2．输入法工具栏介绍

当选择某种输入法后，将出现输入法工具栏。下面以"搜狗拼音输入法"为例，如图 2-22 所示。

1）中文、英文切换

单击此按钮，可以在输入中文和输入英文之间进行切换。当按钮上显示的是 中 图标，表示中文输入状态；当按钮上显示的图标是 英 时，表示英文输入状态。

2）全角、半角切换

当图标为 ⏜ 时，表示现在是半角方式，输入的英文和数字等都只有汉字的一半宽，在内存中作为西文符号来存放。当图标为 ● 时，表示现在是全角方式，输入的英文和数字等都与汉字一样宽，在内存中作为汉字来存放。

3）中文、英文标点切换

当图标为 ° 时，表示现在是中文标点方式，输入的标点符号为中文形式的。当图标为 ¨ 时，表现为英文标点方式，输入的标点符号为英文形式的。

4）软键盘的用法

右击"软键盘"按钮，在弹出的快捷菜单中选择其中一项。再次单击"软键盘"按钮，即可关闭软键盘。中文标点符号与对应的按键如表 2-6 所示。

表 2-6 中文标点符号与对应的按键

标点名称	中文标点	按　键	标点名称	中文标点	按　键
顿号	、	\	左书名号	《	<
双引号	" "	"	右书名号	》	>
单引号	' '	'	句号	。	.
破折号	—	-	连接号	—	&
省略号	……	^	货币符号	￥	$

2.3 Windows 11 的文件管理

文件和文件夹是计算机中比较重要的概念之一，在 Windows 11 中，几乎所有任务都涉及文件和文件夹的操作，实现对信息的组织和管理。

2.3.1 文件和文件夹的概念

1．文件

文件是有名称的一组相关信息的集合。计算机中所有的程序和数据都是以文件形式存放在存储器上的，可以是用户创建的文档，也可以是可执行的应用程序或一张图片、一段音频等。为了区分这些各不相同的文件，每个文件都要有一个名字，称为文件名。文件全名一般由文件名和扩展名组成，中间以"."作为间隔，即"文件名.扩展名"。文件名是文件的名字，文件的扩展名用于说明文件的类型。

文件名的命名规则是：文件名长度不能超过 256 个字符，可以包含英文字母、汉字、数字和一些特殊符号，但是文件名不能包含 9 个字符：？、\、*、|、"、<、>、:、/。

例如，"My first file.DOC"和"我的文档 1.TXT"是合法的，"D*T.DOC"和"A/B.TXT"是非法的。

建议文件名应符合见名知义，以便于记忆。

文件名一般由用户定义，而扩展名由创建文件的应用程序自动创建。扩展名由 0～4 个有效字符组成，不区分大小写。常见文件扩展名如表 2-7 所示。

表 2-7　常见文件扩展名

扩展名	文件类型	说　　明
exe、com	可执行程序文件	可执行程序文件
sys	驱动程序文件	系统的驱动程序文件
bat	批处理文件	将一批系统命令或可执行程序名存储在文件中，执行该文件名字，即可连续执行这些操作
hlp	帮助文件	提供系统或应用程序的使用说明
doc	Word 文档文件	Microsoft Office Word 文字处理软件所创建的文档
txt	纯文本文件	Windows 记事本创建的文件
c、cpp、bas	源程序文件	C、C++、Basic 程序设计语言产生的源程序文件
dat	数据文件	数据文件
obj	目标文件	源程序经编译产生的目标文件
dbf	数据库文件	数据库系统建立的数据文件
zip、rar	压缩文件	经 WinZip、WinRAR 压缩软件压缩后的文件
htm	网页文件	在网络上浏览的超文本标记文件
bmp、jpg、gif	图像文件	位图，利用 JPEG 方式压缩的图像、压缩比高，但不能存储超过 256 色图像的 GIF 图像文件
wav、mp3、mid	音频文件	Microsoft 的音频文件格式、采用 MPEG 音频压缩标准进行压缩的格式和乐器数字接口格式
wmv、rm、qt	流媒体文件	Microsoft 的 WMV 视频格式、RealNetworks 的 RM 格式和 Apple 的 QT 格式

2．通配符

Windows 11 文件名中可以使用通配符"？"和"*"表示具有某些共性的文件。"？"代表任意位置的任意一个字符，"*"代表任意位置的任意多个字符。

例如，*.*表示所有文件，*.exe 代表扩展名为 exe 的所有文件，AB?.txt 代表以 AB 开头的文件名为 3 个字符的所有扩展名为 txt 的文本文件。

3．文件夹和文件的位置

1）文件夹

磁盘是存储文件的设备，一个磁盘上通常存放了大量的文件。为了便于管理，引入了文件夹的概念。文件夹是一种层次化的逻辑结构，用来实现对文件的组织和管理。文件夹中不仅可以包含文件和文件夹，也可以包含打印机、计算机等。某磁盘的根文件夹又叫根目录。双击"计算机"，再双击某个磁盘的图标，可以看到该盘的根目录，根目录用"\"表示。

2）文件的位置（路径）

目录（文件夹）是一个层次式的树结构，目录可以包含子目录，最高层的目录通常为根目录。路径的一般表达方式是：

驱动器号:\子目录 1\子目录 2\...\子目录 n

驱动器号:\子文件夹 1\子文件夹 2\...\子文件夹 n

文件在磁盘上的位置（路径）包含了要找到指定文件所顺序经过的全部文件夹。

例如，图 2-23 所示目录中文件 Notepad.exe 的路径为 C:\Windows\System32\Notepad.exe。

图 2-23　树结构目录

2.3.2　选定文件和文件夹

在 Windows 中对文件或文件夹进行操作时，都应遵循"先选定后操作"的规则。选定操作可分为以下几种情况。

❖ 单个对象的选择：找到要选择的对象后，单击该文件或文件夹。

❖ 多个连续对象的选择：先选中第一个文件或文件夹，然后按住 Shift 键，单击要选中的最后一个文件，最后放开 Shift 键。

❖ 多个不连续对象的选择：选定多个不连续的文件或文件夹，按住 Ctrl 键，逐个单击要选定的每一个文件和文件夹，最后放开 Ctrl 键。

❖ 全部对象的选择：按住鼠标左键，在窗口文件区域中画矩形来选中"文件夹内容"窗口中的所有文件，或按 Ctrl+A 组合键来迅速选中全部文件。

2.3.3　创建和重命名文件夹

Windows 操作系统提供了多种新建文件和文件夹的方法，对于新建文件，最常使用的方法是使用程序来新建文件。而新建文件夹和重命名文件夹的具体操作步骤如下。

Step1：在桌面或文件夹窗口中的空白区域单击右键，从弹出的快捷菜单中选择"新建 → 文件夹"命令，即可新建一个文件夹，且该文件夹的名称处于可编辑状态。

Step2：按 Backspace 键，将系统默认的文件名称删除，输入新的文件夹名称，按 Enter 键即可建立一个新的文件夹。

Step3：选择要重命名的文件或文件夹，单击右键，从弹出的快捷菜单中选择"重命名"命令。

Step4：此时文件夹的名称处于编辑状态，用户可以直接输入新的文件名称，然后按 Enter 键，或单击文件夹以外的其他位置即可。

2.3.4　删除和恢复文件和文件夹

当某个文件不再需要时，用户可以将其删除，以释放磁盘空间来存放其他文件。

Step1：右击选定要删除的文件，可选择一个或多个文件。

Step2：从功能区中选择 ✕ 命令（此种状况在所选定文件处于文件夹窗口下），或者单击右键，在弹出的快捷菜单中选择"删除"命令，则删除了所选择的文件。

若要恢复刚刚删除的文件，则需进入"回收站"，右击已删除的文件，在弹出的快捷菜单中的选择"还原"命令。

> 选择要删除的文件后，按 Delete 键可进行删除操作；按 Shift+Delete 组合键将永久性删除该文件或文件夹，此时在"回收站"找不到删除的文件。

2.3.5　移动和复制文件和文件夹

在使用 Windows 10 的过程中，有时需要将某个文件复制或移动到其他地方。这两个操作都是在选定了文件或文件夹之后的操作。

对于文件或文件夹的移动有如下几种方法。

方法 1：直接用鼠标左键将选中的文件或文件夹拖到目标位置即可移动文件或文件夹。

方法 2：选中文件或文件夹后，按 Ctrl+X 组合键，将其剪切至剪贴板中，打开目标文件夹窗口，按 Ctrl+V 组合键，将其粘贴到目标位置即可。

方法 3：选中文件或文件夹后，选择文件夹窗口中文件选项卡中的 按钮，将窗口切换到文件要移动到的位置，单击文件选项卡中的 ✄ 剪切 按钮即可。

有时候需要为重要的文件或文件夹创建备份文件，可通过复制文件或文件夹来实现。以下介绍几种复制文件或文件夹的方法：

方法 1：选中文件或文件夹后，按 Ctrl+C 组合键，然后打开目标文件夹窗口，按 Ctrl+V 组合键，即可粘贴复制的文件或文件夹。

方法 2：按住 Ctrl 键的同时，拖动选中的文件或文件夹至目标位置即可完成文件或文件夹的复制。

方法 3：右击文件或文件夹，在弹出的快捷菜单中选择"复制"命令，切换到目标窗口，在窗口的空白处单击右键，在弹出的快捷菜单中选择"粘贴"命令。

方法 4：选中文件或文件夹后，选择文件夹窗口的"文件"选项卡的 按钮即可。

2.3.6　查找文件和文件夹

使用文件资源管理器对当前目录中的文件进行搜索，如当前进入的是 E 盘目录，则只在 E 盘进行搜索。如果要在整个磁盘中搜索文件，需要转到"此电脑"目录。在"文件资源管理器"窗口中快速搜索文件的具体操作方法如下：

Step1：打开要搜索文件所在目录，若不知道具体位置，可以从导航窗格中打开"此电脑"窗口，在窗口右上方可以看到搜索框，在地址栏旁边下会看到一个搜索框 在文档中搜索 🔍 。

Step2：单击该搜索框，在搜索框中输入要查找的文件名，系统将自动开始进行搜索。

Step3：搜索完成后，搜索到的项目会显示在文件窗格中，并在搜索文件窗格上提示用户搜索已经完成。

若想进行更全面的搜索，则可以通过"搜索工具选项卡"进行，从而进行对文件的位置范围、修改日期、大小等进行搜索。

具体操作如下。

Step1：打开文件夹窗口，在最大化和最小化按钮下会看到一个搜索框 在文档 中搜索 🔍 。

Step2：鼠标左键单击该搜索框，在搜索框内输入关键词后，用鼠标单击搜索框。

Step3：在搜索框所在窗口的"搜索工具"选项卡内显示出的筛选条件中选择要添加的搜索条件，如"修改日期"等，则系统就会自动根据筛选条件同步显示筛选结果。

2.3.7　查看文件和文件夹的属性

文件和文件夹的属性包括文件的名称、大小、创建时间、显示的图标、共享设置，以及文件加密等。用户可以根据需要设置文件和文件夹的属性，或者进行安全性设置，以确保自己的文件不被他人随意查看或修改。

通过查看文件夹属性可以了解其中包含的文件个数，下面介绍查看文件夹属性方法。

方法 1：选中文件夹并单击右键，在弹出的快捷菜单中选择"属性"命令，则弹出该选择文件夹的属性对话框。

方法 2：选中文件夹，在"主页"选项卡的"打开"组中单击 按钮，即可查看选中文件夹属性信息。

方法 3：选中文件夹，在窗口左上方的快速访问工具栏中单击"属性"按钮即可。

方法 4：选中文件夹后按 Alt+Enter 组合键，即可查看文件夹属性。

2.3.8　设置文件和文件夹的快捷方式

为了快速启动常用的文件、文件夹或驱动器，用户可以为其创建快捷方式，具体操作步骤如下：右击需要创建快捷方式的文件，在弹出的快捷菜单中选择"创建快捷方式"，可在当前文件夹中生成该文件的快捷方式。

2.4　应用程序管理

应用程序是指在操作系统下运行的、辅助用户利用计算机完成日常工作的各种各样的可执行程序。Windows 10 操作系统附带大量的实用程序，如"计算器"程序（calc.exe）、"画图"程序（mspaint.exe）等。除此之外，用户可以根据自己的需要使用其他应用程序，如 Office 各组件程序等。程序以文件的形式存放，其扩展名为 exe。通常称程序文件为可执行文件。

2.4.1　程序的启动和退出

1．启动应用程序

使用一个程序，先要启动它。在 Windows 11 操作系统下，常用的启动应用程序的方法有如下几种。

方法1：单击"开始"按钮，在"开始"菜单中选择要使用的应用程序。

方法2：双击程序所对应的快捷方式。

方法3：在"开始"菜单中选择"Windows 系统 → 运行"命令，在出现的"运行"对话框中输入应用程序的可执行文件名。常用的应用程序对应的文件名如表2-8所示。

表2-8　应用程序对应的文件名

应用程序	文 件 名	应用程序	文 件 名
资源管理器	explorer.exe	文字处理软件 Word	winword.exe
记事本	notepad.exe	电子表格处理软件 Excel	excel.exe
写字板	wordpad.exe	命令提示符	cmd.exe
画图	mspaint.exe	IE 浏览器	iexplorer.exe

方法4：进入应用程序所在的目录，双击该应用程序的可执行文件。

2．退出应用程序

启动的程序都有一个独立的程序窗口，关闭程序窗口就可以关闭程序（也称为退出程序）。关闭程序的方法很多，常用的退出应用程序的方法为：单击应用程序的"退出"命令，或者单击窗口右上方的"关闭"按钮。

> 有些应用程序在退出之前会打开一个对话框，询问是否保存修改了的内容，在这里选择保存；若系统处于半死机状态，则只能采用结束任务的方法来强制终止应用程序。

2.4.2　应用程序间的切换

Windows 允许同时运行多个程序。任何时候只有一个程序在前台运行，这个程序被称为当前程序。在几个打开的程序之间进行切换当前程序，实际上是在各程序窗口之间进行切换。应用程序的切换有以下几种方法。

方法1：在任务栏上单击某应用程序的按钮时，将切换至所选的应用程序窗口。按 Alt + Tab 组合键时，可在打开的各程序、窗口间进行循环切换。

方法2：按住 Alt 功能键，然后每按一次 Tab 功能键，蓝色方框将在应用程序图标上循环移动，当方框包围希望切换的程序图标时，释放 Alt 键，即选中该应用程序。

方法3：右击任务栏空白处，在弹出的下拉菜单中选择"启动任务管理器"命令，则弹出打开"Windows 任务管理器"窗口，在"进程"选项卡下，当前正在运行的应用程序名称将出现在"应用"栏中，选择一种应用程序后，单击"切换至"按钮，便可完成应用程序的切换。

2.4.3　安装和卸载应用程序

在 Windows 10 系统中，用户可以通过多种方法将应用软件安装到计算机中，如从应用商店安装应用、从官网下载安装文件并安装应用等。

1．安装应用程序

除了掌握 Windows 操作系统的基本操作，Windows 用户若要做更多的事情，则需要学会安装应用程序，这样才能利用计算机做更多的事情。下面介绍安装程序的方法。

方法 1：通过"应用商店"磁贴。

Step1：单击"开始"按钮，打开"开始"菜单，在磁贴区单击"应用商店"磁贴。

Step2：在打开的"应用商店"窗口，通过搜索可以查找指定的应用，如在应用商店右上方的搜索框中输入"微博"，并按 Enter 键。

Step3：单击"免费下载"按钮，则开始下载，下载完成后，会显示应用已安装。

方法 2：若应用程序是从网上下载到硬盘的，这时需要通过资源管理器进入保存安装程序的文件夹，双击应用程序的安装文件，一般名称为 setup.exe 或 install.exe，然后在打开的安装向导中根据提示进行操作。

2．卸载应用程序

如果不再使用某个程序，或者希望释放硬盘上的空间，就可以从计算机上卸载该程序。对于使用应用商店安装的通用应用，Windows 提供了快速卸载应用的方法，具体操作如下。

Step1：打开"开始"菜单，找到要卸载的程序。

Step2：单击右键，在弹出的快捷菜单中选择"卸载"命令，即可卸载该应用，如图 2-24 所示。

图 2-24　卸载应用商店安装的程序

通过控制面板的"程序和功能"卸载应用程序是比较传统的方式，同样适用于 Windows 11 操作系统，具体操作方法如下：在"开始"菜单中找到要卸载的应用并单击右键，在弹出的快捷菜单中选择"卸载"命令，弹出"程序和功能"窗口，在程序列表中选择要卸载的程序，单击"卸载/更改"按钮，然后安装提示进行卸载即可。

> 若直接删除应用程序的图标，则该应用程序并没有被删除掉，只是该应用程序的快捷方式被删除了。

2.4.4　任务管理器

任务管理器提供了有关计算机性能的信息，并显示了计算机上所运行的程序和进程的详细信息，是管理当前活动的应用程序和进程的工具，具有以下功能。

1．关闭程序

使用任务管理器可关闭停止响应的应用程序，具体操作如下。

Step1：右击任务栏空白处，在弹出的快捷菜单中选择"任务管理器"命令，弹出"任务管理器"窗口。

Step2：在"进程"选项卡中，按"应用"和"后台进程"对进程进行分类，如图 2-25 所示；选择已停止响应的任务，单击"结束任务"即可。

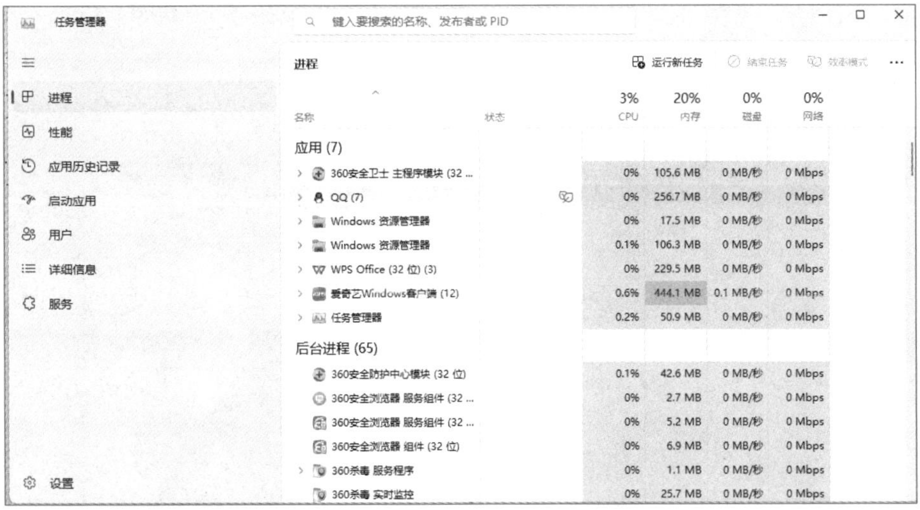

图 2-25　正在运行的应用程序和进程

2．查看和关闭进程

进程就是一个正在执行的程序。一个程序被加载到内存，就创建了一个进程，程序执行结束后，该进程也就消亡了。在"进程"选项卡中可以查看到当前正在执行的进程，见图 2-25。任务管理器还可以终止进程的运行，如终止病毒进程。

3．查看系统性能

在"性能"选项卡中，可以查看当前 CPU 和内存使用情况、网络使用等情况。

4．查看已登录用户

在"用户"选项卡中，可以查看已经登录本机的用户。

2.5　系统维护和备份

系统的日常维护主要指对计算机磁盘的维护，一般包括扫描磁盘、整理磁盘碎片、清理磁盘垃圾以及磁盘格式化。磁盘是计算机系统中用于存储数据的重要设备，操作系统和应用程序的运行都必须依赖磁盘的支持。因此，对磁盘的维护是计算机中一项相当重要的任务。

2.5.1　磁盘碎片整理

在使用计算机的过程中，用户经常需要备份文件，安装或卸载程序，这样会在系统中残留大量碎片文件，时间一长，磁盘上就会形成很多分散的磁盘碎片，这些会占据磁盘的空间。影响磁盘的读写速度。Windows 10 提供了磁盘的碎片整理功能，可以重新安排文件在磁盘中的存储位置。将文件的存储位置整理到一起，同时合并可用的空间，提高运行的速度。其具体操作如下。

Step1：在"开始"菜单中选择"设置"命令，打开"设置"界面，找到"存储"选项，进入"存储"界面，在"高级存储设置"中选择"驱动器优化"选项，如图 2-26 所示。

图 2-26　优化驱动器窗口

Step2：在当前状态列表框中选中要整理的磁盘，单击"分析"按钮，开始对所选择的磁盘进行分析；分析完毕，在磁盘信息右侧显示磁盘碎片整理完成情况。

2.5.2　磁盘的清理

计算机使用一段时间后，会产生一些临时文件。这些文件占用了一部分硬盘空间。Windows 11 不会自动删除这些文件，用户要删除这些文件，可以使用磁盘清理程序找到这些文件，将其删除，以释放磁盘空间。其具体操作如下：

Step1：在"开始"菜单中选择"设置"命令，打开"设置"界面，找到"存储"选项，进入"存储"界面，单击"临时文件"选项，进入"临时文件"界面。

Step2：在"临时文件"界面，勾选下方要删除的临时文件复选框，然后单击"删除文件"按钮，在弹出的对话框中，单击"继续"按钮，系统就会开始自动清理磁盘中的临时文件，并显示清理的进度。

也可以在"系统 → 存储"界面中选择"清理建议"选项，进入"清理建议"选项，可以对临时文件以及大型或未使用的文件进行清理。

2.5.3　系统的备份和修复

在使用计算机的过程中，经常会遇到磁盘故障、计算机病毒等破坏磁盘数据的情况，给用户造成难以挽回的损失。为减少类似情况给用户造成损失，使用 Windows 11 提供的文件备份与还原功能，可以将个人文件与设置进行备份，并允许用户自行选择备份内容。当这些数据遭到破坏而不能使用时，可以使用其备份数据来将其恢复和还原。

Step1：右击桌面的"此电脑"图标，在弹出的快捷菜单中选择"属性"命令。

Step2：在打开的界面中选择"系统保护"选项，弹出"系统属性"对话框，如图 2-27 所示。该对话框主要功能用于系统还原，为启用系统保护的驱动器创建还原点。

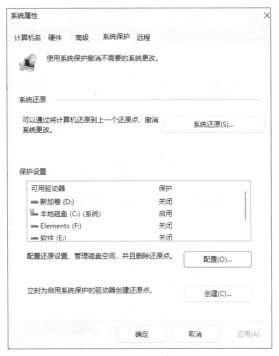

图 2-27　系统还原窗口

2.6　个性化设置操作系统

作为新一代操作系统，Windows 11 进行了重大变革，不仅延续了 Windows 家族的传统，而且带来了更多新的体验，更简洁的界面。本节主要介绍电脑的桌面的个性化设置，显示设置，用户账户设置等。

1．桌面的个性化设置

Windows 11 为用户提供了桌面设置、屏幕保护、设置屏幕的显示颜色等功能。

Step1：右键单击桌面空白处，在弹出的快捷菜单中选择"个性化"命令。

Step2：弹出"设置 → 个性化"界面，可以看到"选择要应用的主题""背景""颜色""主题""锁屏界面""文本输入"等选项，根据自身需求，按照选项提示进行设置即可。

2．显示属性的设置

除了可以对桌面进行个性化设置，用户还可以根据使用习惯，对桌面的显示效果进行设置，如设置分辨率，放大显示桌面文字、鼠标指针和光标的外观等。

Step1：右键单击桌面空白处，在弹出的快捷菜单中选择"显示设置"命令。

Step2：弹出"设置 → 系统 → 屏幕"界面，包括"亮度与颜色""缩放与布局""相关设置"三大块。若需要对文本大小进行调整，则可选择"缩放与布局"下的"缩放"选项，然后按照选项提示进行设置即可。

3．添加新账户及对账户进行管理

Windows 11 支持多用户使用，不同用户拥有各自的文件夹、桌面设置和用户访问权限。添加新账户的方法如下。

Step1：在"开始"菜单中选择"用户账户"的头像，单击右键，在弹出的快捷菜单中选择"更改账户设置"。

Step2：出现"账户 → 账户信息"界面，单击"账户"，在弹出的"账户"界面中选择 Microsoft 账户的"登录"按钮，弹出如图 2-28 所示的窗口。

图 2-28　登录账户的窗口

Step3：若有账号，则直接输入账号后，单击"下一步"按钮；若没有，则单击下面的"没有账户？创建一个"选项，进入"创建账户"界面。

Step4：按照提示输入账户信息，单击"下一步"按钮，则创建了一个账户。

2.7　Windows 11 内置应用

1．记事本

记事本是一个编辑纯文本文件的应用程序。文本文件只包含基本的可显示字符，不包含任何动画、图形等其他格式的信息。文本文件的扩展名为"txt"。

记事本的打开有以下方法。

方法 1：在"开始"菜单中选择"所有应用 → 记事本"命令。

方法 2：双击扩展名为"txt"的文件。

"记事本"可以进行文本编辑的一些简单操作：光标定位、文字的输入、文字的删除、文本内容的移动、文本内容的复制、文本内容查找。

2．画图

画图程序是一个简单的画图工具，可以用于绘制黑白或彩色的图形，并将这些图形保存为位图文件（BMP 文件），可以打印，也可以作为桌面背景，或者粘贴到另一个文档，还可以使用"画图"查看和编辑扫描的相片等。

通常，在"开始"菜单中选择"所有应用 → 画图"命令，可以打开画图程序。

3．计算器

Windows 根据计算的复杂程度，计算器程序分为标准型计算器和科学型计算器，它们的使用方法与生活中普通计算器的使用方法一样，只是计算机中的计算器是用鼠标单击按钮或在键盘上按相应的键来输入数字或符号。

在"开始"菜单中选择"所有应用 → 计算器"，即可打开计算器程序；单击相应的按钮，或从键盘上输入数值，按 Enter 键，即可计算出结果；若要计算比较复杂的计算，则可单击"≡"按钮，然后选择"△ 科学"，就变成了科学型计算器，从中可以进行相应的计算。

4．便签

便签程序是 Windows 11 自带的一款软件，在桌面中运行，用于记录代办事项或重要信息。

在"开始"菜单中选择"所有应用 → 便签"，即可打开便利贴，进行设置后，就可以从中输入要提醒或待办事项；若要增加新的便签，则单击便签的"➕"，则新建了一个便签；若不需要某个便签，则单击便签的"🗑"，则删除了该便签。

5．截图工具

在"开始"菜单中选择"所有应用 → 截图工具"命令，打开截图工具，如图 2-29 所示。截图工具提供了 4 种截图方式，分别是"任意格式截图""矩形截图""窗口截图""全屏幕截图"。单击截图工具窗口的"新建"按钮旁边的下三角按钮，则弹出下拉菜单，选择自己想用的截图方式即可。

图 2-29　截图工具

2.8　鸿蒙操作系统

2.8.1　鸿蒙操作系统简介

华为公司在 2019 年 8 月 9 日，在东莞举行的华为开发者大会（HDC.2019）上正式发布了华为鸿蒙系统（HUAWEI Harmony OS），同时宣布该系统源代码开源。该系统是由任正非领导的华为操作系统团队开发的自主产权操作系统——鸿蒙。HarmonyOS 是华为公司开发的一款基于微内核、耗时 10 年、4000 多名研发人员投入开发、面向 5G 物联网、面向全场景的分布式操作系统。鸿蒙的英文名是 HarmonyOS，意为和谐。

2020 年 9 月 10 日，华为鸿蒙系统升级至华为鸿蒙系统 2.0 版本，即 HarmonyOS 2.0；2022 年 7 月 27 日晚间，华为正式宣布 HarmonyOS 3.0 正式亮相。

HarmonyOS 是一款全新的面向全场景的分布式操作系统，不是 Android 的分支或修改而来的。与 Android、iOS 是不一样的操作系统。性能上不弱于 Android，并为 Android 生态开发的应用能够平稳迁移到鸿蒙操作系统上做好了衔接，差不多两天就可以完成迁移及部署。该系统是面向下一代技术而设计的，能兼容全部 Android 应用的所有 Web 应用

鸿蒙系统设计的初衷是解决在 5G 万物互联时代，各系统间的连接问题。鸿蒙操作系统面向 1+8+N 的全场景设备，能够根据不同内存级别的设备进行弹性组装和适配，实现跨设备交互信息。

鸿蒙操作系统打破了硬件间各自独立的生态边界，融入了全场景智慧生态，鸿蒙操作系统不局限于手机，还包括可穿戴设备、智能汽车等，创造一个超级智能终端互联的世界，将人、设备、场景有机地联系在一起。作为面向物联网时代的操作系统，鸿蒙操作系统将有望重塑物联网生态，对于华为来讲，鸿蒙操作系统将芯片、系统、人工智能等技术分享给全球，推动全社会数字化转型，继而进入智能社会新时代。对此，围绕系统构建庞大软硬生态，将带来万物智能的全场景生活生态。

华为的"1+8+N"是为了打造未来 5G 全场景智慧生活而制定的，面向 5G 高品质全场景的智慧生活，生态在各领域都可以体现出它的存在和价值，如图 2-30 所示。其中 1 和 8 都是华为自己构建。1 指手机，8 指平板、PC、眼镜、智慧屏、AI 音箱、耳机、手表、车机。N 指由生态系统合作伙伴提供的智能设备，基于用户为中心的家庭场景，提供全场景的视听、娱乐、社交、教育和健康等解决方案，从而很好的迎合更新换代的消费升级。

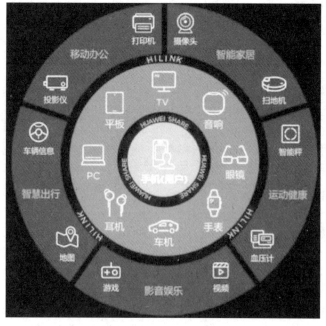

图 2-30 "1+8+N" 生态

Huawei Share 是华为的"1+8+N"生态中一个非常重要的应用。"一碰传"最早是在手机与 PC 之间可以实现,后来 Huawei Share 在华为的"1+8"中实现更多的连接。在华为自有的"1+8"中,通过 Huawei Share,可以实现一碰传文件、一碰传音、一碰联网、多屏协同等创新体验;通过 HUAWEIHiLink,华为"1+8"设备可同海量的 N 设备之间智慧互联,设备一键操控、语音交互、场景联动等极致体验被实现。

2.8.2　鸿蒙操作系统技术特性

根据前面的介绍我们知道,鸿蒙操作系统可以实现多种设备之间的硬件互助和资源共享。这些功能的实现依赖的关键技术主要包括分布式软总线、分布式数据管理、分布式任务调度和分布式设备虚拟化等。

1．分布式软总线

分布式软总线是手机、手表、平板、智慧屏、车机等多种终端设备的统一基座,是分布式数据管理和分布式任务调度的基础,为设备之间的无缝互联提供了统一的分布式通信能力,能够快速发现并连接设备,高效地传输任务和数据,如图 2-31 所示。

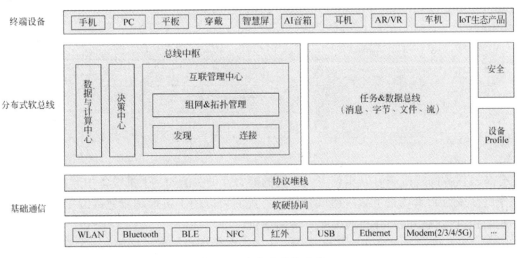

图 2-31　分布式总线示意

2．分布式数据管理

分布式数据管理让跨设备数据访问如同访问本地,大大提升跨设备数据远程读写和检索性能等。分布式数据管理位于分布式软总线之上,用户数据不再与单一物理设备进行绑定,而是将多设备的应用程序数据和用户数据进行同步管理,应用跨设备运行时数据无缝衔接,让跨设备数据处理如同本地处理一样便捷,如图 2-32 所示。例如基于分布式数据管理,可以通过手机访问其他设备中的照片和视频,并将其他设备中的视频转移到智慧屏进行播放,也可以将编辑在任一设备中的备忘录信息进行跨设备更新同步。

3．分布式任务调度

分布式任务调度基于分布式软总线、分布式数据管理等技术特性,构建统一的分布式服务管理,支持对跨设备的应用进行远程启动、远程控制、绑定/解绑、迁移等操作。在具体的

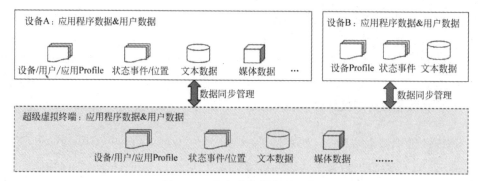

图 2-32　分布式数据管理示意

场景下，能够根据不同设备的能力、位置、业务运行状态、资源使用情况，并结合用户的习惯和意图，选择最合适的设备运行分布式任务，如图 2-33 所示。

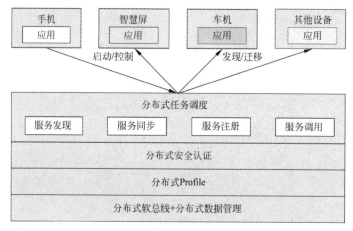

图 2-33　分布式任务调度示意

分布式任务调度机制可以实现多设备间的能力互助。例如，手机设备拍照具有美颜功能，但在家庭多人合影等场景下，手机屏幕较小，此时可以用手机控制智慧屏的摄像头，还能调用手机的相机美颜功能，并将最终照片传回手机。

除此之外，可以通过分布式任务调度，实现业务的无缝迁移。例如，上车前，可以通过手机查找并规划好导航路线；上车后，导航会自动迁移到车载大屏和车机音箱；下车后，导航又会自动迁移回手机。

4．分布式设备虚拟化

分布式设备虚拟化可以实现不同设备的资源融合、设备管理、数据处理，将周边设备作为手机能力的延伸，共同形成一个超级虚拟终端，如图 2-34 所示。针对不同类型的任务，分布式设备虚拟化为用户匹配并选择能力最佳的执行硬件，让业务连续地在不同设备间流转，充分发挥不同设备的资源优势。

5．应用一次开发，多端部署

HarmonyOS 通过提供统一的 IDE，进行多设备的应用开发，并且通过向用户提供程序框架、Ability 框架及 UI 框架，保证开发的应用在多终端运行时的一致性。通过模块化耦合，对应不同设备间的弹性部署。一次开发、多端部署的示意如图 2-35 所示。

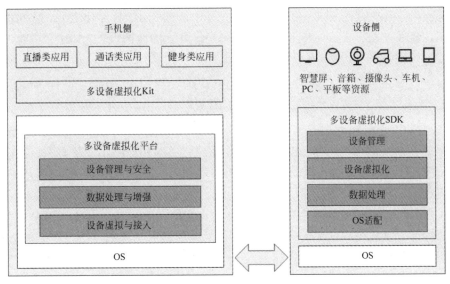

图 2-34　分布式设备虚拟化示意

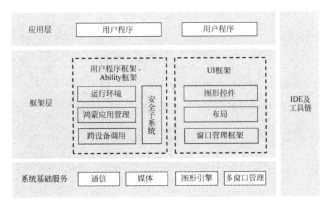

图 2-35　一次开发、多端部署的示意

6．统一 OS，弹性部署

鸿蒙操作系统拥有"硬件互助、资源共享"和"一次开发、多端部署"的系统能力，为各种硬件开发提供了全栈的软件解决方案，并保持了上层接口和分布式能力的统一。通过组件化和小型化等设计方法，做到硬件资源的可大可小，以及在多种终端设备间按需弹性部署。

7．分布式安全

分布式安全确保正确的人、用正确的设备、正确使用数据。当用户进行解锁、付款、登录等行为时，HarmonyOS 会主动提出认证请求，并通过分布式技术可信互联能力，协同身份认证确保正确的人；能够把手机的内核级安全能力扩展到其他终端，进而提升全场景设备的安全性，通过设备能力互助，共同抵御攻击，保障智能家居网络安全；通过定义数据和设备的安全级别，对数据和设备都进行分类分级保护，确保数据流通安全可信。

以上是鸿蒙系统的一些关键技术。相对于已有的操作系统，尤其是相对于 Android，鸿蒙操作系统具备如下 3 个主要特征：① 以分布式为基础的多终端屏幕共享，跨屏交互；② 系统与硬件解耦，弹性部署；③ 应用一次开发，多端部署。

将来洗衣机、电视机、冰箱、空调器甚至小到灯泡或者门锁智能化之后，它们都能搭载鸿蒙操作系统，这有一个好处，如果你有一个鸿蒙操作系统的便携设备，如手机，就可以无须任何有线连接，实现与所有设备的联动。

本章小结

　　本章介绍了 Windows 11 安装方法及其硬件配置、启动和退出，以及桌面、窗口、"开始"菜单、任务栏、对话框、控制面板的操作；介绍了文件和文件夹的复制、移动、删除、查找等操作，以及资源管理器、应用程序、磁盘格式化、磁盘清理、磁盘碎片整理等。

　　本章重点为：Windows 11 的基本操作，文件和文件夹的复制、移动、删除、查找操作，应用程序的管理，以及控制面板的使用等。

　　本章还介绍了我国自主研发的操作系统——鸿蒙操作系统及其技术特点。

第 3 章
WPS 文档编辑

求伯君　金山软件创始人之一，1988 年，用汇编语言写下 12.2 万行代码完成了 WPS 1.0，揭开了中文排版、中文办公的新时代帷幕。

WPS Office 是金山软件公司推出的一款免费的办公自动化套装软件，包括"文字""表格""演示""PDF""在线文档""在线表格""在线表单"等，与微软 Office 兼容，支持 PDF 文档的编辑与格式转换，集成思维导图、流程图、表单等功能。WPS Office 支持桌面和移动办公，覆盖 Windows、Linux、Android、macOS 和 iOS 等平台。

WPS Office 窗口界面美观大方，界面清晰，软件小巧，操作适合国人习惯。

使用 WPS Office 前首先要进行安装，WPS Office 的安装非常简单。在官网下载安装文件后，双击安装程序并开始安装，如图 3-1 所示，然后按照提示完成。

图 3-1　安装 WPS Office

3.1　WPS 文字的基本知识

WPS 文字是 WPS Office 的一个重要组成部分，可以创建文档并设置格式，进而制作具有专业水准的文档。WPS 文字主要用于日常办公、文字处理，如制作求职者个人简历、公司会议邀请函、电子邮件等，帮助用户更迅速、更轻松地创建外观精美的文档。

1．WPS 文字的启动和退出

1）WPS 文字的启动

安装好 WPS 文字后，就可以使用它来编辑文档内容了，首先需要做的事情就是启动 WPS 文字，在 Windows 操作系统中的具体步骤如下。

Step1：在"开始"菜单中选择"WPS Office 教育版 → WPS Office 教育版"，如图 3-2 所示。

Step2：启动 WPS 文字，选择模板新建文档，默认是新建一个空白文档，如图 3-3 所示。

在空白文档的"文件"选项卡中选择"属性"，可以添加当前 WPS 文字文档中相关摘要的信息，如图 3-4 所示。

2）WPS 文字的退出

当使用 WPS 文字编辑完文档后，需要将其关闭，即退出 WPS 文字，这样可以节省系统资源，释放 WPS 文字占用的 CPU 和内存资源。退出 WPS 文字有以下 2 种方法。

图 3-2 选择 WPS 文字

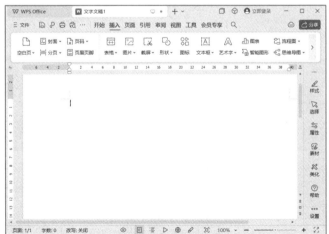

图 3-3 WPS 文字空白文档

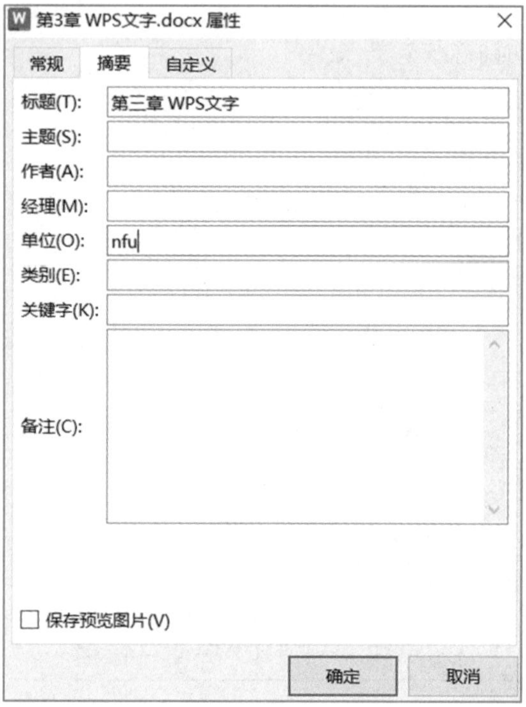

图 3-4 文档摘要

方法 1：在 WPS 文字主窗口中，单击标题栏右侧的"关闭"按钮×，如图 3-5 所示。

图 3-5 单击"关闭"按钮

方法 2：在 WPS 文字主窗口中，选择"文件"选项卡的"退出"命令。

如果在退出操作前，已被修改的文档还没有保存，WPS 文字将显示一个对话框，询问用户是否要保存对文档的修改。若要保存更改，则单击"是"按钮，否则单击"否"按钮；若是误操作，则单击"取消"按钮，返回到 WPS 文字界面。

2．WPS 文字的工作窗口

启动 WPS 文字后会出现如图 3-6 所示的工作界面，其主要组成部分及功能如表 3-1 所示。

表 3-1 WPS 文字窗口组成及功能

名　称	功　能
标题栏	显示正在编辑的文档的名称以及正在使用的软件的名称
窗口控制按钮	文档的"放大""缩小""退出"按钮
快速访问工具栏	包含经常使用的命令，如"保存"和"撤销"；也可以添加常用的命令
访问登录	WPS 账号登录，可以使用云空间和免费模板，以及查看文档的历史版本
菜单栏功能区	工作所需的命令均位于此处，相当于其他软件的"菜单"或"工具栏"

名　称	功　能
编辑窗口	显示正在编辑的文档
显示按钮	可根据需要更改正在编辑的文档的显示模式
滚动条面板组	可更改正在编辑的文档的显示位置
显示比例滑块	可更改正在编辑的文档的显示比例设置
状态栏	显示关于正在编辑的文档的信息

图 3-6　WPS 文字工作界面

"菜单栏功能区"是一个水平区域，在启动 WPS 文字时，它像一条彩带一样散布在窗口的顶部。工作所需的命令均集中在此处并位于"开始"和"插入"等选项卡。单击这些选项卡，可以切换显示的命令集。

3.2　WPS 文字的基本操作

最先接触的 WPS 文字操作就是文档的操作。文档好像一张白纸，可以在上面书写文字、绘制表格和图片，并可以根据具体使用需要设置纸张的大小等。本节介绍文档的基本操作。

1. 新建文档

在 WPS 文字中新建文档的方法有多种。启动 WPS 文字后，将默认新建一个空白文档（见图 3-3 ）。用户也可以在启动 WPS 文字后，在"文件"选项卡中选择"新建"命令来新建 WPS 文字文档，具体操作步骤如下。

Step1：启动 WPS 文字，在"文件"选项卡中选择"新建"命令，如图 3-7 所示。

Step2：打开"新建文档"对话框，如图 3-8 所示，在"Office 文档"中可以选择文档的格式，也可以选择"在线智能文档"或"应用服务"等。选择后，单击"创建"按钮，即可创建相应的文档。

图 3-7　"文件"选项卡　　　　　　　　　图 3-8　新建文档

2．保存文档

为了将新建的或经过编辑的文档永久存放在计算机中,需要将这个文档进行保存。在 WPS 文字中保存文档非常简单, 有以下 2 种方法。

方法 1：在快速访问工具栏中单击"保存"按钮🖫或者"另存为"按钮🖫。

方法 2：在"文件"选项卡中选择"保存"命令；或者选择"另存为"命令, 右边显示需要选择存放的位置, 如文档或桌面, 选择其中一个；或者单击"浏览"按钮, 弹出如图 3-9 所示的对话框, 在"文件名"文本框中输入要保存的文档名称, 在"保存类型"列表框中选择文档的保存类型, 完成后单击"保存"按钮即可。

3．关闭文档

对于暂时不再进行编辑的文档, 可以将其在 WPS 文字中关闭。在 WPS 文字中, 关闭当前已打开的文档有以下 2 种方法。

方法 1：在要关闭的文档的"文件"选项卡中选择"退出"命令。

方法 2：如果不再使用 WPS 文字, 可以单击 WPS 文字主窗口右侧的"关闭"按钮✕, 将关闭所有打开的 WPS 文字文档。

图 3-9 "另存为"对话框

4．打开文档

如果要打开以前编辑过的文档继续工作，操作如下：启动 WPS 文字，在"文件"选项卡中选择"打开"选项，可以查看最近打开或编辑过的文档。若没有找到，则单击"打开"按钮，弹出"打开"对话框，定位到要打开的文档路径下，然后选择要打开的文档并单击"打开"按钮，即可在 WPS 文字窗口中打开选择的文档。

5．WPS 文字的视图方式

为了方便用户在不同的工作环境中更高效地处理文档，WPS 文字提供了 6 种视图显示方式，不同的视图方式将适合不同的文档查看环境。

WPS 文字的显示按钮区中包括 6 个视图按钮，从左到右分别是"全屏显示""阅读版式""写作模式""页面""大纲""Web 版式"。用户可以在 WPS 文字文档窗口的右下方单击视图按钮来选择 5 种视图，如图 3-10 所示；也可以从"功能区"的"视图"选项卡中选择所需的视图，如图 3-11 所示。

下面分别介绍文档在每种视图下的显示状态。

图 3-10 状态栏"视图"按钮

图 3-11 文档视图

① 全屏显示视图。在全屏显示视图中，自动隐藏快速访问工具栏和状态栏，只显示标题栏和内容编辑区域，可以最大程度显示文档的内容，使用快捷键 Ctrl+Alt+F 可以快速进入全屏显示视图，如图 3-12 所示。

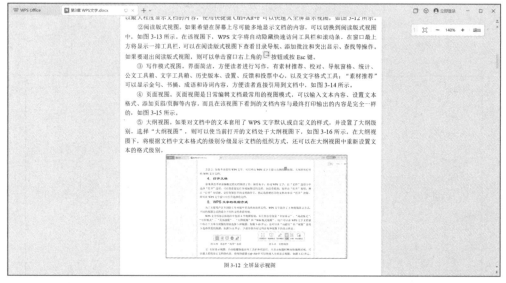

图 3-12 全屏显示视图

② 阅读版式视图。如果希望在屏幕上尽可能多地显示文档的内容，可以切换到阅读版式视图中，如图 3-13 所示。在阅读版式视图下，WPS 文字将自动隐藏快速访问工具栏和滚动条，在窗口最上方将显示一排工具栏，可以在阅读版式视图下查看目录导航、添加批注、突出显示、查找等操作。若退出阅读版式视图，则可以单击窗口右上角的 × 按钮或按 Esc 键。

图 3-13 阅读版式视图

③ 写作模式视图。界面简洁，方便写作，有素材推荐、校对、导航窗格、统计、公文工具箱、文字工具箱、历史版本、设置、反馈和投票中心，以及文字格式工具，如图 3-14 所示。"素材推荐"可以显示金句、书摘、成语和诗词内容，方便读者直接引用到文档中。

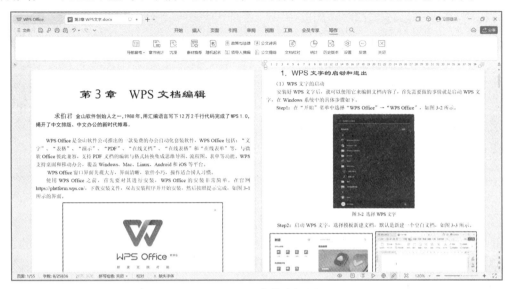

图 3-14　写作模式视图

④ 页面视图。页面视图是日常编辑文档最常用的视图模式，可以输入文本内容、设置文本格式、添加页眉/页脚等内容，而且在该视图下看到的文档内容与最终打印输出的内容是完全一样的，如图 3-15 所示。

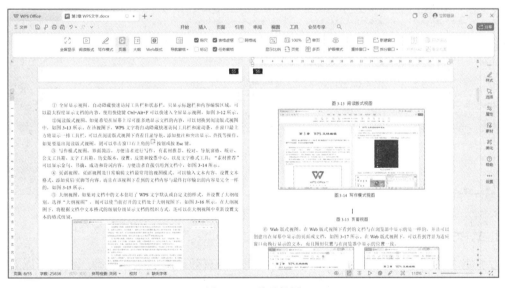

图 3-15　页面视图

⑤ 大纲视图。如果对文档中的文本套用了 WPS 文字默认或自定义的样式，并设置了大纲级别，选择"大纲视图"，就可以使当前打开的文档处于大纲视图下，如图 3-16 所示。在大纲视图下，将根据文档中文本格式的级别分级显示文档的组织方式，还可以在大纲视图中重新设置文本的格式级别。

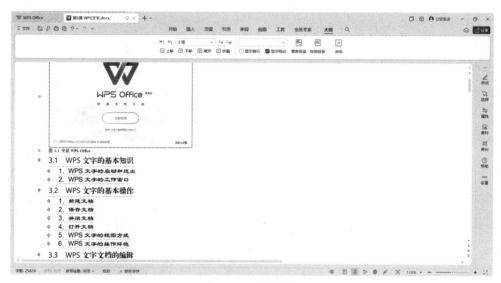

图 3-16　大纲视图

⑥ Web 版式视图。在 Web 版式视图下看到的文档与在浏览器中显示的是一样的，并且可以创建出在屏幕中显示的页面或文档，如图 3-17 所示。在 Web 版式视图下，可以看到背景为适应窗口而换行显示的文本，而且图形位置与在浏览器中显示的位置一致。

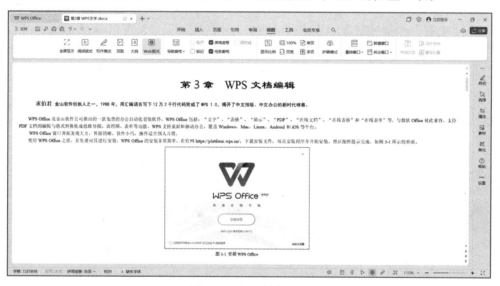

图 3-17　Web 版式视图

6．WPS 文字的操作环境

为了使 WPS 文字更加符合个人的使用习惯，并有效地提高操作效率，我们可以对 WPS 文字操作环境进行自定义设置，具体设置可包括以下几部分。

1）向快速访问工具栏中添加按钮

在 WPS 文字的快速访问工具栏中，默认只有"保存""撤销""恢复"按钮，只能完成有限的 WPS 文字功能。为了便于使用，可以根据需要，将常用的命令以按钮的形式添加到快速访问工具栏中，具体操作步骤如下。

Step1：单击快速访问工具栏右侧的 ✓ 按钮，其中列出了 WPS 文字默认的可直接添加到快速访问工具栏中的按钮名称，选择所需的按钮即可添加，如图 3-18 所示。

图 3-18　选择要添加的按钮

Step2：可以任意添加所需的按钮到快速访问工具栏中。在"文件"选项卡中选择"选项"，打开"选项"对话框，如图 3-19 所示。

图 3-19　"选项"对话框

Step3：单击左侧列表中的"自定义功能区"按钮，然后在右侧的"从下列位置选择命令"

列表中选择要添加命令所属的命令组。如果不确定命令所属的组，可以选择"所有命令"选项，然后在下方的列表框中选择要添加的命令。

Step4：单击"添加"按钮，即可将选择的命令添加到右侧的列表框中。当右侧列表框中的命令有两个以上后，可以通过单击▲或▼按钮调整按钮之间的位置。

Step5：当不再添加命令后，单击"确定"按钮，返回到编辑窗口，这时快速访问工具栏中已增加添加的命令。

2）调整快速访问工具栏的位置

快速访问工具栏默认显示在功能区的上方，如果其上只有很少的按钮，那么按钮可以正常显示，当添加很多按钮后，有些按钮会无法显示。这时可以调整快速访问工具栏的显示位置，通过单击快速访问工具栏右侧的∨按钮，然后选择"放置在功能区之下"命令，即可使快速访问工具栏显示到功能区的下方。

3）隐藏功能区

单击快速访问工具栏右侧的∨按钮，在弹出的菜单中选择"显示功能区"，可将功能区隐藏起来。需要时，再将其显示即可。

4）设置 WPS 文字文档自动保存时间

如果 WPS 文字不正常关闭，可能会使正在编辑的数据丢失，为了避免这种情况，WPS 文字中提供了"保存自动恢复信息时间间隔"功能，重新启动 WPS 文字后，可以通过其自带的恢复功能恢复到最后编辑的数据。

Step1：打开"选项"对话框，选择左侧的"备份中心"选项，然后在弹出的窗口中单击"本地备份设置"，将显示"本地备份配置"，包括：智能备份、定时备份、增量备份和关闭备份，同时可以设置本地备份存放的磁盘，默认存放目录为 C 盘。

Step2：单击"确定"按钮后，WPS 文字将以指定的时间间隔自动保存可供恢复的文档。如果意外关闭 WPS 文字程序，就可以使用保存后的文档进行恢复操作，如图 3-20 所示。

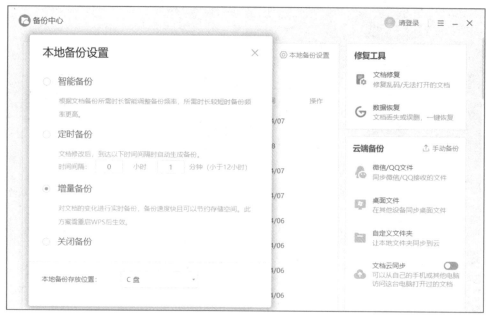

图 3-20　设置保存

3.3　WPS 文字文档的编辑

本节主要介绍在 WPS 文字中输入和编辑文本的方法，包括输入文本和编辑文档内容两部分。在输入文本方面，主要是输入汉字和英文字符、标点符号及特殊符号的方法；在编辑文档内容方面，主要包括移动、复制、删除、查找、替换及撤销和恢复文档内容等操作。

1.　输入文本

1）输入汉字与英文字符

在 WPS 文字文档中，只有切换到中文输入状态下，才可以通过键盘输入中文；切换到英文状态下，即可输入英文。如果在中文输入法状态下需要输入英文字符，按 Shift 键，切换到英文状态下，即可直接在文档中输入英文，输入好后再按 Shift 键，返回到中文输入状态；也可以按 Ctrl+Shift 组合键或 Ctrl+Space 组合键，切换至英文输入状态，然后输入英文字符。

在文档中任意位置单击左键，可以灵活定位文本的输入位置。文本换行操作直接按 Enter 键即可。

2）输入标点符号

可以通过键盘输入常见的各种标点符号，如逗号、句号、叹号等。如果要输入的标点符号在按键的上方，在输入这些符号时，按住 Shift 键的同时按该标点符号所在的按键即可。

3）输入符号和特殊符号

在 WPS 文字中，除了可以输入文字和标点符号，有时需要输入键盘上没有的特殊符号，这时需要用到 WPS 文字自带的符号库来输入这些符号。

Step1：在"插入"选项卡的"符号"组中单击"符号"按钮，在弹出的菜单中选择"其他符号"，出现"符号"对话框（如图 3-21 所示）。

Step2：在"字体"列表中选择"Wingdings"，在下方选择要插入的符号，然后单击"插入"按钮，将在文档当前光标处插入选择的符号。

Step3："特殊字符"对话框中包含 15 个 WPS 文字不常用的字符（如图 3-22 所示），可通过单击"插入"按钮添加到文档中。

图 3-21　"符号"对话框　　　　　　　　　图 3-22　"特殊字符"选项卡

Step4："符号栏"选项卡（如图 3-23 所示）中包含 39 个 WPS 文字常用的字符，可以查

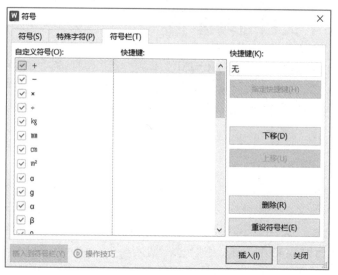

图 3-23 "符号栏"选项卡

看各符号对应的快捷键,可在"快捷键"下方的文本框中输入指定快捷键来修改。

2. 编辑文档内容

在文档中输入文本内容后,需要对已输入的内容进行各种相关操作。在 WPS 文字中可以对文档内容进行多种编辑操作,如选择、移动、复制、删除、查找、替换、撤销和恢复等。

1) 选择文档内容

各种文档的编辑操作都是在选择文本后进行的,所以首先要掌握选择文档内容的方法。打开 WPS 文字文件,根据选择范围的不同,选择文本的方法有以下 6 种。

方法 1:选择一个词组,单击要选择词组的第一个字左侧,双击即可选择该词组。

方法 2:选择一行,将鼠标指针移动到要选择行的左侧,当鼠标指针变为 ⏴ 形状时单击,可选择鼠标指针右侧的一行内容。

方法 3:选择一段,将鼠标指针移动到要选择段的左侧,当鼠标指针变为 ⏴ 形状时双击,可选择鼠标指针右侧的整段内容;也可以按住 Ctrl 键的同时,单击要选择句子中的任意位置即可。

方法 4:选择任意文本内容,单击要选择文本的起始位置或结束位置,然后按住鼠标左键并向结束位置或起始位置拖动,即可选择鼠标指针经过的文本内容。

方法 5:纵向选择文本内容,按住 Alt 键,然后从起始位置拖动鼠标指针到终点位置,即可纵向选择鼠标指针所经过的内容。

方法 6:选择全部内容,将鼠标指针移动到要选择行的左侧,当鼠标指针变为 ⏴ 形状时三击,即可选择文档中的全部内容;或使用快捷键 Ctrl+A。

2) 移动文档内容

当需要改变文档中内容的位置时,可通过移动对文本进行操作。移动后的内容,在原来位置上消失,而在新位置显示。

Step1:利用前面介绍的方法,选择要移动的文本内容,然后切换到功能区的"开始"选项卡,单击"剪切"按钮。

Step2:在要移动到的位置上单击,然后在功能区的"开始"选项卡中单击"粘贴"按钮,将剪贴的内容移动到光标所在的位置上。

其中，剪切和粘贴操作也可通过单击右键，在弹出的快捷菜单中选择相应的命令来完成。

3）复制文档内容

如果文本中两处的内容相同，可以通过复制操作节省输入的时间。通过复制操作，原来位置的内容仍然存在，并在新位置产生与原来文本内容完全相同的内容，具体步骤如下。

Step1：选择要复制的文本内容，然后在功能区的"开始"选项卡中单击"复制"按钮。

Step2：单击要复制到的位置，然后在功能区的"开始"选项卡中单击"粘贴"按钮，即可将选择的文本复制到指定的位置。

4）删除文档内容

方法1：使用 Backspace 键。将光标定位到要删除的文本内容右侧，每按一次 Backspace 键，将删除光标左侧的一个字符，连续按该键，可删除多个字符；或者先选择要删除的文本，然后按 Backspace 键，将删除选中内容。

方法2：使用 Delete 键。将光标定位到要删除的文本内容左侧，然后每按一次 Delete 键，将删除光标右侧的一个字符，连续按该键，可删除多个字符；或者先选择要删除的文本，然后按 Delete 键，删除选中内容。

方法3：使用"剪切"命令。选择要删除的文本内容，然后切换到功能区的"开始"选项卡，单击"剪切"按钮，即可将选中的内容删除。

5）查找文档内容

通过查找操作，可以快速、准确地定位到某具体内容上。

Step1：将光标定位到文档的起始位置，然后切换到功能区的"开始"选项卡，单击"查找"按钮或按 Ctrl+F 组合键，弹出"查找和替换"对话框，如图 3-24 所示。

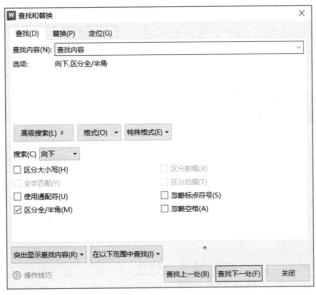

图 3-24 "查找和替换"对话框

Step2：在"查找内容"文本框中输入要查找的内容，将从在文档中搜索与输入内容相同的内容，并将所有相同内容以"突出显示文本"形式标记，导航窗口中将显示匹配项目数目和当前是第几个匹配项目。

Step3：单击"查找下一处"按钮，可继续向下查找相同内容。如果单击"查找上一处"按钮，就可继续向上查找相同内容。

Step4：单击"关闭"按钮，可删除所有搜索结果。

6）替换文档内容

当大量修改文档中多处相同内容时，可使用替换功能。替换功能还可以替换文本格式。

Step1：在"查找和替换"对话框中选择"替换"选项卡（如图3-25所示），在"查找内容"文本框中输入要查找的内容，在"替换为"文本框中输入替换后的内容。

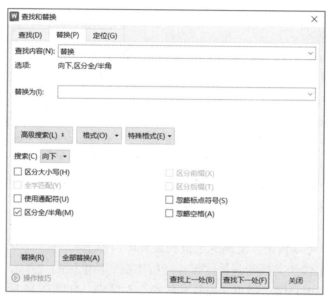

图 3-25　"替换"选项卡

Step2：如果只想替换当前光标下的一个查找内容，只需单击"替换"按钮；如果想替换文档中所有的查找内容，那么单击"全部替换"按钮，会弹出一个替换结果的对话框，显示替换了多少处。

Step3：单击"确定"按钮，关闭该对话框，然后关闭"查找和替换"对话框，返回 WPS 文字文档后，即可看到替换后的结果。

7）批量替换（会员功能）

Step1：在"开始"选项卡中选择"查找替换 → 批量替换"，打开如图 3-26 所示的对话框，添加需要替换的文件，在"替换规则"中输入需要"查找"的内容和"替换为"的内容。

Step2：单击"开始替换"按钮，等待替换完成；关闭该对话框，返回 WPS 文字文档后，即可看到替换后的结果。

8）撤销和恢复操作

撤销和恢复操作可以对用户的误操作进行恢复。

单击快速访问工具栏的"撤销"按钮 ，可以撤销最后一步操作；单击"撤销"按钮 右侧的下拉按钮，在弹出的菜单中可以选择要撤销到的操作。

"恢复"操作为"撤销"操作的逆运算，刚刚被撤销的操作可以通过单击"恢复"按钮 还原回来。

图 3-26 "批量替换"对话框

3.4 设置文档格式

本节主要介绍在 WPS 文字中编排文档格式的方法，包括设置字体格式、设置段落格式、设置项目符号、设置编号、设置多级列表等。

3.4.1 设置字体格式

对于 WPS 文字的文档，输入的文本内容可以设置字体格式，包括：设置字体、设置字号、设置字体颜色、设置字体效果、设置字符间距、设置字符边框、设置字符底纹、设置突出显示的文本。

1．设置字体

选择需要设置字体的文本内容后，在"开始"选项卡中单击"字体"组的 隶书 按钮右侧的下拉按钮，在弹出的列表中选择需要的字体。

2．设置字号

选择需要设置字号的文本内容，在"字体"组中单击 五号 下拉列表框右侧的下拉按钮，然后从中选择所需的字号即可，或输入指定字号为 1～1638 的任意数字。

3．设置字体颜色

选择需要设置字体颜色的文本内容，单击"开始"选项卡，在"字体"组中单击"字体颜色"按钮 $\underline{A}$ ，即可为选择的文本设置相应的颜色。

如果希望将字体设置为其他颜色，可以单击 $\underline{A}$ 按钮右侧的下拉按钮，在弹出的列表中选择所需的颜色即可。当列表中的颜色仍无法满足使用需求时，可以选择列表中的"其他字体颜色"命令，打开"颜色"对话框，可以在"标准"选项卡中选择某色块，如图 3-27 所示，或者在"自定义"选项卡中选择颜色模式。

4．设置字体效果

用户可以为文档中的文字设置一些特殊的效果，如为文字设置加粗、倾斜、下画线等。

在 WPS 文字文档中，选择需要设置字体效果的文本，然后切换到功能区的"开始"选项卡，在"字体"组中单击用于设置字体效果的按钮 $\boxed{B\ I\ U\cdot\ A\cdot\ X^2\cdot}$ ，即可为文本设置所需的字体效果。字体效果按钮从左到右设置后如下所示：

❖ 加粗：$\boxed{\textbf{设置字体效果}}$ 。

❖ 倾斜：$\boxed{\textit{设置字体效果}}$ 。

❖ 下画线：$\boxed{\underline{\text{设置字体效果}}}$ 。

❖ 删除线：$\boxed{\text{设置字体效果}}$ 。

❖ 下标：M_2 。

❖ 上标：M^2 。

❖ 更改大小写：单击该按钮，在其下拉菜单中可以根据需要选择更改大小写的方式，如图 3-28 所示。

5．设置字符间距

用户可以根据需要设置文档中字符之间的距离，具体操作步骤如下。

Step1：选择需要设置字符间距的文本，切换到功能区的"开始"选项卡，在"段落"组中单击"中文版式"按钮 $\boxed{A\cdot}$ ，再选择"调整宽度"，将打开"调整宽度"对话框，如图 3-29 所示。

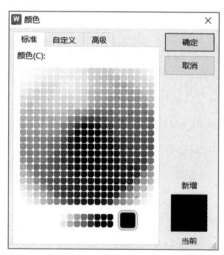

图 3-27 "颜色"对话框

图 3-28 大小写转换类型

图 3-29 设置宽度

Step2：在"新文字宽度"微调框中输入所选择文本内容整体的新宽度，然后单击"确定"按钮。设置后的字符间距如图 3-30 所示。

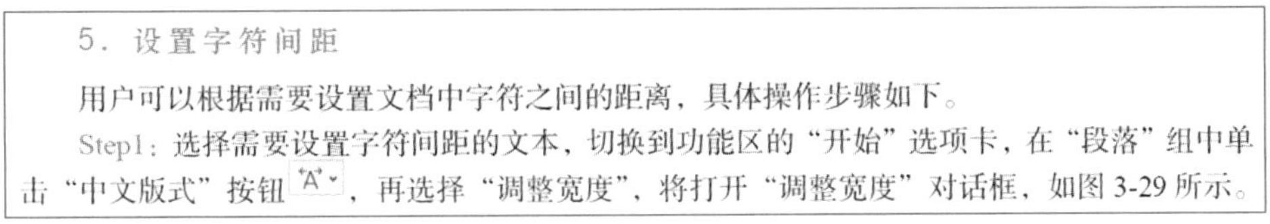

> 5．设置字符间距
> 用户可以根据需要设置文档中字符之间的距离，具体操作步骤如下。
> Step1：选择需要设置字符间距的文本，切换到功能区的"开始"选项卡，在"段落"组中单击"中文版式"按钮 A，再选择"调整宽度"，将打开"调整宽度"对话框，如图 3-29 所示。

图 3-30　设置后的字符间距

6．设置字符边框和底纹

可以为选择的文字添加线型边框和底纹。选择要设置字符边框的文本，然后切换到功能区的"开始"选项卡，选择"拼音指南"的"字符边框"按钮 字符边框(B)，将为选择的文本添加边框效果；单击"字符底纹"按钮 A，将为选择的文本添加底纹效果。

设置后的效果如图 3-31 所示。

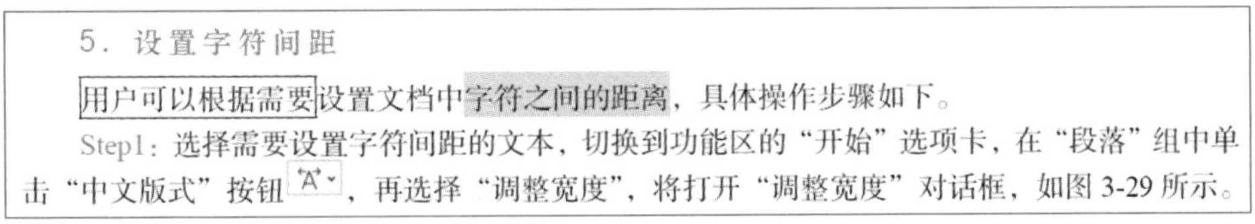

> 5．设置字符间距
> 用户可以根据需要 设置文档中字符之间的距离，具体操作步骤如下。
> Step1：选择需要设置字符间距的文本，切换到功能区的"开始"选项卡，在"段落"组中单击"中文版式"按钮 A，再选择"调整宽度"，将打开"调整宽度"对话框，如图 3-29 所示。

图 3-31　设置字符边框和底纹

7．设置突出显示的文本

为了使文本中的某些内容突出显示以示强调，可为其设置突出显示标记，具体操作如下：选择要设置字符边框的文本，然后切换到功能区的"开始"选项卡，在"字体"组中单击"突出显示"按钮 ，对选择的文本设置突出显示效果，默认为黄色，可通过单击右侧下拉按钮选择其他颜色。设置后的效果如图 3-32 所示。

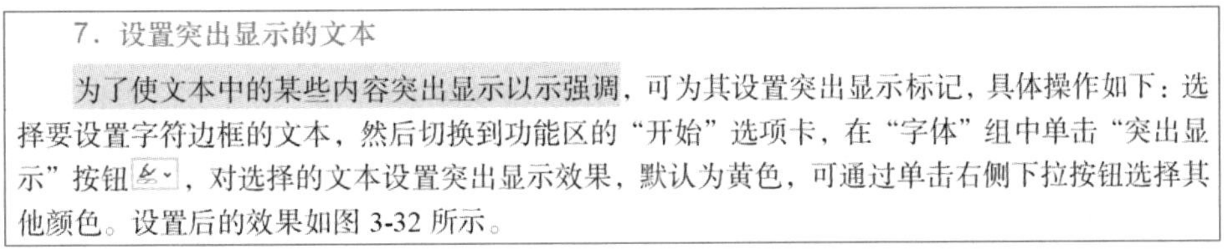

> 7．设置突出显示的文本
> 为了使文本中的某些内容突出显示以示强调，可为其设置突出显示标记，具体操作如下：选择要设置字符边框的文本，然后切换到功能区的"开始"选项卡，在"字体"组中单击"突出显示"按钮 ，对选择的文本设置突出显示效果，默认为黄色，可通过单击右侧下拉按钮选择其他颜色。设置后的效果如图 3-32 所示。

图 3-32　设置突出显示文本

8．使用"字体"对话框统一设置字体格式

当文档编辑完毕，可对文本内容进行综合设置，为了便于操作，可以用"字体"对话框进行统一设置。

Step1：选择需要设置字体格式的文本，然后切换到功能区的"开始"选项卡，在"字体"组中单击对话框启动器 ，打开"字体"对话框，如图 3-33 所示。

Step2：在"字体"选项卡中可以设置文本的字体、字形、字号、字体颜色、下画线、字体效果等，设置后可以在"预览"框中显示出来；切换到"字符间距"选项卡，则可以设置文本字符之间的距离。

图 3-33 "字体"对话框

3.4.2 设置段落格式

对 WPS 文字文档中的段落进行格式设置，具体包括：设置段落对齐方式、设置段落缩进方式、设置行间距、设置段间距、设置段落边框及底纹等。

可以使用"段落"对话框对文本内容的段落格式进行统一设置，具体操作步骤如下。

Step1：选择需要设置段落格式的文本，然后切换到"开始"选项卡的"段落"组，单击启动器⊠，打开"段落"对话框，如图 3-34 所示。

Step2：在"缩进和间距"选项卡中，可以设置段落的对齐方式、大纲级别、段落缩进及段落间距，同时有预览效果。"换行和分页"选项卡将在后面的章节中介绍。

当然，在 WPS 文字中还可以通过相关组来设置。

1．设置段落对齐方式

段落对齐方式包括左对齐、居中对齐、右对齐、两端对齐和分散对齐。设置各种对齐方式的具体操作步骤如下。

Step1：选择要设置段落对齐方式的多个段落，如果只设置一个段落的格式，那么直接将光标定位到该段落中任意位置即可。

Step2：切换到功能区的"开始"选项卡，在"段落"组中单击 ≡ ≡ ≡ ≡ 냅 按钮中的各按钮，即可设置段落对齐方式。各种对齐方式显示效果如图 3-35 所示。

2．设置段落缩进方式

可根据不同需要对 WPS 文字文档内容设置段落缩进方式，包括首行缩进、左缩进、悬挂缩进和右缩进。

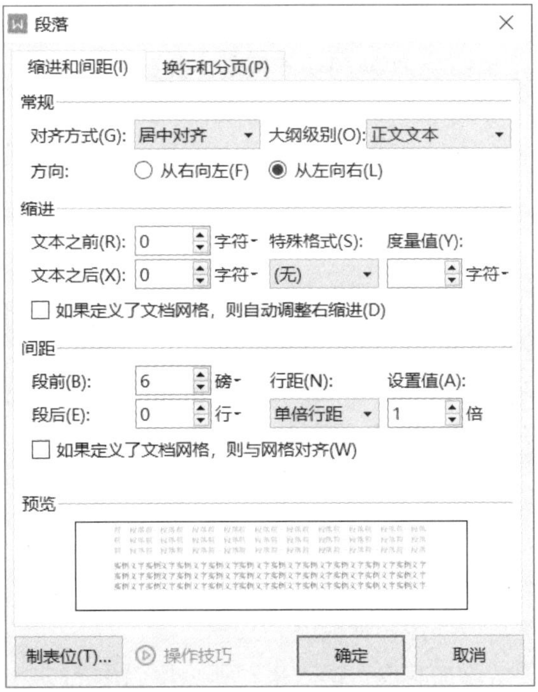

图 3-34 "段落"对话框

左对齐	段落对齐方式包括：左对齐、居中对齐、右对齐、两端对齐和分散对齐。设置各种对齐方式的具体操作步骤如下。
居中对齐	段落对齐方式包括：左对齐、居中对齐、右对齐、两端对齐和分散对齐。设置各种对齐方式的具体操作步骤如下。
右对齐	段落对齐方式包括：左对齐、居中对齐、右对齐、两端对齐和分散对齐。设置各种对齐方式的具体操作步骤如下。
两端对齐	段落对齐方式包括：左对齐、居中对齐、右对齐、两端对齐和分散对齐。设置各种对齐方式的具体操作步骤如下。
分散对齐	段落对齐方式包括：左对齐、居中对齐、右对齐、两端对齐和分散对齐。设置各种对齐方式的具体操作步骤如下。

图 3-35　段落的 5 种对齐方式

　　Step1：选择要设置段落缩进方式的多个段落，如果只设置一个段落的缩进方式，那么直接将光标定位到该段落中任意位置即可。

　　Step2：切换到功能区的"视图"选项卡，在"显示/隐藏"组中选中 ☑ 标尺 复选框，将在功能区下方和 WPS 文字主窗口左侧显示水平和垂直标尺。

　　Step3：通过拖动标尺中的缩进标记，即可设置段落的缩进。

3．设置行间距

　　行间距是指一个段落中行与行之间的距离，通过设置行间距，可以增大或减小各行之间的距离。

　　Step1：选择要设置行间距方式的多个段落，如果只设置一个段落的行间距，直接将光标

图 3-36　设置行间距

定位到该段落中任意位置即可。

Step2：切换到功能区的"开始"选项卡，在"段落"组中单击"行距"按钮 ，在弹出的菜单中选择行距值即可，如图 3-36 所示。

4．设置段间距

段间距是指各段落之间的距离，通过设置段间距可以增大或减小各段之间的距离。

Step1：选择要设置段间距的多个段落，在"开始"选项卡的"段落"组中单击"行距"按钮 ，在弹出的菜单中选择"其他"命令即可（见图 3-34）。

Step2：设置间距"段前"或"段后"的具体数值，如果要删除设置的段前间距或段后间距，就需要把间距"段前"或"段后"设置为 0。

5．设置段落边框及底纹

可以为整段文字设置段落边框和背景颜色，具体操作如下。

Step1：选择要设置边框的段落，切换到功能区的"开始"选项卡，在"段落"组中单击"边框"按钮 ，可为选择段落加各种框线。

Step2：如果需要为段落添加其他边框效果，那么可以单击"边框"按钮 右侧的下拉按钮，在弹出的菜单中选择所需的边框即可。如果需要删除已经设置的边框，那么可以再单击相应的边框按钮。

Step3：为文字设置底纹时，首先选中文字，然后单击"段落"组的"边框和底纹"按钮 ，可为选择文字设置默认的底纹，通过单击右侧的下拉按钮，可以设置不同的底纹颜色。

Step4：如果要为整段文字设置底纹，可以先选择包括该段的段落标记在内的文字，然后单击"段落"组中"边框"按钮 右侧的下拉按钮，在弹出的菜单中选择"边框和底纹"命令，打开"边框和底纹"对话框，如图 3-37 所示。

Step5：切换到"底纹"选项卡，单击"填充"下拉列表右侧的下拉按钮，可选择不同的底纹颜色，右侧预览窗口中是设置后的效果；设置完毕，单击"确定"按钮即可。

3.4.3　设置项目符号

项目符号一般在列举一些并列内容时使用，具体操作如下。

Step1：选择要添加项目符号的多个段落。

Step2：切换到功能区的"开始"选项卡，在"段落"组中单击"插入项目符号"按钮 ，即可为选择的多个段落添加默认的项目符号。

Step3：当需要添加自定义项目符号时，单击"插入项目符号"按钮 右侧的下拉按钮，在弹出的菜单中选择"自定义项目符号"命令，选择任意一种预设项目符号再单击"自定义"，弹出"自定义项目符号列表"对话框，如图 3-38 所示。

Step4：在该对话框中，可以为项目符号设置新的符号或字体，还可为项目符号自定义对齐方式，下方是设置后的预览效果。

另外，右击选中需设置项目符号的文本，在弹出的快捷菜单中选择"项目符号和编号"命令，然后在弹出的列表中进行选择即可。

图 3-37 "边框和底纹"对话框

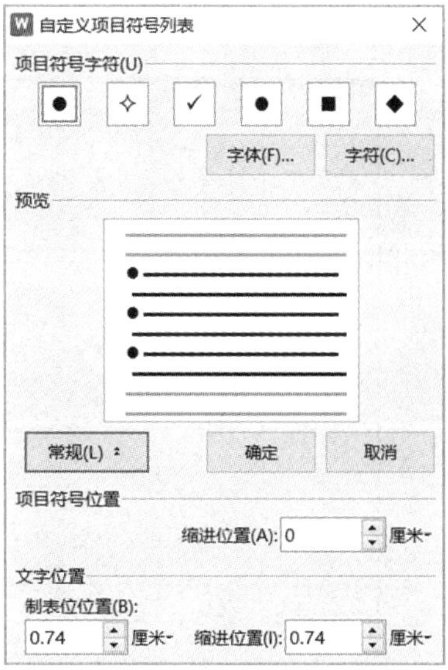

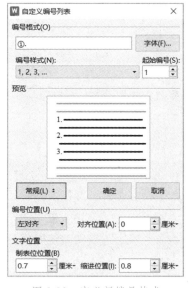

图 3-38 定义新项目符号

3.4.4 设置编号

当文档中存在大量以列表的形式出现的内容时，可为其添加自动编号，具体操作如下。

Step1：选择需要添加编号的多个段落。

Step2：切换到功能区的"开始"选项卡，在"段落"组中单击"编号"按钮 ⊟·，即可为选择的多个段落添加默认的编号；也可以单击"编号"按钮 ⊟· 右侧的下拉按钮，从弹出的列表中选择编号库中的编号。

Step3：如果要自定义设置编号，单击"编号"按钮 ⊟· 右侧的下拉按钮，在弹出的菜单中选择"自定义编号"命令，打开"自定义编号列表"对话框，如图 3-39 所示。

Step4：可以为编号设置新的样式、字体及对其方式，"预览"框中是设置后的预览效果。

Step5：返回 WPS 文字文档后，单击"编号"按钮 ⊟·

图 3-39 定义新编号格式

右侧的下拉按钮，新设置的编号格式已显示在弹出编号列表中，以后直接单击即可设置。

3.4.5 设置多级列表

可以为文档中不同层次的内容设置多级列表，具体操作如下。

Step1：选择需要设置多级列表的段落，切换到功能区的"开始"选项卡，在"段落"组中单击"编号"按钮 ⊟·，然后选择"多级编号"。

Step2：文本内容将被设置了同一级别的符号，从中选择要设置下一级别的文本，单击"编号"按钮 ⊟· 右侧的下拉按钮，然后选择"更改编号级别"，在其子菜单中选择想要设置的级别即可，如图 3-40 和图 3-41 所示。

图 3-40　多级列表

图 3-41　更改列表级别

3.4.6　设置中文版式

1．设置合并字符

有时需要让文本实现上下并排的效果，合并的字符将成为一个整体，具体操作如下。

Step1：选中要进行设置的文本，切换到功能区的"开始"选项卡，然后在"段落"组中单击"中文版式"按钮，选择"合并字符"，打开"合并字符"对话框，如图3-42所示。

Step2：在"文字（最多六个）"文本框中可以修改要合并的字符，选择字体和字号，设置后单击"确定"按钮，这时将原来的多个字符合并为一个字符。图3-43为设置后的效果。

2．设置双行合一

双行合一操作可保持原来文本的字符数量，具体操作步骤如下。

Step1：选择需要进行设置的文本，单击"中文版式"按钮 A˅，在弹出的菜单中选择"双行合一"命令，打开"双行合一"对话框，如图3-44所示。

图 3-42　"合并字符"对话框　　　　图 3-43　合并字符结果

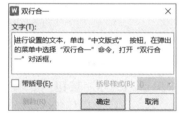

图 3-44　"双行合一"对话框

Step2：进行相关设置后，单击"确定"按钮即可。

3.4.7　设置页码

WPS 文字中提供了许多页码预设样式，可满足不同用户的需求。

Step1：打开需要设置页码的文档，切换到"插入"选项卡，单击"页码"按钮，在弹出的菜单中先确定页码插入的位置：页面顶端、页面底端、页边距或当前位置。

Step2：将光标指向所需的插入位置命令，可弹出其子菜单，包含所有预置的页码样式。

Step3：单击所需的样式，即可在当前文档各页面的对应位置处插入选择的页码，并进入页脚的编辑状态；按 Esc 键，可退出该状态。

如果对 WPS 文字预置的页码样式不满意，可以对页码外观进行设置，具体操作如下：切换到"插入"选项卡，单击"页码"按钮，在弹出的菜单中选择"页码"命令，打开"页码"对话框，设置后单击"确定"按钮即可。

3.4.8　设置页眉和页脚

页眉和页脚主要用来显示文档的名称、文档的页码及任何想显示的内容，位于整个文档内容的上方和下方。

设置页眉和页脚，首先需要确定页眉、页脚在整个文档中所占的区域大小，页眉、页脚区域的大小会受到页边距大小的影响。

Step1：打开文档，切换到"页面"选项卡，单击"页面设置"对话框启动器⊠，打开"页面设置"对话框。

Step2：切换到"版式"选项卡，在"距边界"组的"页眉"和"页脚"微调框中输入页眉和页脚距离页边距的数值，如图 3-45 所示。单击"确定"按钮，即可对页眉、页脚的区域进行设置。

图 3-45　页眉、页脚区域设置

页眉、页脚的区域大小设置成功后，可对文档插入页眉、页脚。

Step1：打开文档，切换到功能区的"插入"选项卡，在"页眉和页脚"组中单击"页眉"按钮，在弹出的菜单中选择一种页眉样式，也可以选择"编辑页眉"命令，这样将在当前页面的顶端显示添加的空白页眉效果。

Step2：输入页眉内容，然后在"页眉页脚"选项卡中单击"关闭"按钮，退出页眉编辑状态。

Step3：切换到功能区的"插入"选项卡，在"页眉页脚"组中单击"页脚"按钮，在弹出的菜单中选择"编辑页脚"命令；也可以双击页脚区域，在页脚中输入需要的内容。完成后，双击页眉、页脚外的正文区域，即可退出编辑状态。

3.4.9　设置分页

如果输入的内容需要另起一页，就必须进行强制分页。操作步骤如下：打开原始文件，将光标定位到要分页的位置，切换到功能区的"页面"选项卡，单击"分隔符"按钮，或在"插入"选项卡中单击"分页"按钮，选择"分页符"命令（如图 3-46 所示），即可将光标所在位置后的内容下移到另一页。

图 3-46　分隔符

3.4.10　设置分栏

有时需要对文档内容进行多栏排版，如报纸或杂志的排版方式。

Step1：选择待分栏的文档内容，切换到功能区的"页面"选项卡，单击"分栏"按钮，然后在弹出的菜单（如图 3-47 所示）中选择"两栏"，可将选择的内容设置为双栏排列。

Step2："分栏"下拉菜单中有 4 种分栏方案。如果希望对分栏进行更详细设置，可选择"更多分栏"，打开"分栏"对话框，如图 3-48 所示，从中可选择列数、宽度和间距、栏宽是否相等、是否在各栏之间设置"分割线"等命令，预览中可以看到设置后的效果。设置完成后，单击"确定"按钮即可。

图 3-47　分栏　　　　　　　　图 3-48　"分栏"对话框

3.4.11 设置页面背景

WPS 文字文档的页面背景默认为白色，输入文字为黑色。用户可以根据个人需要，对文档页面的背景颜色进行设置，有时由于文档内容的重要性，需要给读者加以提醒，可以在文档中加入水印效果等。设置页面背景的具体步骤如下。

Step1：打开原始文件，切换到功能区的"页面"选项卡，单击"背景"按钮，在弹出的列表中（如图 3-49 所示）将光标指向一个颜色时，单击需要的色块即可设置相关的页面背景。

Step2：选择"其他背景"菜单的任意命令，打开"填充效果"对话框，如图 3-50 所示；在其中 4 个选项卡中，可以设置渐变、纹理、图案和图片等背景样式。

Step3：在"页面"选项卡的"背景"下拉菜单中单击"水印"按钮，可以在弹出的列表中选择预置的水印样式，如图 3-51 所示。

图 3-49　页面颜色

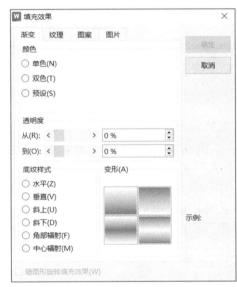

图 3-50　"填充效果"对话框

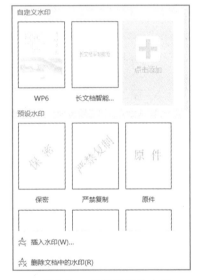

图 3-51　选择预置的水印

Step4：选择"自定义水印"命令，打开"水印"对话框，如图 3-52 所示，从中可以选择某个图片作为水印，或者输入需要的文字作为水印。

3.5　图形功能

WPS 文字具有强大的图文混排功能，可以方便地为文档插入图形、图片、图标、智能图形、图表、艺术字和文本框等。

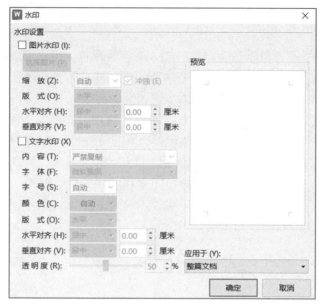

图 3-52 "水印"对话框

3.5.1 在文档中使用图形

在 WPS 文字中可以插入不同类型的图形，还可以对插入的图形进行格式的设置等操作，下面将分别进行介绍。

1. 绘制图形

在 WPS 文字文档中，可以直接插入默认的基本图形，如线条、基本形状、箭头、流程图等。通过绘制多个基本图形，还可以组成更复杂的图形。绘制图形的操作步骤如下。

Step1：打开文档，切换到"插入"选项卡，单击"形状"按钮，在弹出的菜单中选择要绘制的基本形状，如图 3-53 所示。

Step2：根据选择的图形，在文档中单击图形绘制的起始位置，然后拖动鼠标左键至终止位置，即可绘制所需的图形。

2. 改变图形形状

绘制好的图形可以根据需要改变形状，具体操作步骤如下：单击要改变形状的图形，在功能区中将显示"绘图工具"选项卡，然后单击"编辑形状"按钮，选择"更改形状"，从中选择需要的形状即可。

3. 设置图形格式

对绘制的图形可设置线条颜色、线型、粗细、尺寸、旋转角度等。

Step1：单击要设置格式的图形，在"绘图工具"选项卡中选择"形状效果"命令，从中可对图形进行以下格式的设置：阴影、倒影、发光、柔化边缘、和三维旋转。单击"形状样式"组的 ［Abc］ ［Abc］ ［Abc］ 按钮，在弹出的下拉列表中选择所需的样式，如图 3-54 所示。

Step2：在"文本工具"选项卡中单击"形状填充"和"形状轮廓"，可设置图形的填充色、边框色和线型。

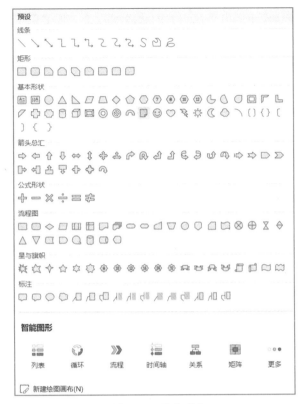

图 3-53　基本形状

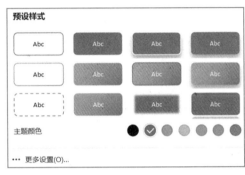

图 3-54　选择形状样式

Step3：单击"设置形状格式"按钮⬚，打开"形状选项"对话框，在"填充与线条"选项卡中统一设置图形的外观样式，如图 3-55 所示。

Step4：在"绘图工具"选项卡中单击 ⬚ 旋转 ˅ 按钮，选择希望图形旋转的角度，如图 3-56 所示。

Step5：当选择"其他旋转选项"命令时，将打开"布局"对话框，在"大小"选项卡的"旋转"微调框中可以输入任意的旋转角度，如图 3-57 所示。

图 3-55　设置形状样式

图 3-56　旋转选项

图 3-57　布局设置

Step6：在"绘图工具"选项卡中设置图形的大小，可直接在"形状高度"和"形状宽度"微调框中输入所需的数值，或者单击其旁边的"设置形状格式"按钮，打开"布局"对话框，在"大小"选项卡的"高度"和"宽度"组中设置图形的绝对高度和宽度，还可以设置图形相对于页面、页边距的尺寸。

4．组合图形

如果想同时对多个图形进行统一操作，在保持相对位置的情况下，一起移动到文档的某个位置，可将多个图形组合为一个整体，然后同时进行移动。如果需要对单个图形进行编辑，那么取消组合后进行个别设置即可。

图 3-58　"对齐"菜单

Step1：在文档中绘制几个图形，选中多个需要组合的图形。

Step2：切换到功能区中的"绘图工具"选项卡，单击 组合▾ 按钮，在弹出的菜单中选择"组合"命令，即可将多个图形组合为一个整体；也可以在选择的图形区域上单击右键，在弹出的快捷菜单中选择"组合"命令。

Step3：选择要拆分的图形，切换到功能区中的"绘图工具"选项卡，单击 组合▾ 按钮，在弹出的菜单中选择"取消组合"命令，即可将组合图形拆分为组合前的多个单个图形；也可右键单击组合图形，在弹出的快捷菜单中选择"取消组合"命令。

5．排列图形

可以对文档中绘制的多个图形按照要求进行排列，具体操作如下：选择绘制的若干图形，切换到功能区的"绘图工具"选项卡，单击"对齐"按钮，在弹出的菜单中选择要对齐的方式，如图 3-58 所示。

6．在图形中输入文字

可以在文档中为已绘制的图形添加文字内容。

Step1：单击要输入文字的图形，当图形的四周显示虚线边框时，图形内部则显示一个闪烁的光标。

Step2：在光标处输入所需的文字，然后对这些文字设置字体格式。输入完成后，单击图形外侧区域即可。

3.5.2　在文档中使用图片

在 WPS 文字文档中可以插入 WPS 文字自带的剪贴画，也可以插入外部图片文件，还可以对插入文档的图片进行设置，设置其与文字内容之间的位置关系，即图片的环绕方式等。

1．插入图片

在 WPS 文字中插入图片的操作步骤如下：打开 WPS 文字文档，切换到"插入"选项卡，在"插图"组中单击"图片"按钮，打开"插入图片"对话框，从中选择图片的保存位置，然后选择要插入的图片，单击"插入"按钮，即可将图片插入文档。

2．设置图片大小及旋转角度

根据需要，插入文档的图片可以设置大小、放置角度，具体操作步骤如下。

Step1：单击图片，切换到功能区的"图片工具"选项卡，在"高度"和"宽度"框中设置图片的高度和宽度，如图 3-59 所示。

Step2：单击"大小和位置"对话框启动器，打开"布局"对话框，如图 3-60 所示，在"大小"选项卡中设置图片的高度、宽度、旋转角度；在"缩放"组的"高度"和"宽度"框中按百分比例调整图片大小。

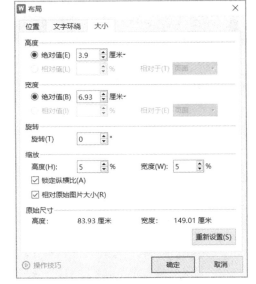

图 3-59　设置图片大小　　　　　　　　图 3-60　"布局"对话框

Step3：在"布局"对话框的"旋转"框中输入角度值，可以使图片旋转一定的角度；也可以在功能区的"图片工具"选项卡中单击"旋转"按钮，在弹出的菜单中选择图片旋转角度即可（见图 3-56）。选择"其他旋转选项"命令，可以打开"布局"对话框（见图 3-60）。

3．设置图片色彩及艺术效果

在 WPS 文字中，可以对插入的图片进行色彩上的调整，如果对 WPS 文字的默认样式不满意，还可以自定义图片的边框、填充色、阴影、三维等效果。

Step1：单击图片，切换到功能区的"图片工具"选项卡，在"调整"组中单击相应的按钮，然后在弹出的菜单中选择具体的设置项。图 3-61 为对原始图片进行色彩设置后的效果。

Step2："效果"命令中包括阴影、倒影、发光、柔化边缘、和三维旋转和更多设置，可以为选择的图片设置对应的效果，如图 3-62 所示。

Step3：在"图片工具"选项卡中，单击"增加亮度/对比度""降低亮度/对比度"按钮，则可以调整图片的亮度和对比度。

4．设置图片与文字的环绕方式

当制作的文档中既有图片又有文字时，要充分考虑版面的美观，需要设置图片与文字的位置关系、环绕方式。设置步骤如下：双击要进行设置的图片，在"图片工具"选项卡中单击"环绕"按钮，在弹出的菜单（如图 3-63 所示）中选择图片环绕方式即可。

原图

灰度

黑白

冲蚀

图 3-61　设置图片的色彩效果

图 3-62　"效果"组

图 3-63　"环绕"方式

5．裁剪图片

当需要对插入文档的图片进行裁剪时，可以使用裁剪工具将图片多余部分删除。

Step1：双击要裁剪的图片，切换到功能区的"图片工具"选项卡，单击"裁剪"按钮。

Step2：当鼠标指针发生变化时，将鼠标指针指向图片边框，当鼠标指针变为 T 形时，在上、下、左、右 4 个方向上拖动边框，即可裁剪图片的相应区域。

6．图片处理

在 WPS 文字文档中插入图片后，用户可以对其进行简单的加工处理。通过"图片工具"选项组（如图 3-64 所示），可以快速地对图片进行阴影、柔化、对比度、亮度及颜色修正，不需要使用专业的图片处理工具，就可以轻松对图片进行简单处理。

1）设置透明色

Step1：在 WPS 文字文档中选中需要进行处理的图片，在"图片工具"选项卡中选择"设置透明色"命令，进入图片编辑状态。

图 3-64　图片调整工具

Step2：移动鼠标到图片背景区域，当鼠标指针改变成🔧时单击鼠标左键。

Step3：图片中的颜色则会变成透明色，如图 3-65 所示，适合背景颜色统一均匀的图片。

2）抠除背景（需要会员）

"抠除背景"命令可以对文档中的图片进行快速的"抠图"，移除图片中不需要的元素。

Step1：在 WPS 文字文档中，选中需要进行处理的图片，在"图片工具"选项卡中选择"抠除背景"命令，进入图片编辑状态，可选择手动抠图和自动抠图。

Step2：在自动抠图中，选择需要抠除的对象，如图形、商品、人像或文档，然后 WPS 文字会自动完成抠图工作，形成最终要保留的图片区域，如图 3-66 所示。

图 3-65　背景透明

Step3：在手动抠图中，需要使用红色画笔把去除的区域标注出来，使用蓝色画笔把需要保留的区域标注出来，实现效果如图 3-67 所示。

Step4：抠图后，可使用"换背景"命令进行更换背景颜色，或使用图片作为背景，最后单击"复制图片"按钮即可。

图 3-66　自动抠图

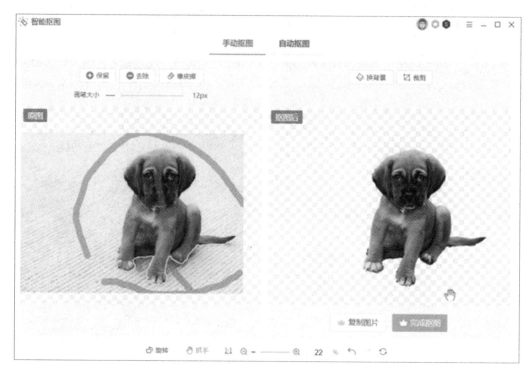

图 3-67　手动抠图

7. 截图功能

WPS 文字的截图功能可以帮助用户快速截取所有没有最小化到任务栏的程序的窗口画面。具体操作步骤如下。

Step1：在"插入"选项卡中单击"常用对象"组中的"截屏"命令，如图 3-68 所示。

Step2：在下拉菜单中可以看到矩形区域截图、椭圆区域截图、圆矩形区域截图和自定义区域截图，如图 3-69 所示，选择需要截图的内容，通过快捷键可快速操作。

图 3-68　截屏

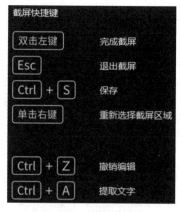

图 3-69　截屏快捷键

3.5.3　在文档中使用智能图形

WPS 文字中有智能图形，种类包括如下。

组织结构图：显示组织中的分层信息或上下级关系。此布局包含辅助形状和组织结构图悬挂布局。

　　基本列表：显示非有序信息块或者分组信息块，可最大化形状的水平和垂直显示空间。

　　垂直项目符号列表：显示非有序信息块或分组信息块，适合标题较长的列表或顶层信息。

　　垂直框列表：显示多个信息组，特别是带有大量级别 2 文本的组。对于带项目符号的信息列表，这是个不错的选择。

　　垂直块列表：显示信息组，或者任务、流程或工作流中的步骤，适用于大量级别 2 文本。对于包含一个主点和多个子点的文本，这是个不错的选择。

　　表格列表：显示等值的分组信息或相关信息。第一行级别 1 文本与顶层形状相对应，其级别 2 文本用于后续列表。

　　水平项目符号列表：显示非顺序或分组信息列表，适用于大量文本。整个文本强调级别一致，且无方向性含义。

　　垂直图片列表：显示非有序信息块或分组信息块。左侧小形状用于存放图片。

　　梯形列表：显示等值的分组信息或相关信息，适合大量文本。

　　分离射线：显示循环中与中心观点的关系。第一行级别 1 文本与中心圆形对应。强调环绕的圆形，而不是中心观点。未使用的文本不会显示，但是如果切换布局，这些文本仍可用。

　　基本流程：显示行进，或者任务、流程或工作流中的顺序步骤。

　　聚合射线：显示循环中与中心观点的概念关系或组成关系。第一行级别 1 文本与中心圆形相对应，级别 2 的各行文本则与环绕的矩形相对应。未使用的文本不会显示，但是如果切换布局，这些文本仍可用。

　　重点流程：显示行进、日程表，或者任务、流程或工作流中的顺序步骤，适合演示级别 1 和级别 2 文本。

　　射线维恩图：显示重叠关系，以及循环中与中心观点的关系。第一行级别 1 文本与中心形状相对应，级别 2 文本的行与环绕的圆形相对应。未使用的文本不会显示，但是如果切换布局，这些文本仍可用。

　　循环矩阵图：显示循环行进中与中央观点的关系。级别 1 文本前四行的每行均与某一个楔形或饼形相对应，并且每行的级别 2 文本将显示在楔形或饼形旁边的矩形中。未使用的文本不会显示，但是如果切换布局，这些文本仍可用。

　　1．插入智能图形

　　Step1：打开 WPS 文字文档，切换到功能区的"插入"选项卡，在"常用对象"组中单击"智能图形"按钮，打开"智能图形"对话框，如图 3-70 所示。

　　Step2：在左侧列表中选择智能图形的类型，右侧显示此类型的文字描述和预览效果。

　　Step3：设置后，单击"确定"按钮，即可在文档中插入选择的智能图形。

　　2．调整智能图形的布局结构

　　插入的智能图形可能不适合具体的要求，这时需要对其布局结构重新调整，以便达到要求。调整智能图形的布局结构分以下几种。

　　① 更改整体布局：对于插入的智能图形，可以重新改变其整体布局结构。单击智能图形任意一个图形对象，然后切换到功能区的"设计"选项卡，单击"布局"，弹出如图 3-71 所示的下拉列表。

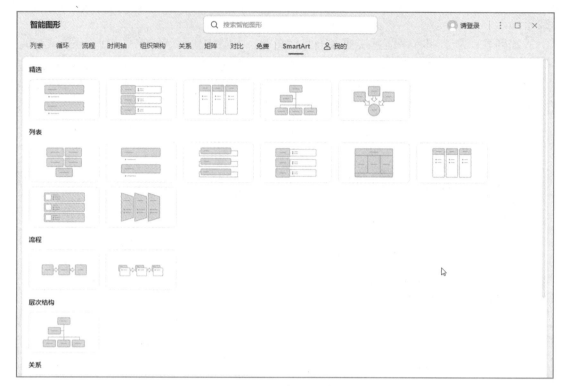

图 3-70　智能图形

② 对图形升级或降级：在智能图形的某些类型中，其内部图形有着级别之分，如层次结构图类型中的布局，要升级或降级某个图形，只需单击这个图形元素，然后在"设计"选项卡的"创建图形"组中单击"升级"或"降级"按钮即可。

③ 添加图形元素：除了在插入智能图形时显示默认的图形元素个数，还可以根据需要添加图形元素，但是需要先选择一个基准图形。单击智能图形中的一个基准图形元素，然后在"设计"选项卡的"创建图形"组中单击"添加形状"，在弹出的菜单中选择添加图形所处的位置即可，如图 3-72 所示。

图 3-71　"布局"下拉列表　　　　　　　　图 3-72　"添加形状"菜单

3．添加智能图形的内容

完成前面插入图形和调整图形的布局结构后，可以为智能图形添加内容。插入智能图形后，会自动显示一个文本窗格，用户可以在文本窗格中输入所需的文字内容。

在文档中插入智能图形并调整好其布局结构，单击要输入内容的文本框，直接输入文字即可。输入一个图形元素中的文字后，选择另一个图形元素可输入下一个内容，输入的内容将在图形元素中显示，如图 3-73 所示。

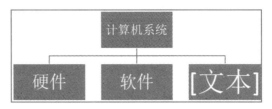

图 3-73　输入智能图形内容

4．美化智能图形的外观

在 WPS 文字中，同样可以为智能图形设置丰富多彩的外观。

Step1：单击要进行设置的智能图形，然后单击左侧文本窗格右上角的关闭按钮。

Step2：切换到功能区的"设计"选项卡，在"智能样式"组中选择智能图形的整体效果，如图 3-74 所示。

Step3：单击"系列配色"按钮，在弹出的菜单中可以选择主题颜色，如图 3-75 所示。

图 3-74　智能图形样式

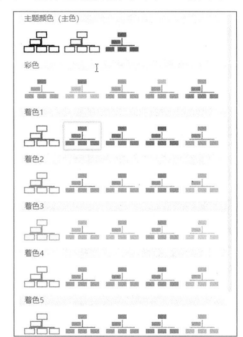

图 3-75　系列配色

Step4：对于智能图形中的单个图形，可以通过单击"格式"选项卡中的"填充""轮廓"按钮来自定义单个图形，如图 3-76 所示。

图 3-76　智能图形格式设置

3.5.4　在文档中使用艺术字与文本框

1．插入艺术字

Step1：在 WPS 文字文档中，切换到功能区的"插入"选项卡，单击"艺术字"按钮，在弹出的菜单中选择一种艺术字样式，即可在 WPS 文字中出现"请在此放置您的文字"文本框，并自动跳转至"文本工具"选项卡，如图 3-77 所示。

图 3-77　插入艺术字

Step2：编辑文本内容后，可通过"文本工具"选项卡的"文本填充""文本轮廓""形状填充""形状轮廓"中相应的命令对艺术字的显示效果进行设置。

2．设置艺术字格式

在文档中插入艺术字后，可以重新设置艺术字的大小、样式、文字方向等格式。

Step1：选择要设置的艺术字，然后设置文本效果，使用转换命令，调整艺术字的形状，如图 3-78 中的①为原始艺术字，②为调整后的效果。

Step2：选择要设置的艺术字，切换到功能区的"文本工具"选项卡，在"艺术字样式"组中单击"填充-钢蓝，着色 5，轮廓-背景 1，清晰阴影-着色 5"样式。图 3-79 为"艺术字样式"菜单，图 3-78 中的③为进行相关设置后的效果。

图 3-78　艺术字效果　　　　　　　　　　　图 3-79　"艺术字样式"菜单

3．插入文本框

WPS 文字文档中插入的文本框分为横排文本框、竖排文本框和多行文字。

Step1：切换到功能区的"插入"选项卡，单击"文本框"按钮，在弹出的菜单中选择预设文本框，如横向文本框、竖向文本框和多行文字，如图 3-80 所示。

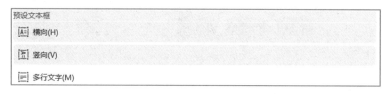

图 3-80　"文本框"菜单

Step2：当光标变为十字形时，在文档中拖动鼠标绘制一个空白文本框，在文本框中输入所需内容，可为文本设置字体、字号及字体颜色等格式。

4．设置文本框格式

Step1：右击文本框边框，在弹出的快捷菜单中选择"设置对象格式"命令，将打开"属性"面板。

Step2：从中可以对文本框的填充与轮廓、效果和文本框效果等进行设置，如图 3-81 所示。

3.5.5　公式编辑器的使用

有时 WPS 文字文档中要输入数学公式、数学符号，可以利用 WPS 文字的公式编辑器（Equation Editor）方便地实现该应用。

Step1：打开 WPS 文字文档，将光标定位到要插入公式的位置，切换到功能区的"插入"选项卡，单击"公式"按钮，可以在下拉菜单中选择内置的公式命令，这样可以在文档中插入选中的公式，可以对该公式进行修改。如图 3-82 所示，左侧为"公式"下拉菜单，右侧为插入的公式。

Step2：也可单击"插入新公式"，在文档中插入一个公式占位符，切换到"公式工具"选项卡，在面板上选择不同的命令，即可在公式占位符中输入该类型的公式，如图 3-83 所示。

图 3-81　"属性"面板

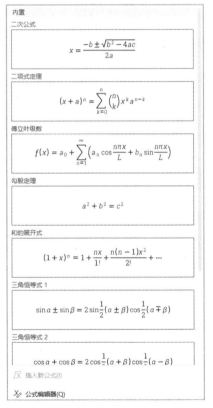

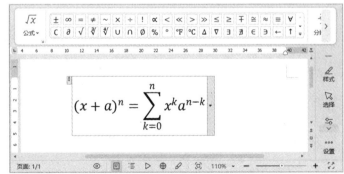

图 3-82　"公式"菜单及插入的公式

图 3-83　选择"插入新公式"命令后的效果

3.6　表格和图表

WPS 文字提供了表格和图表处理功能，包括：创建表格、表格元素的操作、设置表格格式、图表的使用。

3.6.1　创建表格

WPS 文字中有多种创建表格的方法，用户可以根据需要使用不同的方法创建表格，方法包括以下几种。

1．拖动鼠标创建表格

打开 WPS 文字文档，将光标定位到插入表格位置，切换到功能区的"插入"选项卡，单击"表格"按钮，在弹出的菜单中按住鼠标左键进行拖动，经过的方格数量为将要创建表格的行数和列数。在插入位置可预览到表格的外观，如图 3-84 所示。

2．使用对话框创建表格

在"表格"下拉菜单中选择"插入表格"，打开"插入表格"对话框，如图 3-85 所示，单击"微调"按钮或直接输入行数、列数值后，单击"确定"按钮，即可在文档的插入点处创建表格。在"插入表格"对话框的"列宽选择"组中可以选择不同的列表宽度。

❖ 固定列宽：表格的列宽以"厘米"为单位，若调整某一列的宽度，则相邻列的宽度会改变，表格的总宽度不变。

❖ 自动列宽：根据表格中内容的多少调整列宽，因为创建的初始表格不包含任何内容，创建出的表格外观尺寸将根据设置的行列数决定。

❖ 为新表格记忆此尺寸：后续新建表格以此次记录表格尺寸为标准进行创建。

3．绘制表格

在"表格"按钮的下拉菜单中选择"绘制表格"后，在文档中按住鼠标左键并拖动，即可绘制出表格的边框线，然后用相同的方法绘制表格内部各线条。

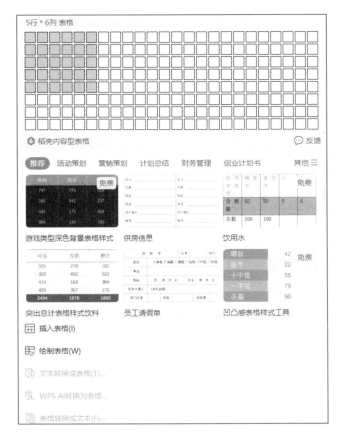

图 3-84 拖动鼠标创建表格

图 3-85 "插入表格"对话框

绘制完表格后，按 Esc 键，退出绘制状态。如果需要修改某个线条，就可以单击表格内部，然后激活"表格样式"选项卡；单击"擦除"按钮，光标形状发生变化后，单击要擦除的线条，就会将绘制的线条删除，再重复刚才的操作即可。

3.6.2 设置表格格式

可以对创建的表格进行一些格式设置，包括行高、列宽、表格在文档中的位置、表格内文本的位置、文字方向、表格的边框和底纹、表样式的设置等。

1．调整行高和列宽

调整表格的行高和列宽有以下方法。

方法 1：将光标指向要调整行的行边框或列的列边框，当光标形状变为上下或左右的双向箭头时，按住鼠标左键并拖动即可调整行高和列宽。

方法 2：选择要调整行高或列宽的行或列，切换到功能区的"表格工具布局"选项卡，在"单元格大小"组中设置"高度"或"宽度"的值，如图 3-86 所示，按 Enter 键即可。

方法 3：切换到功能区的"表格工具布局"选项卡，单击"自动调整"命令，在下拉菜单中选择即可，如图 3-87 所示。

在"自动调整"下拉菜单中单击"平均分布各行"或"平均分布各列"命令，可将各行调整为选中多行的平均行高，或将各列调整为选中多列的平均列宽。

2．设置单元格大小

如果希望精确设置一个单元格的大小，可以将光标置于要设置的单元格中，然后切换到功能区的"表格工具布局"选项卡，在"单元格大小"组中设置表格行"高度"和列"宽度"微调框中的数值即可。

3．设置表格大小

要对整个表格的尺寸进行设置，先选中整个表格，然后切换到功能区的"表格工具"选项卡，单击"表格属性"按钮，打开"表格属性"对话框，在"表格"选项卡中勾选"指定宽度"复选框，然后在右侧的微调框中输入表格宽度的数值即可（如图3-88所示）。

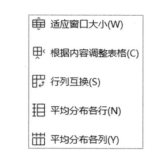

图 3-86　设置单元格大小　　图 3-87　"自动调整"下拉菜单　　图 3-88　"表格属性"对话框

4．设置表格内文本的对齐方式

WPS文字为表格中文本的位置（对齐方式）提供了9种方式，将光标定位到表格中，选择"表格工具"选项卡的"对齐方式"命令，可以进行对齐方式的设置，如图3-89所示。

5．设置表格中文字方向

将光标定位到单元格，在"对齐方式"组中单击"文字方向"按钮，可以更改单元格中的文字方向，多次单击，可以切换每个可用的方向。

6．设置单元格边距

WPS文字中提供了设置单元格边距的功能，通过该设置，可以控制单元格中的内容与其所在单元格四周的距离。

Step1：选择某表格，在"表格工具"选项卡中单击"单元格边距"按钮，打开"表格选项"对话框，如图3-90所示。

Step2：在"默认单元格边距"组中可以分别设置上、下、左、右的间距，勾选"自动重调尺寸以适应内容"复选框表示，当在单元格中输入超过单元格本身尺寸的内容时，其大小将随内容而自动改变。

图 3-89　对齐方式

图 3-90　"表格选项"对话框

7. 设置表格的边框和底纹

WPS 文字预置了很多表格样式，可以直接套用这些方案美化表格，也可以根据需要自定义表格的边框和底纹。下面对这两种方法分别进行介绍。

1）使用表格样式

将光标置于表格内，然后切换到功能区的"表格样式"选项卡，在"表格样式"组中单击按钮，在下拉菜单中选择喜欢的一种样式，如图 3-91 所示，可将表格设置成所选择的外观。

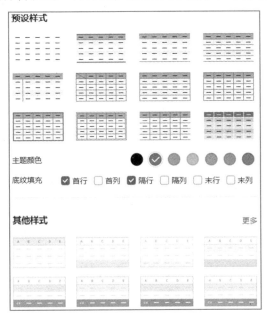

图 3-91　表格样式

在表格中套用表样式后，通过选择"表格样式"选项卡的命令，可以对表格外观进行设置，如图 3-92 所示。

如果要清除表格样式，可以在如图 3-93 所示"表格样式"下拉列表中选择"清除表格样式"命令。

图 3-92　行/列填充

图 3-93　清除表格样式

2）自定义表格的边框和底纹

Step1：将光标置于表格内，切换到功能区的"表格新式"选项卡，单击"边框"按钮右侧的向下箭头，在弹出的下拉菜单中选择"边框和底纹"，打开"边框和底纹"对话框，如图3-94所示。

Step2：在"边框"选项卡中，可以在"设置""线型""颜色""宽度"中设置表格边框的外观，在"应用于"下拉列表中选择边框的应用范围，在"预览"中可以观察设置边框后的效果。切换到"底纹"选项卡，可以设置底纹的效果，如图3-95所示。

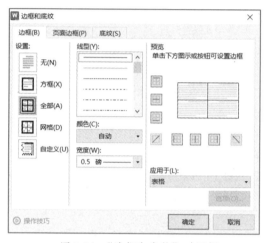

图3-94 "边框和底纹"对话框

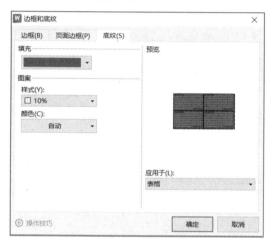

图3-95 "底纹"选项卡

3.6.3 表格中数据的管理

1．表格数据的排序

Step1：在图3-96的左表中，将光标定位到"学号"列的任何单元格中，切换到功能区的"表格工具"选项卡，在"数据"组中单击"排序"按钮，打开"排序"对话框。

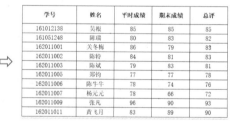

图3-96 学生成绩表

Step2：进行主关键字、次关键字等一系列设置后，选中"升序"单选按钮，如图3-97所示。设置后，单击"确定"按钮，即按照学号由低至高排列，排列结果见图3-96的右表。

2．表格数据的计算

除了对表中的数据进行简单的排序，还可以对数据进行统计计算，如加、减、乘、除、求和、平均值等。下面以求平均值为例进行介绍。

Step1：在学生成绩表中插入一列，合并单元格后；将光标定位到要插入平均值的单元格，单击"表格工具布局"选项卡的"数据"组的 *fx* 公式 按钮。

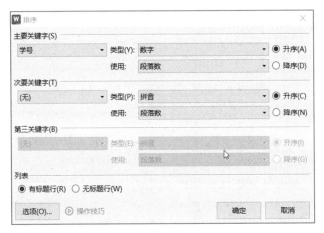

图 3-97 "排序"对话框

Step2：在打开的"公式"对话框中删除"公式"文本框中的函数，在"粘贴函数"下拉菜单中选择"AVERAGE"。

Step3：在"公式"文本框的函数的括号中输入要计算的区域，如"e2:e11"（如图 3-98 所示），单击"确定"按钮，返回到 WPS 文字文档，计算的平均成绩如图 3-99 所示。

图 3-98 "公式"对话框

学号	姓名	平时成绩	期末成绩	总评	平均成绩
161012138	吴根	85	85	85	82.3
161051248	陈瑞	80	83	82	
162011003	陈斌	79	83	81	
162011002	陈特	84	81	83	
162011001	关冬梅	86	79	83	
162011005	郑钧	77	77	78	
162011011	黄飞月	83	89	90	
162011009	张凡	96	90	93	
162011006	陈牛牛	78	74	76	
162011007	杨元元	78	66	72	

图 3-99 求平均成绩

3.6.4 表格文字互转

1. 表格转文字

WPS 文字的"表格转文字"功能是指将 WPS 文字的表格内容转换为纯文本格式的功能。这个功能通常用于将表格中的数据提取出来，以便后续编辑、分析或处理。

Step1：打开含表格的文档，定位到包含表格的部分，可以是整个表格或表格中的特定区域。

Step2：在"插入"选项卡中单击"表格"按钮，在弹出的下拉菜单中选择"表格转换文本"选项，如图 3-100 所示。

Step3：在弹出的窗口中选择文字分隔符，常见的有段落标记、制表符、逗号，也可以自定义其他字符，如图 3-101 所示。

Step4：选择好文字分隔符，单击"确认"按钮，效果如图 3-102 所示。

2. 文字转表格

WPS 文字的"文字转表格"功能是指将 WPS 文字中的文本内容转换为表格的功能。这个功能可以帮助用户快速将文字内容整理成表格形式，提高工作效率。

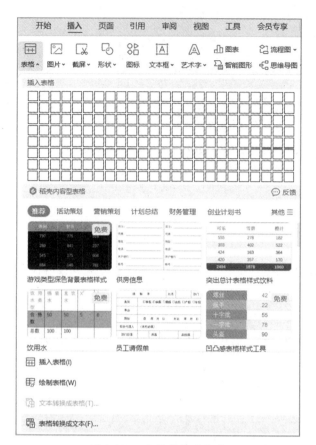

图 3-100　表格转换成文本　　　　　　　　　图 3-101　选择分隔符

学号	姓名	平时成绩	期末成绩	总评
161012138	吴根	85	85	85
161051248	陈瑞	80	83	82
162011003	陈斌	79	83	81
162011002	陈特	84	81	83
162011001	关冬梅	86	79	83
162011005	郑钧	77	77	78
162011011	黄飞月	83	89	90
162011009	张凡	96	90	93
162011006	陈牛牛	78	74	76
162011007	杨元元	78	66	72

学号-姓名-平时成绩-期末成绩-总评
161012138-吴根-85-85-85
161051248-陈瑞-80-83-82
162011003-陈斌-79-83-81
162011002-陈特-84-81-83
162011001-关冬梅-86-79-83
162011005-郑钧-77-77-78
162011011-黄飞月-83-89-90
162011009-张凡-96-90-93
162011006-陈牛牛-78-74-76
162011007-杨元元-78-66-72

图 3-102　转换后文本效果

Step1：打开文本内容的文档，选中需要转换成表格的文字内容。

Step2：在"插入"选项卡中单击"表格"按钮，在弹出的下拉菜单中选择"文本转换表格"选项，在弹出的窗口中选择分隔位置，表格尺寸中的列数和行数会自动生成，如图 3-103 所示。

Step3：生成的表格列宽和行高都需要用户根据需求自行调整，如图 3-104 所示。

人员信息登记表

序号,姓名,性 别,身 份 证 号 码,居 住 住 址,联系电话,备 注

1,张三,男,440011201011111234,广州,13922228888,

2,李四,男,440011201011112345,上海,13922229999,

3,王五,男,440011201011123456,北京,13922226666,

4,刘六,男,440011201011234567,深圳,13922223333,

5,赵七,男,440011201012345678,香港,13922221111,

序号	姓名	性别	身 份 证 号 码	居 住 住 址	联系电话	备 注
1	张三	男	440011201011111234	广州	13922228888	
2	李四	男	440011201011112345	上海	13922229999	
3	王五	男	440011201011123456	北京	13922226666	
4	刘六	男	440011201011234567	深圳	13922223333	
5	赵七	男	440011201012345678	香港	13922221111	

图 3-103　选择分隔位置　　　　　　图 3-104　文本转换表格效果

3.6.5　创建图表

1．图表类型及插入图表

WPS 文字提供了 11 类图表，以满足不同用户的需要，每类图表又可以分为几种形式，不同图表的类型都有其各自的特点和用途。选择功能区的"插入"选项卡，在"插图"组中单击"图表"按钮，可以打开"插入图表"对话框，从中可查看 11 类图表，如图 3-105 所示；在左侧选择图表类型，在右侧选择该类图表的某个形式，单击"确定"按钮，即可在文档的光标位置插入图表。

2．编辑图表

下面为学生成绩表插入一个折线图。

Step1：将光标定位到文档将要插入图表的位置，打开"插入图表"对话框，选择"带数据标记的折线图"，单击"插入预设图表"，这时会在 WPS 文字文档中插入一个折线图图表，同时会打开一个 WPS 表格文档，此时图表与表格没有任何关系。

Step2：单击新生成的图表，在"图表工具"中选择"编辑数据"，将 WPS 文字表格中的学生姓名及总成绩的数据复制到该表格中；关闭 WPS 表格，返回 WPS 文字文档中可查看到插入的图表。

Step3：单击"图表工具"选项卡，在"添加元素"组中选择"图表标题"选项，在弹出的下拉菜单中选择"图表上方"选项，输入图表标题"总评成绩分布"；在文本工具中选择"填充-墨色，文本 1，阴影"预设样式。

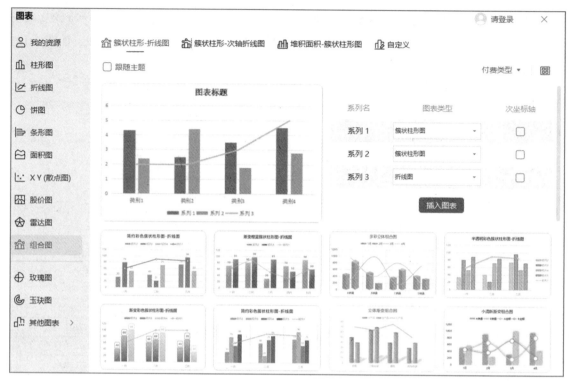

图 3-105 "插入图表"对话框

Step4：单击"图表工具"选项卡，在"添加元素"组中选择"图例"选项，在弹出的下拉菜单中选择"底部"选项，选择图表预设样式的"样式 3"选项。

Step5：单击"图表工具"选项卡，选择"图表区"的"设置格式"，在弹出的面板中选择图表选项，选择"纯色填充"，颜色为"暗板岩蓝，文本 2，浅色 60%"。图 3-106 为完成效果。

姓名	总评
吴根	85
陈瑞	82
陈斌	81
陈特	83
关冬梅	83
郑钧	78
黄飞月	80
张凡	90
陈牛牛	93
杨元元	76
吴莹莹	72

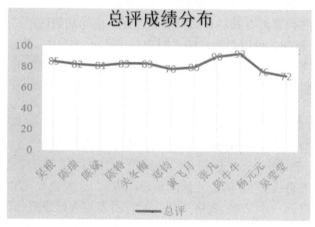

图 3-106 插入折线图

3.7 打印输出

本节介绍在 WPS 文字中进行页面排版及打印输出的各种方法，主要包括页面设置、打印预览、打印输出。

1．设置页面布局

编辑好的文档，要对文档页面进行统一设置，主要包括页边距、纸张大小和页面方向、分栏和分页、分节、页面背景等的设置。由于其他内容在前面已进行详细介绍，所以这里只介绍设置纸张大小及页面方向设置。

Step1：切换到功能区的"页面"选项卡，在"页面设置"组中单击"纸张大小"按钮，从中选择预置的纸张，也可以选择"其他页面大小"命令，打开如图 3-107 所示的"页面设置"对话框，从中设置纸张。

图 3-107　打印页面设置

Step2：单击"纸张方向"按钮，从中选择"纵向"或"横向"命令。

2．打印预览

为保证打印输出的品质和准确性，一般在正式打印前先进入预览状态检查文档整体的版式布局是否存在问题。进入打印预览状态有两种方法。

方法 1：选择"文件 → 打印 → 打印预览"菜单命令，这时在页面中间显示预览效果，如图 3-108 所示。

方法 2：单击"快速访问工具栏 → 打印预览"按钮，也会跳转至图 3-108 所示状态。

其中，可以选择打印机、设置打印文档和打印效果；在"预览"组中可以预览文档中的内容，通过滚动鼠标可以进行翻页。

3．设置打印选项

预览无误后，在"打印机"下拉列表中找到对应的打印机，在"纸张信息"中选择纸张的尺寸，"纸张方向"选择横向或纵向，还有页边距、打印方式等，见图 3-108。设置好打印机属性后，在左侧预览窗口中可以查看设置后的预览效果。

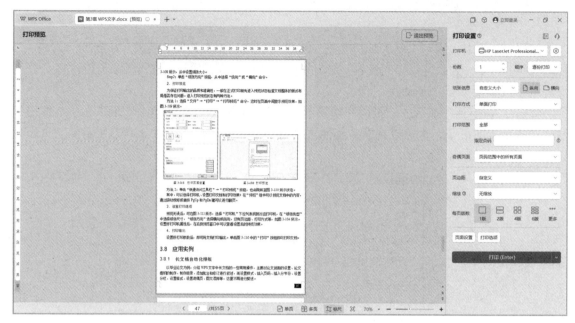

图 3-108　打印预览

4．打印输出

设置好打印参数后，即可将文档打印输出。单击图 3-108 的"打印"按钮，即可打印文档。

3.8　应用实例

3.8.1　长文档自动化排版

下面以毕业论文为例，介绍 WPS 文字中长文档的一些常用操作，主要对论文封面的设置、论文提纲的制作、制作目录、添加批注和修订进行叙述，而设置样式、插入页码、插入分节符、设置分栏、设置格式、设置奇偶页、图文混排等，这里不再进行赘述。

1．设置毕业论文的封面

打开"毕业论文"文档，进入功能区的"插入"选项卡，单击"封面页"按钮，可在弹出的下拉菜单中选择内置的封面类型，或者新建空白页，然后输入文本、插入图片、调整文本字体、位置，如图 3-109 所示。

2．制作论文的提纲

制作论文的提纲的操作步骤如下。

Step1：将文本插入点定位到论文封皮文本后，单击"页面"选项卡的"分隔符"按钮，选择"分节符"命令中的"下一页"，可在文档中添加一个分节符，这样在调整文本内容时不会影响后面的版式。

Step2：将文本插入点定位到分节符下，输入第 1 个标题，按 Enter 键，WPS 文字将自动编号。

Step3：按 Ctrl+Z 组合键，取消自动编号，然后依次输入其他标题内容。

Step4：将文本插入点定位到第 1 个标题的文字中，在"大纲"选项卡中选择大纲级别，将该标题设置为 1 级，其他标题类似进行设置。

Step5：在"状态栏"中单击"大纲"视图按钮，将视图模式由页面视图切换到大纲视图模式，从中可以看到插入的分节符，如图 3-110 所示。

图 3-109 论文封面

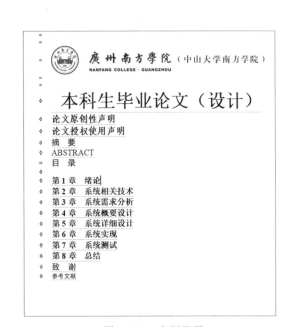

图 3-110 大纲视图

Step6：单击"视图"选项卡，在"文档视图"选项组中单击"页面视图"按钮，将视图模式切换到页面视图模式。

Step7：将文本插入点定位到第 1 个一级标题和第 1 个二级标题之间，按 Enter 键，在"样式"选项组中单击"正文"选项，将该行的样式设置为"正文"样式，从中输入正文内容。

Step8：用相同的方法输入论文的所有正文内容。由于在输入内容时正文没有首行缩进，用鼠标拖动水平标尺，将"首行缩进"滑块拖动两个字符即可。用前面介绍的方法对论文插入页眉和页脚。图 3-111 为最后论文内容及格式。

3．制作目录

在毕业论文中，将光标定位到"目录"的下一行，然后按照以下步骤制作目录。

Step1：选择"引用"选项卡，单击"目录"按钮，在弹出的下拉菜单中选择"自定义目录"命令，打开"目录"对话框，如图 3-112 所示，在"显示级别"数值框中输入"3"。

Step2：单击"选项"按钮，打开"目录选项"对话框，分别在"标题 1""标题 2""标题 3"文本框中输入"1""2""3"，如图 3-113 所示，单击"确定"按钮，这时系统自动将目录插入文档。图 3-114 为插入目录效果。

图 3-111　毕业论文

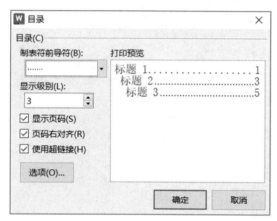

图 3-112　"目录"对话框

图 3-113　"目录选项"对话框

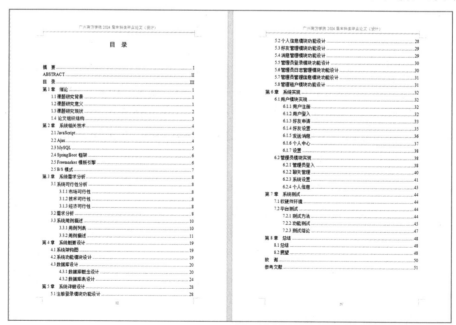

图 3-114　插入目录效果

Step3：如果改变了与目录对应的正文中的标题内容，或者文档中的页面发生了变化，需要对目录进行更新操作。只需在目录范围内单击右键，在弹出的快捷菜单中选择"更新域"命令，打开"更新目录"对话框，设置后单击"确定"按钮即可。

4．审阅和修订文档

1）添加批注和修订

批注是某人对文档中某内容提出的意见及建议，可以与文档一起保存；修订是对文档进行修改时，用特殊符号标记曾经修改过的内容，可以让其他人看到该文档中有哪些内容被修改过。在文档中添加批注的具体步骤如下。

Step1：在 WPS 文字文档中，选择要进行批注的内容，切换到功能区的"审阅"选项卡，单击"插入批注"按钮，将在文档窗口右侧显示一个批注框，在批注框中输入批注内容即可。

Step2：按照同样的方法，在文档中可以添加多个批注，批注的序号将自动排列。要查看文档中添加的批注，可以在"批注"选项组中单击"上一条"和"下一条"按钮，逐个对批注进行查看和编辑。

Step3：要删除批注，单击批注框内部，然后单击"删除批注"按钮，选择"删除"命令。
对文档进行修订的操作步骤如下。

Step1：单击"审阅"选项卡的"修订"按钮，进入修订状态，然后可以按照正常的方式对文档进行修改。在修改原位置显示修订标记，在修改位置所在段落的左侧也会显示修订标记（一条竖线），如图 3-115 所示。

Step2：修订结束后，再次单击"修订"按钮，即可退出修订状态。

Step3：在"修订"选项组中可以打开"显示标记"按钮的下拉列表，从中选择文档经过修改后的显示标记，如图 3-116 所示。

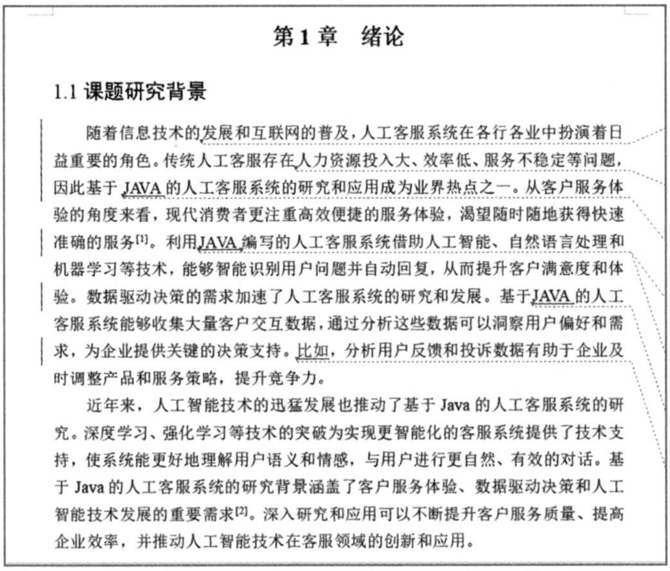

图 3-115　修订文档

图 3-116　"显示标记"菜单

2）接受或拒绝修订

对于文档中的修订，应该在经过确认后采取处理措施，即接受或拒绝修订内容。具体操作步骤如下：单击文档中要进行确认的修订位置，然后在"审阅"选项卡的"更改"选项组中单击"接受"按钮，在下拉菜单中选择"接受修订"命令；或单击"拒绝"按钮，在下拉菜单中选择"拒绝所选修订"命令。如果选择"接受对文档的所有修订"或"拒绝对文档的所有修订"命令，那么将接受或拒绝文档中的所有修订，如图 3-117 所示。

图 3-117 "接受修订"菜单和"拒绝所选修订"菜单

5. 导航窗格的使用

可以通过"导航窗格"跳转至论文的具体章节，以便查看或修改该章节的内容。打开"导航窗格"的步骤比较简单，在功能区中单击"视图"选项卡，单击"导航窗格"按钮，在弹出的下拉菜单中显示"靠左"或"靠右"导航窗口，而选中"隐藏"，则隐藏"导航"窗口。

3.8.2 邮件合并——邀请函

在实际生活或工作中，经常需要将相同内容的文件分发给不同的人或单位，在 WPS 文字中可以使用邮件合并功能来完成此项工作。下面以录取通知书为例。

1. 建立主文档

新建一个文档，编辑录取通知书的相关内容，如图 3-118 所示。

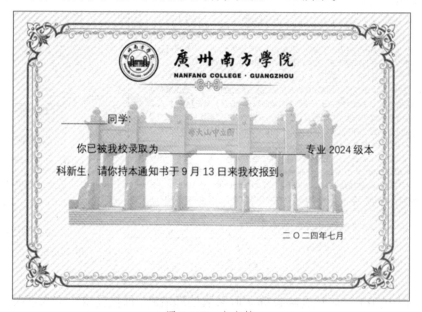

图 3-118 主文档

2. 数据文档

数据文档是存放录取对象的信息，包括姓名、家庭地址、联系方式和录取专业等。可以使用 WPS 文字文档新建一个（或使用 WPS 表格），如表 3-2 所示。

表 3-2　数据源

姓名	年龄	联系方式	家庭地址	录取分数	录取专业
张三	18	13213212312	广东省广州市	600	英语
李四	19	13232323232	湖南省长沙市	601	计算机科学与技术
王五	18	13121212121	海南省海口市	700	市场营销
刘六	18	13313131313	西藏	650	室内设计
赵七	19	13919191919	新疆	602	软件工程

3. 邮件合并

进行邮件合并的操作步骤如下。

Step1：打开主文档，单击"引用"选项卡的"邮件"按钮，进入邮件合并工作界面，如图 3-119 所示。

图 3-119　邮件合并界面

Step2：单击"打开数据源"按钮，选择数据文档，如图 3-120 所示。

Step3：把光标定位在需要插入数据位置，然后选择"插入合并域"，在下拉列表框中选择对应位置要插入的对应数据源数据，重复操作，直到完成所有数据插入，如图 3-121 所示。

图 3-120　打开数据源

Step4：单击"查看合并数据"按钮预览结果，或选择"合并到新文档""合并到不同新文档""合并到打印机""合并发送"，如图 3-122 所示。选择"合并到新文档"全部记录，则可以生成新的文档，完成邮件合并，如图 3-123 所示。

图 3-121　插入合并域

图 3-122　选择生成文档方式

图 3-123　合并到新文档

3.9　WPS 文字 AI

WPS AI 指的是金山软件开发的 WPS Office 集成的人工智能功能。WPS 文字中主要的 AI 功能包括：AI 帮我读、AI 帮我改、AI 帮我写、AI 排版、全文总结和灵感市场，如图 3-124 所示。目前只有 WPS 365 教育旗舰版可以使用 WPS AI。

1．AI 帮我读

第一次使用 WPS AI 时会弹出使用须知，如图 3-125 所示，阅读后勾选"我已阅读"，单击"知悉并同意"按钮，即可使用 WPS AI。

长篇文章眼花缭乱，找不到具体数据或者问答？WPS AI 可以帮助用户输入疑惑内容点，读出重点内容和数据，还能跳转答案出处，省时省力，如图 3-126 所示。

2．AI 帮我改

"AI 帮我改"是 WPS 文字的一项智能编辑和校对功能，为提高文档质量和编辑效率设计。这项功能通过智能算法对文本进行深入分析，识别出文本的潜在问题，如语法错误、拼写错

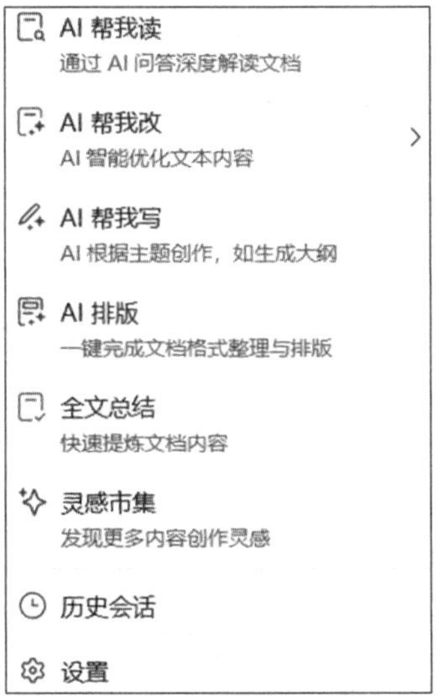

图 3-124　WPS 文字 AI

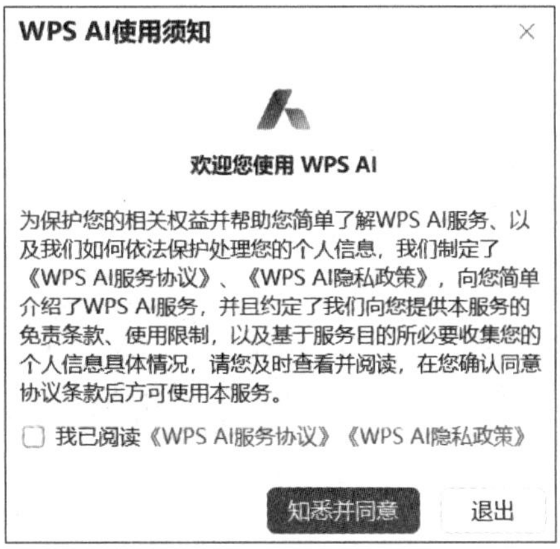

图 3-125　WPS AI 使用须知

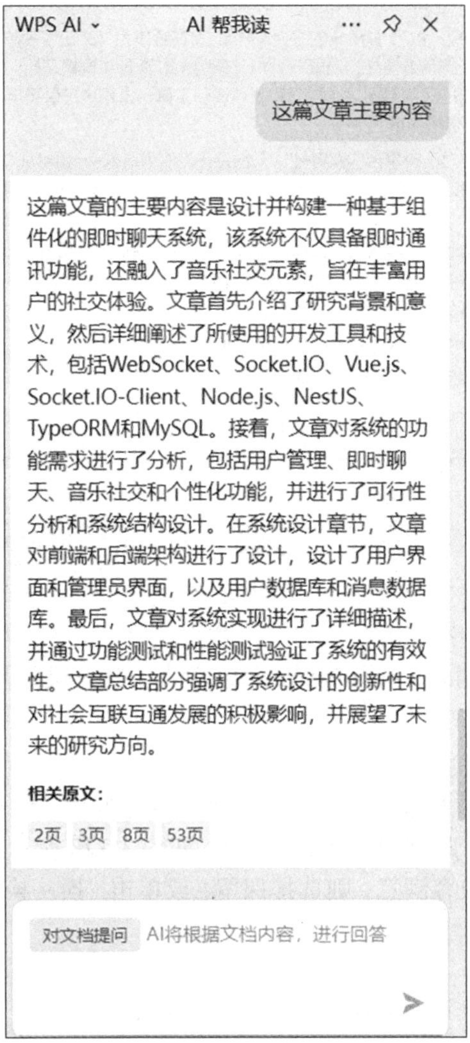

图 3-126　AI 帮我读

误、表达不清、风格不一致等，并提供相应的修改建议。用户可以根据这些建议对文本进行修改，从而提升文本的整体质量。具体而言，"AI帮我改"包括以下特点和功能。

1）继续写

Step1：在文档中选择需要修改的内容，选择"AI帮我改"命令，弹出的选项中包括"继续写""缩写""扩写""转换风格"。

Step2：选择"继续写"，会按照所选内容自动进行完成内容编写，此过程需要2～5秒，如图3-127所示。

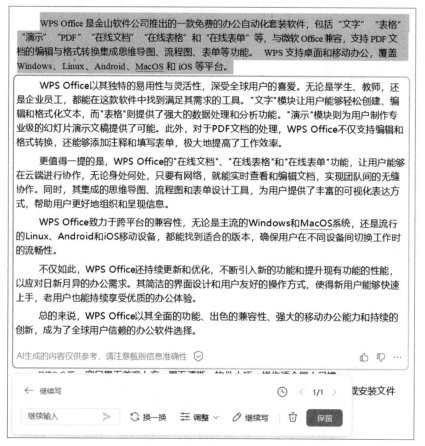

图3-127　AI继续写

Step3：若对所写内容满意，则选择保留，或单击"换一换"，则会重新编写相应内容，反之删除。

2）缩写

Step1：在文档中选择需要修改的内容，选择"AI帮我改 → 缩写"命令，会按照所选内容自动进行完成内容编写，此过程需要2～5秒，如图3-128所示。

Step2：若对所缩写的内容满意，则选择保留，或单击"换一换"，则会重新编写相应内容，反之删除。

3）扩写

Step1：在文档中选择需要修改的内容，选择"AI帮我改 → 扩写"命令，会按照所选内容自动进行完成内容编写，此过程需要2～5秒，如图3-129所示。

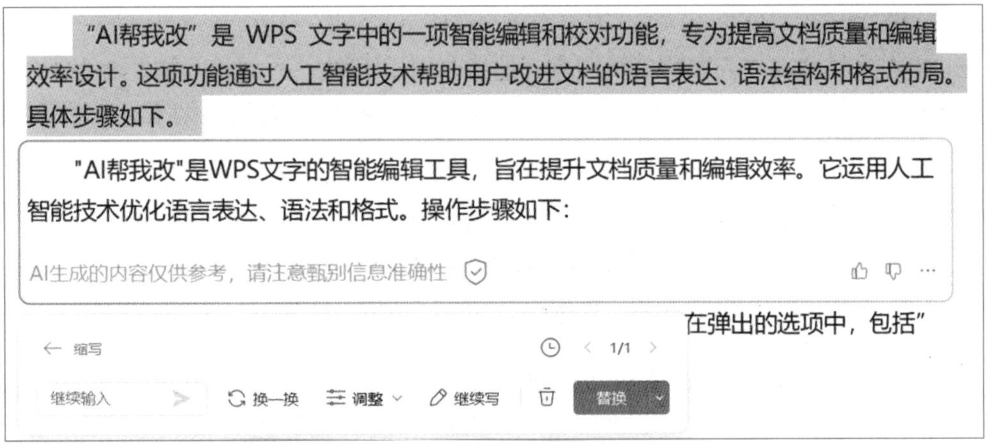

"AI帮我改"是 WPS 文字中的一项智能编辑和校对功能，专为提高文档质量和编辑效率设计。这项功能通过人工智能技术帮助用户改进文档的语言表达、语法结构和格式布局。具体步骤如下。

图 3-128　AI 缩写

图 3-129　AI 扩写

Step2：若对所扩写的内容满意，则选择保留，或单击"换一换"，则会重新编写相应内容，反之删除。

4）转换风格

Step1：在文档中选择需要修改的内容，选择"AI 帮我改 → 转换风格"命令，包括"更正式""党政风""更活泼""口语化"四个选项；选择后，AI 会进行转换编写，此过程需要 2～5 秒，如图 3-130 所示。

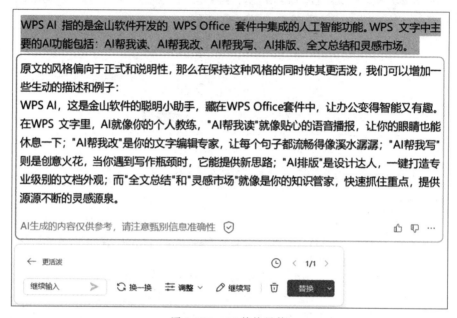

图 3-130　AI 转换风格

Step2：若对内容满意，则选择保留，或单击"换一换"，则会重新编写相应内容，反之删除。

3．AI 帮我写

"AI 帮我写"功能通过智能算法和自然语言处理技术，根据用户输入的关键词、主题或简要描述，自动生成符合要求的文本内容，支持多种文本类型和风格，用户可以根据需要选择合适的模板和风格进行创作。

Step1：选择"AI 帮我写"命令，弹出如图 3-131 所示的对话框，可以实现"文章大纲""讲话稿""心得体会""会议纪要""通知""申请""证明"等。

Step2：输入问题，AI 会根据提示词自动进行完成内容编写，此过程需要 2～5 秒，如图 3-132 所示。

Step3：若对所写的内容满意，则选择保留，或单击"换一换"，则会重新编写相应内容，反之删除。

4．AI 排版

AI 排版功能是指利用人工智能技术自动优化文档的版面布局和排版效果，使文档看起来更加美观、专业和易于阅读。这项功能通过智能分析文档内容，自动调整字体、段落、标题、图片等元素的布局和格式，以达到最佳的视觉效果和阅读体验。AI 排版支持学位论文、党政公文、合同协议、通用文档和导入范文排版，用户可以根据需要选择合适的排版方案，也可以自定义排版设置，如图 3-133 所示。

图 3-131　WPS AI 帮我写

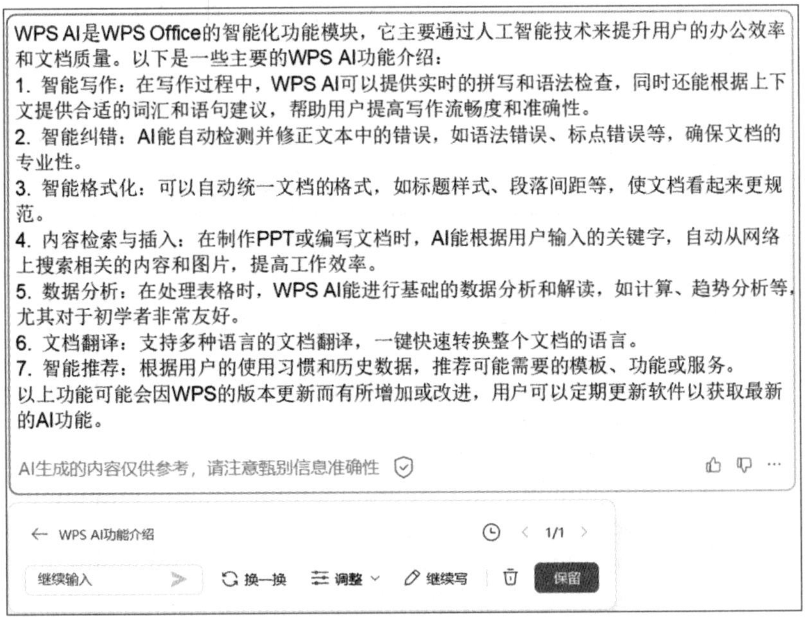

图 3-132　WPS AI 帮我写实现效果

以学位论文排版为例，操作步骤如下。

Step1：在右侧面板中选择学校或输入学校名称搜索模板，如图 3-134 所示，单击"排版"按钮。

Step2：等待若干秒后，文档完成排版，效果如图 3-135 所示。对排版效果不满意可弃用，反之则单击"应用到当前"按钮。

图 3-133　WPS AI 排版

图 3-134　选择学校模板

H1 第 1 章　绪论

H2 1.1 研究背景及意义

在信息时代，互联网技术的飞速发展极大地改变了人们的生活方式，其中，通信方式的变化尤为显著。即时通讯作为一种新型的通信方式，已经深入到人们生活的各个方面，成为日常生活中不可或缺的一部分[1]。然而，尽管即时通讯聊天室系统在教育、医疗、商务和娱乐等各个领域得到了广泛的应用，但其功能仍然相对单一，主要提供文字、图片和表情的交流方式。近年来，音乐社交作为一种新兴的社交方式，得到了越来越多的关注[2]。音乐不仅能够带给人们愉悦的感觉，更是一种强大的社交工具，可以帮助人们建立和深化社交关系。然而，现有的即时通讯聊天室系统尚未充分利用音乐作为社交工具的潜力。将音乐社交的元素融入到即时通讯聊天室中，不仅可以丰富通信方式，增强社交体验，还有可能推动即时通讯技术的进一步发展。这就是本人进行这项研究的背景和意义。

研究目标是设计和实现一个基于组件化的即时通讯聊天室系统，该系统不仅需要满足上述的技术要求，还需要在系统中融入音乐社交的元素，使用户在进行文字、图片、表情等传统方式的交流的同时，还能共享音乐，增强社交体验。本人期望通过这种方式，能够提供一个功能完备、高效、安全、可扩展的系统，满足用户的通信需求，提供直观且易用的用户界面，处理多媒体内容，确保多样化的通信体验。

显示目录　显示原文　弃用　应用到当前

H2 1.2

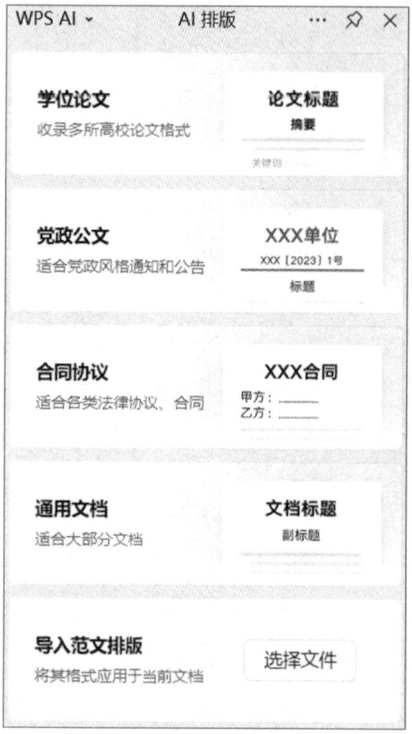

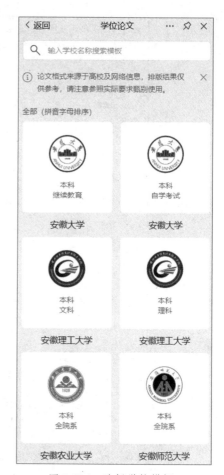

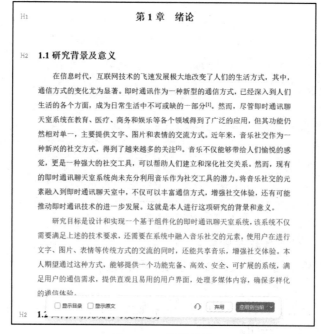

图 3-135　排版效果

5．全文总结

"全文总结"功能是利用先进的自然语言处理和机器学习技术，对文档进行深入分析，提取关键信息，并自动生成简洁明了的总结。用户只需简单操作，即可获得文档的精华部分，方便快速浏览和回顾。

"全文总结"功能适用于各种需要处理长篇幅文档的场景，如学术论文、工作报告、新闻报道、小说等，无论是学术研究、职场办公还是日常阅读，都能为用户提供极大的便利。

Step1：启动 WPS Office，打开需要总结的文档。

Step2：选择全文总结功能。单击"WPS AI"按钮，然后选择"全文总结"功能。

Step3：生成总结。系统会根据文档内容自动进行分析和提炼，并生成总结。用户可以在生成的总结中查看关键信息，并根据需要进行进一步编辑和调整，如图 3-136 所示。

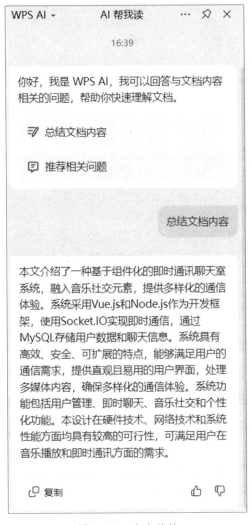

图 3-136　全文总结

6．灵感市集

灵感市集是 WPS Office 的一项创新功能，旨在通过智能文档和人工智能技术，为用户提供更加便捷和个性化的创作体验。这项功能是一个集成了丰富模板和指令系统的平台，用户可以根据自己的需求，在平台上查找、创建和保存各种指令模板。这些模板涵盖了多个领域，如编程、写作、问答等，能够帮助用户快速生成所需的文档或代码。

Step1：打开 WPS 文字，并新建一个智能文档。

Step2：在智能文档中单击相应的按钮，或输入特定指令，唤醒 WPS AI 助手。

Step3：找到灵感市集的入口，并进入。

Step4：在灵感市集中，可以浏览和搜索各种模板。如果需要创建新的模板，就可以单击相应的按钮，进入编辑界面进行定制，如图 3-137 所示。

图 3-137　灵感市集

Step5：完成模板的编辑后，可以保存模板并在需要时随时调用。

本章小结

　　WPS 文字是优秀的文字处理软件，可以用来制作各种文档，美化文档格式，制作各种图文混排的文档，创建表格和图表，是个人及办公事务处理的理想工具。WPS 文字的功能非常强大，内容覆盖面比较广泛，本章详细介绍了 WPS 文字的基本操作、编辑文档内容、设置文档格式、图形与图片的使用、表格、自动化处理文档、AI 功能等。

　　通过本章的学习，读者可以轻松实现 WPS 文字的办公自动化。

第 4 章

WPS 表格处理

WPS 表格是 WPS Office 的三大功能模块之一，与 Microsoft Office Excel 对应，应用 XML 数据交换技术，无障碍兼容 XLS、XLSX 文件格式，可以直接保存和打开 Microsoft Office Excel 文件，也可以由 Microsoft Office Excel 编辑。

4.1　WPS 表格的基本知识

WPS 表格是 WPS Office 产品套件的组成部分，可以用来创建表、计算数据和分析数据的软件。这种类型的软件被称为电子表格软件。用户使用表格可以创建自动计算所输入数值总和的表，可以采用简洁的版式打印表，还可以创建简单的图形。

1. WPS 表格的启动和退出

启动 WPS 表格的步骤为：在"开始"菜单中选择"所有应用 → WPS Office → WPS 表格"。WPS 表格的退出方法有如下几种。

方法 1：单击 WPS 表格窗口右上角的 × 按钮。

方法 2：移动鼠标指针至标题栏处，单击右键，在弹出的快捷菜单中选择"关闭"命令（快捷键为 Alt+F4）。

方法 3：单击"文件"选项卡，在弹出的菜单中选择"退出"命令。

方法 4：在菜单栏"查找命令，搜索模板"搜索框中输入"退出"。

2. WPS 表格的工作窗口

WPS 表格动后，WPS 表格的窗口就打开了，并自动创建一个名为"工作簿 1"的空工作簿，如图 4-1 所示。一个文件是一个工作簿，扩展名默认为 .xlsx。一个工作簿由若干工作表组成，每个工作表可看成一张二维表，由行、列坐标指示的若干单元格构成。

在图 4-1 中，WPS 表格工作窗口的各部分介绍如下。

① "文件"选项卡：包含基本命令（如"新建""打开""另存为""打印""关闭"）。

② 标题栏：显示正在编辑的工作表的文件名以及所使用的软件名。

③ 快速访问工具栏：包含常用命令，如"保存""撤销"；也可以添加自己的常用命令。

④ 智能搜索栏：在文本框中输入内容，可快速获得想要使用的功能和想要执行的操作，还可以获取相关的帮助。

⑤ 功能区：一个水平区域，像一条带子，在 WPS 表格启动时位于软件的顶部。工作所需的命令分组在一起并位于相应的选项卡中，如"开始"和"插入"。通过单击选项卡，可以切换显示的命令集。

⑥ 名称框：在名称框中单击鼠标左键后，即可对其进行编辑，输入单元格地址或定义名称后，可快速定位到相应的单元格或单元格区域。

⑦ 编辑栏：单击鼠标左键，可选中编辑栏，并可进一步对其中的数据、公式或函数进行修改。编辑栏在进行公式与函数运算时会大显神通。

⑧ 工作表区：在 WPS 表格中默认为带有线条的表格，用户可以在工作区中输入文字、数值、插入图片、绘制图形、插入图表，还可以设置文本格式。

⑨ 单元格：单元格是 WPS 表格运算和操作的基本单位，用来存放输入的数据。每个单元格都有一个固定的地址编号，由"列标+行号"构成，如 A1。被黑框套住的单元格被称为活

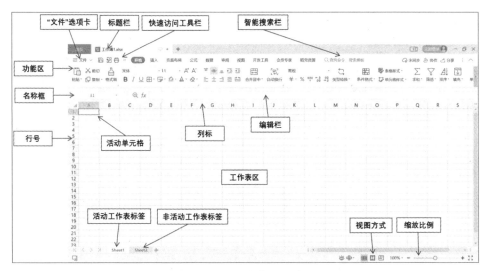

图 4-1　WPS 表格工作窗口

动单元格。

⑩ 工作表标签：工作簿窗口底部的工作表标签上显示工作表的名称。如果要在工作表间进行切换，可单击相应的工作表标签。

⑪ 视图方式：可以选择不同的视图查看工作簿内容。

⑫ 缩放比例：可以更改正在编辑的工作表的缩放设置。

4.2　WPS 表格的基本操作

4.2.1　创建工作簿

WPS 表格的工作簿是包含一个或多个工作表的文件，可用来组织各种相关信息。要创建新工作簿，可以在本机打开一个空白工作簿，也可以在线上新建在线表格文档。

1．新建空白工作簿

当用户启动 WPS 表格时，可通过如下方法创建空白工作簿：选择"文件 → 新建"命令，然后单击"新建"按钮，再单击"新建空白表格"按钮（如图 4-2 所示），即可创建一个新的空白工作簿。

2．新建在线表格文档

WPS 在线表格可以在线上使用表格，具有不需下载、多人同时编辑等优势。操作方法：选择"文件 → 新建"命令，然后单击"新建"按钮，再单击"新建在线表格文档"按钮，如图 4-3 所示。创建的在线表格文档如图 4-4 所示。

4.2.2　打开工作簿

WPS 表格有多种打开方式：可以直接打开，也可以通过"文件"选项卡打开，还可以通过快速访问工具栏打开。

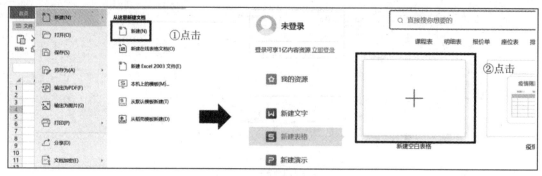

图 4-2 "新建"命令任务窗格

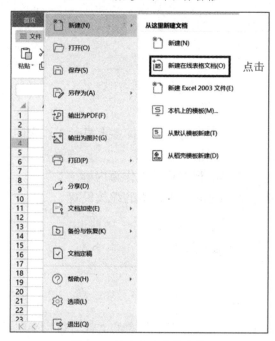

图 4-3 新建在线表格文档

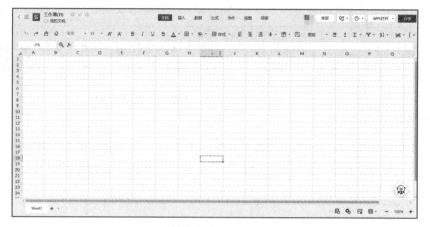

图 4-4 创建的在线电子表格文档

1. 直接打开文件

找到要打开的文件，双击该文件即可打开。

2．通过"文件"选项卡打开文件

通过"文件"选项卡打开文件，可通过如下方法执行。

方法 1：选择"文件 → 打开"命令，然后单击"打开"按钮，在弹出的"打开文件"对话框中找到对应文件，选中并单击"打开"按钮即可，如图 4-5 所示。

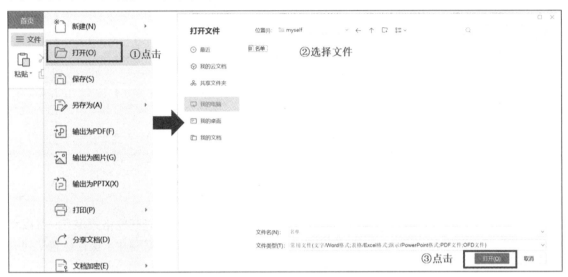

图 4-5　通过"文件"选项卡打开文件方法 1

方法 2：单击"文件"旁的箭头，在弹出的列表中选择"文件 → 打开"命令，在弹出的"打开文件"窗口中找到对应文件，然后单击"打开"按钮，如图 4-6 所示。

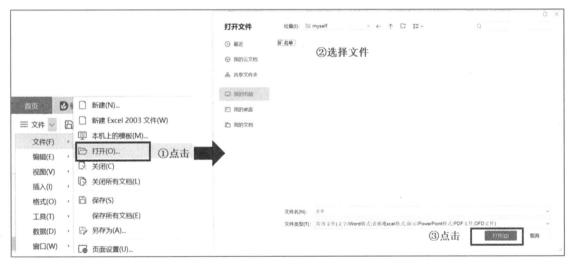

图 4-6　通过"文件"选项卡打开文件方法 2

3．通过快速访问工具栏打开文件

单击快速访问工具栏末尾的按钮，在下拉列表中选择"打开"，把"打开"功能加入快速访问工具栏；再单击所添加的按钮，在弹出的"打开文件"对话框中找到要对应文件，然后单击"打开"按钮，如图 4-7 所示。

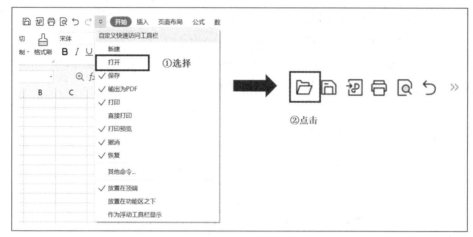

图 4-7 通过快速访问工具栏打开文件

4.2.3 保存工作簿

保存文件时，可以保存原始文件，也可以保存文件的副本，或者以其他格式保存；可以将文件保存到硬盘驱动器的文件夹、网络位置、CD 或其他存储位置，需要在"保存位置"列表中标识目标位置，不管选择什么位置，保存的过程都是相同的。

1. 保存新建工作簿

对新建的工作簿进行首次保存时，系统将要求为其命名、设置保存路径等，选择"文件 → 保存"命令（快捷键 Ctrl+S），会弹出"另存文件"窗口，如图 4-8 所示；从中为文件选择合适的"保存位置"，在"文件名"处输入所保存的工作簿的文件名，并选择所需保存的文件类型，单击"保存"按钮即可。WPS 表格的默认保存格式是"*.xlsx"，如需其他类型的文件，可在"文件类型"中选择保存。

图 4-8 保存文件

2．另存工作簿

对于新创建的工作簿，第一次进行保存操作时，"保存"和"另存为"命令的功能是完全相同的，但是对于之前已经保存过的工作簿来说，再次进行保存时，这两个命令是不同的。

"保存"命令直接将编辑修改后的内容保存到当前工作簿中，工作簿的文件名、保存路径不会发生改变。

"另存为"命令将打开"另存为"对话框，允许用户重新设置存放路径、文件名称和其他保存选项，以得到当前工作簿的另一个副本。

另存工作簿的具体操作为：选择"文件 → 另存为"命令，弹出"另存文件"对话框，再从中设置文件的保存路径、文件名称和保存类型，最后单击"保存"按钮即可。

4.2.4　打印工作簿或工作表

在日常工作中，经常需要将制作好的表格打印出来。在打印前，需要对文档进行一系列设置，如页面设置、页眉和页脚的设置等，使得打印效果美观大方。在打印工作簿或工作表时，可以打印整个或部分工作表和工作簿，也可以一次打印一个或几个，也可以将工作簿打印到文件而不是打印机。

1．打印预览

在打印工作簿或工作表前，可先预览整个页面，以便对不合适的地方进行调整。

单击要预览的工作表，选择"文件"选项卡，在弹出的列表中单击"打印"旁的箭头，选择"打印预览"，在出现的"打印预览"页面中可预览打印效果，如图4-9所示。

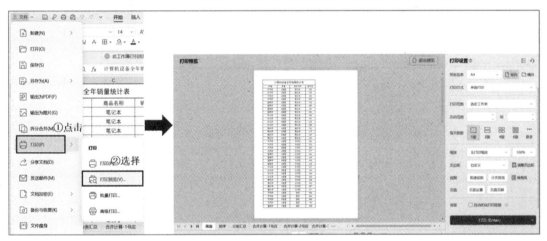

图4-9　打印预览

若觉得预览效果看不清楚，则可以把鼠标移动到打印内容任意位置单击，即可放大或缩小内容。

若觉得预览效果不满意，则可以在打印预览页面上方的功能区内调整打印方向、页边距、页眉页脚等内容。

2．页面设置

要更改页面设置，可选择打印预览中的"页面设置"命令（见图4-9），打开"页面设置"

对话框，如图 4-10 所示，可在相应的选项卡中进行设置。

图 4-10　页面设置

1）增大或缩小打印页

打开"页面"选项卡，在"缩放比例"框中输入百分数，可调整设置页面的大小；还可以在"调整为"框中输入工作表中需要的页面数目，调整设置页面的大小。例如，某表格在打印前的预览结果如图 4-11 所示，需要 2 页，但第 2 页只有一列内容，则调整方法如下：打开"页面设置"对话框，"调整为"选择"其他设置..."，在"页宽"框中输入 1，并使"页高"框为空白。设置后再查看预览结果，可见所有内容均显示在一个页中，如图 4-12 所示。

图 4-11　调整前的预览结果

员工信息表

序号	员工姓名	员工代码	性别	年龄	参加工作时间	工龄年数	职称	岗位级别
1	员工1	00931	女	38	1999年8月	14	助工	4级
2	员工2	00333	男	37	1997年8月	16	助工	4级
3	员工3	00901	男	66	1969年8月	44	工程师	7级
4	员工4	00906	男	58	1975年5月	39	高级工程师	9级
5	员工5	01039	男	35	2000年8月	13	助工	5级
6	员工6	00238	女	36	2000年8月	13	助工	5级
7	员工7	00728	女	43	1995年7月	18	技术员	3级
8	员工8	00612	男	54	1978年4月	36	工程师	7级
9	员工9	00011	女	54	1983年3月	31	助工	5级
10	员工10	00327	女	44	1992年4月	22	助工	5级
11	员工11	00904	男	60	1973年2月	41	高级工程师	8级
12	员工12	00402	男	66	1969年10月	44	工程师	6级
13	员工13	00909	男	55	1978年1月	36	助工	5级
14	员工14	00837	女	36	1995年8月	18	技术员	2级
15	员工15	00322	男	46	1988年4月	26	助工	4级
16	员工16	01002	男	66	1969年10月	44	助工	5级
17	员工17	00705	男	58	1980年4月	34	技术员	3级
18	员工18	00610	男	54	1980年12月	33	技术员	3级
19	员工19	00616	女	52	1984年12月	29	高级工程师	8级
20	员工20	00819	男	50	1987年11月	26	助工	5级
21	员工21	00218	女	50	1983年10月	30	高级工程师	8级
22	员工22	00742	男	31	2006年5月	8	技术员	3级
23	员工23	00235	女	37	2000年8月	13	助工	5级
24	员工24	01014	男	52	1984年7月	29	高级工程师	8级
25	员工25	00644	男	30	2004年8月	9	助工	5级
26	员工26	00425	女	45	1991年3月	23	工程师	6级
27	员工27	00623	男	45	1988年10月	25	高级工程师	8级
28	员工28	01032	女	38	1996年8月	17	技术员	3级
29	员工29	00040	男	32	2002年8月	11	技术员	3级
30	员工30	00629	男	39	1998年8月	15	工程师	6级
31	员工31	00907	男	57	1978年9月	35	工程师	7级
32	员工32	00213	男	53	1984年6月	30	高级工程师	8级
33	员工33	00717	男	52	1982年5月	32	工程师	6级
34	员工34	00221	女	50	1983年4月	31	工程师	6级
35	员工35	00720	男	50	1987年12月	26	高级工程师	8级
36	员工36	00043	女	31	2002年8月	11	助工	4级
37	员工37	00936	男	37	1999年8月	14	高级工程师	8级
38	员工38	00115	女	52	1984年12月	29	高级工程师	8级
39	员工39	00445	男	30	2005年8月	8	技术员	3级
40	员工40	00826	男	44	1992年9月	21	助工	5级
41	员工41	00224	女	45	1987年1月	27	工程师	7级
42	员工42	00934	女	37	1997年8月	16	助工	5级
43	员工43	00641	男	32	2004年8月	9	技术员	3级
44	员工44	00030	女	39	1998年8月	15	工程师	6级
45	员工45	00108	男	57	1978年5月	36	高级工程师	9级
46	员工46	00235	女	37	2000年8月	13	助工	5级

图 4-12　调整为 1 个页宽后的预览结果

2）纵向、横向打印

在“页面”选项卡中可以选择“纵向”或“横向”纸张来打印，还可以在如图 4-9 所示的“打印”组中进行设置页面的“纵向”或“横向”。在工作簿打开的情况下，选择“页面”选项卡的“纸张方向”按钮，然后选择“纵向”或“横向”来设置纸张方向，如图 4-13 所示。

3）添加和打印页眉或页脚

打开“页眉/页脚”选项卡（如图 4-14 所示），在“页眉”或“页脚”下拉列表中选择所需要的页眉或页脚。若需自定义页眉或页脚，可单击“自定义页眉”或“自定义页脚”按钮，在“左”、“中”或“右”框中输入文本，或插入页码、日期、时间等，然后单击“确定”按钮。

4）打印标题

许多数据表都包含标题行或标题列，当工作表较大而需要在多页打印时，可以通过对打印标题的设置使标题行或标题列在多页中重复显示，使打印的表格更易于阅读。图 4-15 和图 4-16 分别是不显示和显示标题行的情况。

Step1：打开相应的工作表实例文件，切换到“页面”选项卡，单击“打印标题”按钮，如图 4-17 所示。

Step2：打开“页面设置”对话框，切换至“工作表”选项卡，在“顶端标题行”栏中输入包含标题的行号，也可以单击位于最右边的“压缩对话框”按钮（如图 4-18 所示），然后选择要在工作表中重复显示的标题行。

Step3：完成选择标题行后，再次单击“压缩对话框”按钮，以返回到“页面设置”对话框；单击“确定”按钮，完成设置。

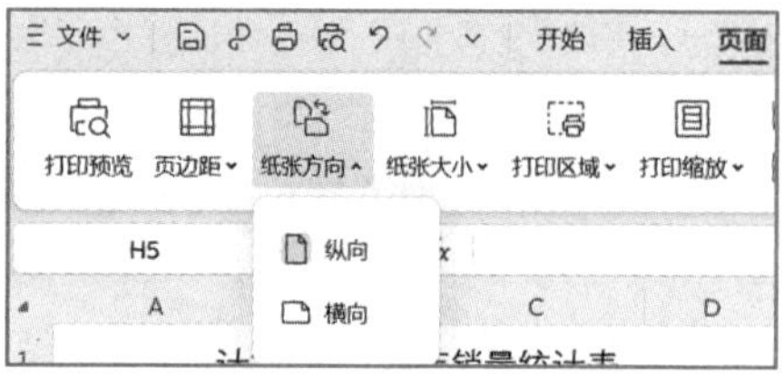

图 4-13　选择"纵向"或"横向"　　　　　图 4-14　页眉/页脚设置

47	员工47	01014	男	52	1984年7月	29	高级工程师	8级
48	员工48	00644	男	30	2004年8月	9	助工	5级
49	员工49	00425	女	45	1991年3月	23	工程师	6级
50	员工50	00623	男	45	1988年10月	25	高级工程师	8级
51	员工51	01032	女	38	1996年8月	17	技术员	1级
52	员工52	00040	男	32	2002年8月	11	技术员	3级
53	员工53	00629	男	39	1998年8月	15	工程师	6级
54	员工54	00907	男	57	1978年9月	35	工程师	7级
55	员工55	00213	男	53	1984年6月	30	高级工程师	8级

图 4-15　第 2 页不显示标题行

序号	员工姓名	员工代码	性别	年龄	参加工作时间	工龄年限	职称	岗位级别
47	员工47	01014	男	52	1984年7月	29	高级工程师	8级
48	员工48	00644	男	30	2004年8月	9	助工	5级
49	员工49	00425	女	45	1991年3月	23	工程师	6级
50	员工50	00623	男	45	1988年10月	25	高级工程师	8级
51	员工51	01032	女	38	1996年8月	17	技术员	1级
52	员工52	00040	男	32	2002年8月	11	技术员	3级
53	员工53	00629	男	39	1998年8月	15	工程师	6级
54	员工54	00907	男	57	1978年9月	35	工程师	7级
55	员工55	00213	男	53	1984年6月	30	高级工程师	8级

图 4-16　第 2 页显示标题行

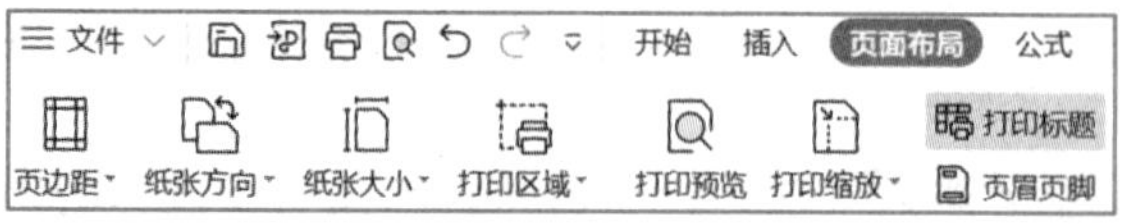

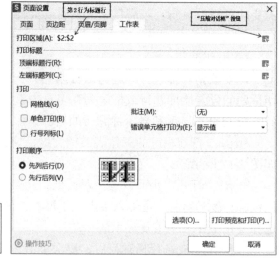

图 4-17　单击"打印标题"　　　　　图 4-18　设置打印标题行

3．打印部分或整个工作表或工作簿

在默认打印方式下，WPS 表格将打印用户当前选定的工作表上的内容；如果用户同时选中多个工作表，可以打印选中的多个工作表内容；如果用户要打印当前工作簿中的所有工作表，可以在打印之前同时选中工作簿中的所有工作表，也可以使用下面的方法设置。

打开要打印的工作表，选择"文件 → 打印"命令（快捷键 Ctrl+P），在"打印内容"中选择要打印的区域，如图 4-19 所示。

默认方式下，WPS 表格会打印工作表中包含数据或格式的全部单元格区域，如果只需打印其中的部分，可设定打印区域。设置方法如下：选中需要打印的数据区域，单击"页面"选项卡的"打印区域"按钮，如图 4-20 所示；设置后，单击"页面"选项卡的"打印预览"按钮，即可看到打印内容，然后单击"打印"按钮，如图 4-21 所示。

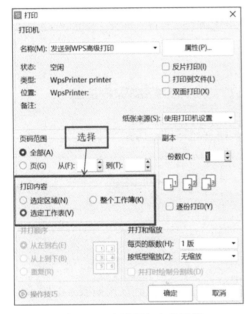

图 4-19　选择要打印的区域　　　　　　　　图 4-20　选定数据区域

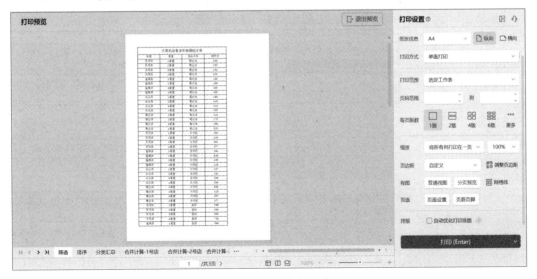

图 4-21　打印选定区域

4．一次打印多个工作表

选择工作表的方法有如下几种。

① 选择一张工作表：单击该工作表的标签。

② 选择两张或多张相邻的工作表：单击第一张工作表的标签，然后按住 Shift 键的同时单击要选择的最后一张工作表的标签。

③ 选择两张或多张不相邻的工作表：单击第一张工作表的标签，然后按住 Ctrl 键的同时依次单击要选择的工作表的标签。

④ 选择工作簿中所有的工作表：右键单击一张工作表，在弹出的快捷菜单中选择"选定全部工作表"命令（如图 4-22 所示）。

5．一次打印多个工作簿

选择要打印的工作簿并单击右键，在弹出的快捷菜单中选择"打印"命令，如图 4-23 所示。

图 4-22　快捷菜单

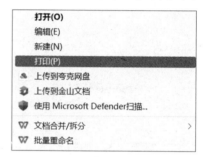

图 4-23　一次打印多个工作簿

4.3　输入并编辑数据

在对表格输入或编辑数据前，一般先要选定相应的表格对象，选定方式如表 4-1 所示。

表 4-1　表格对象的选定

选　择	操　作
一个单元格	单击该单元格或按箭头键，移至该单元格
单元格区域	单击该区域中的第一个单元格，然后拖至最后一个单元格，或者在按住 Shift 键的同时按箭头键来扩展选定区域
较大的单元格区域	单击该区域中的第一个单元格，然后在按住 Shift 键的同时单击该区域中的最后一个单元格。可以使用滚动功能显示最后一个单元格
工作表中的所有单元格	单击"全选"按钮
不相邻的单元格或单元格区域	选择第一个单元格或单元格区域，然后在按住 Ctrl 键的同时选择其他单元格或区域
整行或整列	单击行标题或列标题 ②列标题 ①行标题
相邻行或列	在行标题或列标题间拖动鼠标。或者选择第一行或第一列，然后在按住 Shift 键的同时选择最后一行或最后一列
不相邻的行或列	单击选定区域中第一行的行标题或第一列的列标题，然后在按住 Ctrl 键的同时单击要添加到选定区域中的其他行的行标题或其他列的列标题
行或列中的第一个或最后一个单元格	选择行或列中的一个单元格，然后按 Ctrl+箭头键（对于行，使用向右键或向左键；对于列，请使用向上键或向下键）

若要取消单元格选定区域，可单击相应工作表中的任意单元格。

4.3.1 输入数据

输入数据的方法有如下两种。

方法 1：用单击或移动光标的方法选定单元格。

方法 2：输入数据后按 Enter、Tab、↑、↓、←、→键，或单击其他单元格，以结束该单元格数据的输入。

1）输入字符型数据

在单元格中直接输入即可。

2）输入数值型数据

负数的输入：可按常规方法在数值前加负号，也可对数值加括号，如 "-123456" 或 "(123456)"。

分数的输入：先输入整数或 0 和一个空格，再输入分数部分，如 "1 1/2" 和 "0 1/2"。

百分数的输入：在数值后直接输入百分号，如 "25%"。

3）输入日期型数据

在输入日期型的数据时，用连字符 "-" 或 "/" 分割日期的年、月、日部分，如 "2014-3-1" 或 "2014/2/8"。输入当前日期可按 Ctrl+; 键。

在输入时间型数据时，用 ":" 分隔时间的时、分、秒部分，如果按 12 小时制输入时间，需在时间数字后空一格，并输入字母 "a"（上午）或 "p"（下午），如 "10:20 p"。输入当前时间，可按 Ctrl+Shift+; 键。

4）输入具有自动设置小数点的数字

Step1：选择 "文件 → 选项" 命令，打开 "选项" 对话框，如图 4-24 所示。

Step2：单击左侧窗格中的 "编辑"，然后勾选 "自动插入小数点"，在 "位数" 微调框中输入一个正数或负数。

注意：设置位数 "n" 相当于给原数乘以 10^{-n}，即当位数为正数时，小数点向左移动 n 位；当位数为负数时，小数点向右移动 n 位，没有数时以 "0" 补足。例如，在 "位数" 中输入 "2"，然后在单元格中输入 "1234"，则其值为 12.34；在 "位数" 中输入 "-2"，然后在单元格中输入 "1234"，则其值为 123400。

5）同时在多个单元格中输入相同的数据

Step1：选定需要输入数据单元格。单元格可以不相邻。

Step2：输入相应数据，然后按 Ctrl+Enter 键，如图 4-25 所示。

另外，可以使用填充柄（将鼠标指针移动至开始区域的右下角的小方块处，这时光标变为 "+"，称为填充柄）在几个单元格中输入相同数据。如先在单元格 A1 中输入数字 2，使用填充柄先向下拖动，再横向拖动，就可完成如图 4-26 所示的填充。

6）同时在多张工作表中输入或编辑相同的数据

如果已经在 Sheet1 中输入了数据，可快速将该数据填充到其他工作表的相应单元格中。

Step1：单击包含该数据的工作表的标签，然后按住 Ctrl 键的同时单击要在其中填充数据的工作表的标签，如图 4-27 所示，Sheet1、Sheet2 和 Sheet3 建立了一个工作组。

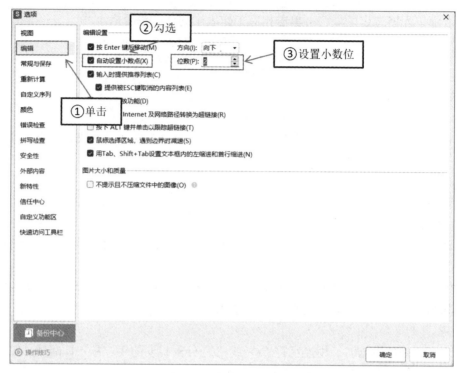

图 4-24 自动设置小数点

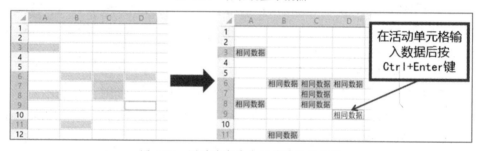

图 4-25 同时选定多个不连续的单元格

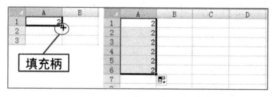

图 4-26 使用填充柄

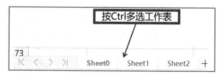

图 4-27 工作组建立

Step2：在工作表中，选择要填充到其他工作表的数据的单元格。

Step3：在"开始"选项卡的"填充"下拉列表中选择"至成组工作表"，如图 4-28 所示。

7）填充序列

可在其后的单元格中自动填充序列中的元素，如数字、日期序列或者日、工作日、月、年的内置序列，可填充的内置序列如表 4-2 所示。

Step1：选择需要填充的区域中的第一个单元格，输入序列的起始值。

Step2：在下一个单元格中输入值，以建立模式。

Step3：选定包含初始值的单元格，将填充柄拖过要填充的区域。

表 4-2　可填充的序列示例

初始选择	扩展序列
1, 2, 3	4, 5, 6, …
9:00	10:00, 11:00, 12:00, …
周一	周二, 周三, 周四, …
星期一	星期二, 星期三, 星期四, …
一月	二月, 三月, 四月, …
一月, 四月	七月, 十月, 一月, 四月, …
1999 年 1 月, 1999 年 4 月	1999 年 7 月, 1999 年 10 月, 2000 年 1 月, …
1 月 15 日, 4 月 15 日	7 月 15 日, 10 月 15 日, …
1999, 2000	2001, 2002, 2003, …
1 月 1 日, 3 月 1 日	5 月 1 日, 7 月 1 日, 9 月 1 日, …
Qtr3（或 Q3 或 Quarter3）	Qtr4, Qtr1, Qtr2, …
文本 1, 文本 A	文本 1, 文本 A, 文本 3, 文本 A, …
第 1 阶段	第 2 阶段, 第 3 阶段, …
产品 1	产品 2, 产品 3, …

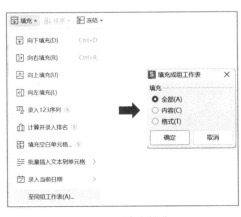

图 4-28　填充操作

【例 4-1】　在 A1:A7 单元格区域中填充"星期一"到"星期日"。

Step1：在单元格 A1 中输入"星期一"。

Step2：在单元格 A2 中输入"星期二"，以建立模式。

Step3：选定单元格 A1、A2，将填充柄拖过要填充的区域（如图 4-29 所示）。

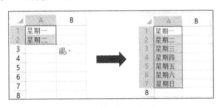

图 4-29　填充星期序列

注意：要按升序填充，请从上到下或从左到右拖动；要按降序填充，请从下到上或从右到左拖动。

1．填充数字序列

通过数字序列输入，可快速输入等差或等比序列。

Step1：在单元格 A1 中输入数字 1。

Step2：在"开始"选项卡的中选择"填充 → 序列"命令。

Step3：在"序列"中选择"等比序列"，序列产生在"列"，设定"步长值"为 2，"终止值"为 80。

Step4：单击"确定"按钮，产生等比序列（如图 4-30 所示）。

2．填充自定义序列

为了更轻松地输入特定的数据序列，可以创建自定义填充序列。自定义列表只可以包含文字或混合数字的文本。对于只包含数字的自定义列表，如 0～100，必须先创建一个设置为文本格式的数字列表。自定义填充序列可以基于工作表中已有项目的列表，也可以从头开始输入列表。

1）将数字设置为文本格式

Step1：为要设置为文本格式的数字列表选择足够的单元格。

Step2：在"开始"选项卡中，单击"常规"框旁边的箭头，在下拉列表框中选择"文本"（如图 4-31 所示）。

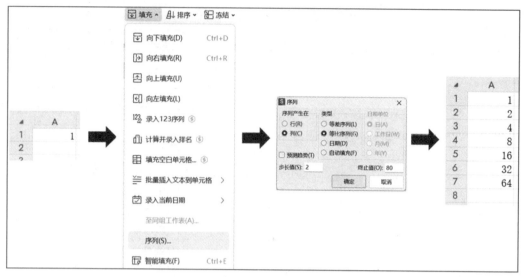

图 4-30　填充数字序列

图 4-31　设置数字的文本格式

Step3：在已经设置格式的单元格中，输入数字列表。

2）使用基于现有项目列表的自定义填充序列

Step1：在工作表中选择要在填充序列中使用的项目列表，如图 4-32 所示的 A1:H1 区域。

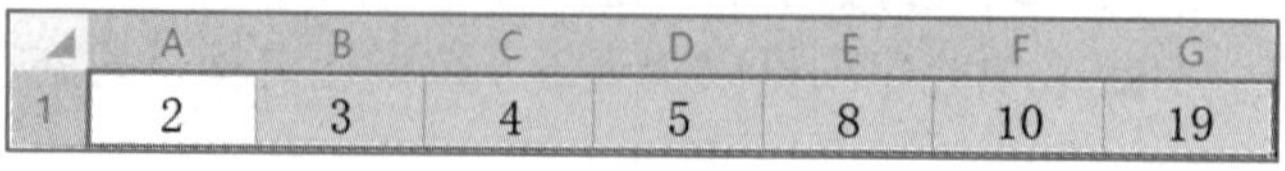

A	B	C	D	E	F	G
2	3	4	5	8	10	19

图 4-32　选择项目列表

Step2：选择"文件 → 选项"命令，打开"选项"对话框。

Step3：单击左侧窗格中的"自定义序列"项。

Step4：确认所选项目列表的单元格引用显示在"从单元格中导入序列"中，然后单击"导入"按钮。

Step5：所选的列表中的项目将添加到"自定义序列"框中，如图 4-33 所示，单击"确定"按钮。

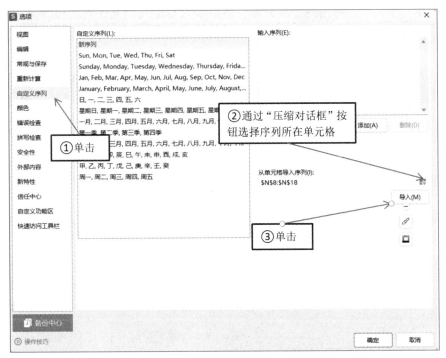

图 4-33　基于现有项目列表创建序列

Step6：在工作表中，单击一个单元格，然后输入自定义填充序列的初始值。

Step7：将填充柄拖过要填充的单元格，即可填充自定义序列。

3）使用基于新的项目列表的自定义填充序列

Step1：操作同前，打开"自定义序列"对话框，如图 4-34 所示。

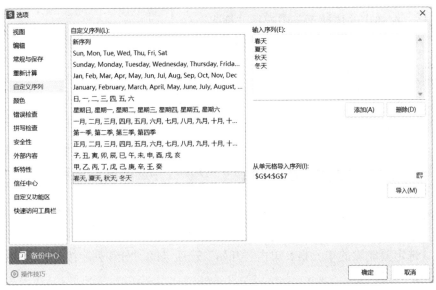

图 4-34　基于新的项目列表创建序列

Step2：单击"自定义序列"框中的"新序列"，然后在"输入序列"框中输入各项，从第一个项开始，输入每项后都按一次 Enter 键。

Step3：列表完成后，单击"添加"按钮，然后单击"确定"按钮即可。

Step4：在工作表中，单击一个单元格，然后输入自定义填充序列的初始值。

Step5：将填充柄拖过要填充的单元格。

可以使用鼠标右键拖动"填充柄"，结束拖动时会弹出快捷菜单，然后进行更多操作。

还可以只输入第一个值，然后使用鼠标拖动"填充柄"完成填充。使用这种方法在填充数值型序列和非数值型序列时会有所不同，在拖动"填充柄"时按下 Ctrl 键和不按 Ctrl 键也不相同。

4.3.2　编辑数据

1．修改单元格数据

修改单元格中的数据的方法很多，一般可采用下列方法之一。

方法 1：选中要修改的单元格后，直接输入新的内容覆盖原单元格中的内容。

方法 2：选中要修改的单元格，在编辑栏中修改。

方法 3：双击要修改的单元格，将插入点移动至单元格内对单元格的数据进行修改。

方法 4：选中要修改的单元格，按 F2 键，将插入点移动至单元格内对单元格的数据进行修改。

2．单元格的插入、清除与删除

1）单元格的插入

在工作表中插入空白单元格的方法如下。

Step1：选取要插入的单元格或单元格区域（所选单元格数量应与要插入的单元格数量相同）。例如，要插入 6 个空白单元格，需要选取 6 个单元格。

Step2：单击"开始"选项卡的"行和列"按钮，然后选择"插入单元格"。也可以右键单击所选单元格，在弹出的快捷菜单中选择"插入"命令。

Step3：弹出"插入"对话框，单击要移动周围单元格的方向，如图 4-35 所示，然后单击"确定"按钮。

2）清除单元格内容

要清除单元格内容，可采用以下方法之一。

方法 1：选定单元格后按 Delete 键或 BackSpace 键。

方法 2：选定单元格后单击右键，在弹出的快捷菜单中选择"清除内容"或"清除内容→内容"，如图 4-36 所示。（若清除单元格格式，则选择"清除内容→ 格式"。）

3）删除单元格

要删除工作表中的单元格，可采用以下方法之一。

方法 1：选定要删除的单元格后单击右键，在弹出的快捷菜单中选择"删除"命令。

方法 2：选定要删除的单元格，单击"开始"选项卡的"行和列"按钮，然后选择"删除单元格"，如图 4-37 所示。

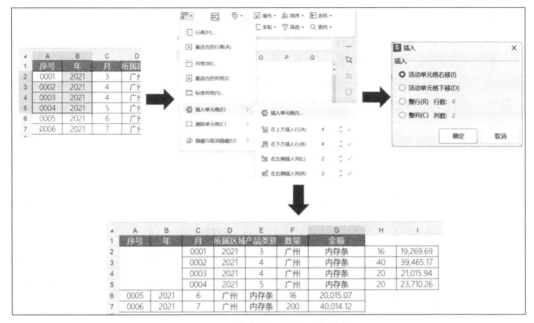

图 4-35　工作表中空白单元格的插入

图 4-36　清除单元格内容

图 4-37　删除单元格

方法 3：无论执行上面的哪一种操作，都会打开"删除"对话框，由用户确定如何调整周围的单元格填补删除后的空缺，如图 4-38 所示。注意："清除"命令只能清除单元格的内容、格式或批注，但是空白单元格仍保留在工作表中；"删除"命令将从工作表中移去这些单元格，并调整周围的单元格填补删除后的空缺。

图 4-38　"删除"对话框

3．行和列的插入与删除

1）在工作表中插入行

Step1：通过如下方法之一选择单元格。

❖ 要插入新的一行的位置选定任意一个单元格，也可以选定一行。

❖ 要插入多行，需选择要在其上方插入新的哪些行，所选行数应与要插入的行数相同。

❖ 要插入不相邻的行，可按 Ctrl 键来选择。

Step2：单击"开始"选项卡的"行和列"按钮，然后选择"插入单元格"（如图 4-39 所示）。也可以右键单击所选行，然后在弹出的快捷菜单中选择"插入"命令。

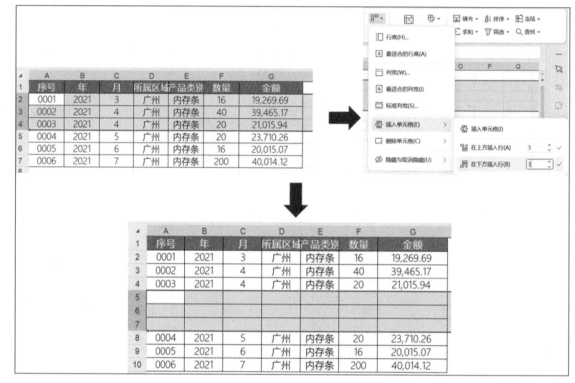

图 4-39　工作表中行的插入

图 4-40　删除行或列

2）在工作表中插入列

Step1：选择要插入列的位置，并确定要插入的列数，其方法与插入行相同，即在需要插入新列的位置选定单元格。

Step2：单击"开始"选项卡的"行和列"按钮，然后选择"插入单元格"，操作步骤与图 4-39 类似。还可以右键单击所选的单元格，在弹出的快捷菜单中选择"插入"命令。

3）删除行或列

Step1：选择要删除的行或列。

Step2：单击"开始"选项卡的"行和列"按钮，然后单击"删除单元格"按钮旁的箭头，如图 4-40 所示；若选中"删除行"，则该行下方全部的行整体上移；若选中"删除列"，则该列右侧所有的列整体左移。

4．复制和移动

1）使用剪贴板来完成单元格或单元格区域的复制和移动

Step1：选择要移动或复制的单元格。

Step2：若要移动单元格，单击"剪切"按钮✂（快捷键 Ctrl+X）；若要复制单元格，单击"复制"按钮 🗐（快捷键 Ctrl+C）。

Step3：选择粘贴区域的左上角单元格。

Step4：单击"开始"选项卡中的"粘贴"按钮 🗐（快捷键 Ctrl+V）。

2）使用鼠标移动或复制整个单元格区域

选择要移动或复制的单元格或单元格区域，执行下列操作之一。

方法 1：要移动单元格或单元格区域，请指向选定区域的边框，当指针变成移动指针✥时，将单元格或单元格区域拖到另一个位置。

方法 2：要复制单元格或单元格区域，按住 Ctrl 键，同时指向选定区域的边框，当指针变成复制指针✥时，将单元格或单元格区域拖到另一个位置。

3）拖动"填充柄"来完成单元格或单元格区域的复制

对单个单元格使用填充柄的复制方法前面已经介绍，此方法也可用于如图 4-41 所示多个单元格组成的单元格区域。

4）使用键盘操作复制相邻单元格的内容

❖ 按 Ctrl+D 键：可以复制所在单元格上方单元格的内容。

❖ 按 Ctrl+R 键：可以复制所在单元格左方单元格的内容。

5）选择性粘贴

除了复制单元格的全部信息，还可以有选择地复制单元格的特定内容。

Step1：选定要复制的单元格区域，进行复制。

Step2：选定目标区域的左上角单元格。

Step3：单击"开始"选项卡的"粘贴"按钮的箭头，然后选择"选择性粘贴"命令，打开如图 4-42 所示的"选择性粘贴"对话框。

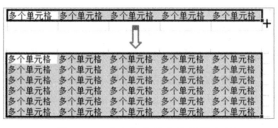

图 4-41　对多个单元格使用填充柄

图 4-42　"选择性粘贴"对话框

Step4：选择所需选项，然后单击"确定"按钮。

6）粘贴选项的使用

在进行粘贴时，也可单击粘贴区域右下角的"粘贴选项"按钮
，在出现的如图 4-43 所示的列表中选择相应选项。

4.4　管理、美化工作表

4.4.1　插入、复制、删除、重命名工作表

在 WPS 表格中对工作表的操作最常用的就是插入、复制和删除工作表。WPS 表格默认的一个工作簿中含有一个工作表，命名为 Sheet1。

1．插入工作表

图 4-43　粘贴选项

要插入新工作表，可执行下列操作之一。

方法 1：在现有工作表的末尾快速插入新工作表，则单击屏幕底部的＋，如图 4-44 所示。

方法 2：若要在现有工作表之前插入新工作表，则选择该工作表，单击"开始"选项卡的"工作表"按钮，在弹出的列表中选择"插入工作表"，在弹出的对话框中设置相应参数，然后单击"确定"按钮，如图 4-45 所示。提示：也可以右键单击现有工作表的标签，然后在弹出的快捷菜单中选择"插入"命令。

图 4-44　插入新的工作表　　　　　　图 4-45　插入工作表

方法 3：若要一次性插入多个工作表，可以进行如下操作。

Step1：按住 Shift 键，然后在打开的工作簿中选择与要插入的工作表数目相同的现有工作表标签。例如，要添加三个新工作表，则选择三个现有工作表的工作表标签。

Step2：单击"开始"选项卡的"工作表"按钮，在弹出的列表中选择"插入工作表"，在弹出的对话框中设置相应参数，然后单击"确定"按钮。提示：也可以右键单击所选的工作表标签，然后在弹出的快捷菜单中选择"插入"命令。

WPS 表格会自动给新的工作表编号，默认是按照阿拉伯数字依次排列，也可以按照自己的需要对工作表进行重命名。

2．复制工作表

方法 1：选择一个工作表，然后单击"开始"选项卡的"工作表"按钮，在弹出的列表中选择"移动或复制工作表"，如图 4-46 所示；在弹出的对话框中选择要复制到的位置，勾选"建立副本"，单击"确定"按钮，如图 4-47 所示，这样就实现了工作表的复制。

图 4-46 移动或复制工作表　　　　图 4-47 "移动或复制工作表"对话框

方法 2：结合键盘使用鼠标拖动的方法。选择一个工作表标签，然后按住 Ctrl 键拖动鼠标，这样也能实现工作表的复制（直接拖动鼠标，实现工作表的移动）。如果拖动的是 Sheet1，默认复制的工作表为 Sheet1 (2)，如图 4-48 所示。

图 4-48 复制工作表

方法 3：使用快捷菜单。在选择的工作表上单击右键，然后在弹出的快捷菜单中选择"移动"命令，同样会弹出如图 4-47 所示的对话框。后面的操作同方法 1。

3．删除工作表

单击"开始"选项卡的"工作表"按钮，在弹出的列表中选择"删除工作表"；在弹出的对话框中单击"确定"按钮，即可删除工作表，如图 4-49 所示。提示：还可以右键单击要删除的工作表的工作表标签，然后在弹出的快捷菜单中选择"删除"命令。

图 4-49 删除工作表

4．重命名工作表

在"工作表标签"栏上右键单击要重命名的工作表标签，然后在弹出的快捷菜单中选择

"重命名"命令，然后输入新名称。

单击"页面"选项卡的"页眉页脚"按钮，在弹出的"页面设置"对话框中选择插入的区域（页眉或页脚），单击"自定义页眉"或"自定义页脚"，在弹出的对话框中选择插入位置，再单击 按钮即可。

4.4.2 冻结或锁定行和列

许多表格因为内容太多，不得不滚动查看，但是因为滚动的缘故没法查看表头中标明的列标签的内容。为避免这种情况，可以使用 WPS 表格提供的冻结或锁定行和列的功能。通过冻结或拆分窗格（窗格：文档窗口的一部分，以垂直或水平条为界限并由此与其他部分隔开），可以查看工作表的两个区域，或者锁定一个区域中的行或列。当冻结窗格时，可以选择在工作表中滚动时仍可见的特定行或列。当拆分窗格时，会创建可在其中滚动的单独工作表区域，同时保持非滚动区域中的行或列依然可见。

1．冻结窗格以锁定特定行或列

冻结窗格以锁定特定行或列的操作如下。

Step1：选中要冻结的行下方或列右方的某个单元格。

Step2：单击"开始"选项卡的"冻结"按钮，在弹出的列表中根据需要进行选择，如图 4-50 所示。如选择了 C3（第 C 列第 3 行）单元格，可以选择冻结第 2 行、冻结 B 列或冻结第 2 行第 B 列区域。

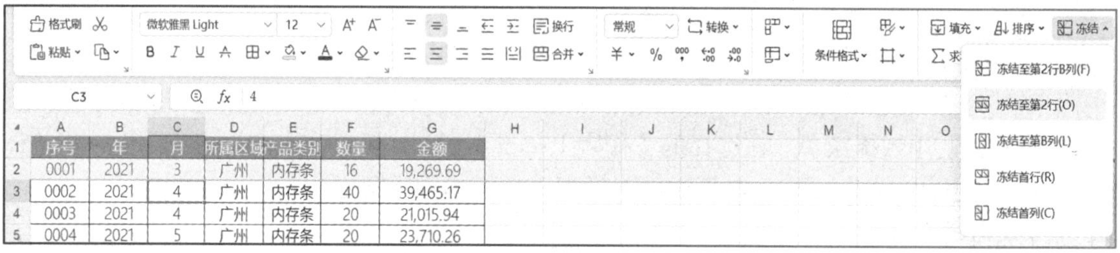

图 4-50　冻结窗格

冻结窗格时，在"冻结窗格"下拉列表中增加"取消冻结窗格"，以便可以取消对行或列的锁定。

2．拆分窗格以锁定单独工作表区域中的行或列

WPS 表格可以把窗口拆分为 2 个或 4 个区域，若要拆分为 2 个区域，则选中行或列；若要拆分为 4 个区域，则选中某个单元格，具体操作步骤如下。

Step1：根据要拆分的方式（2 或 4 个区域）选择行或列或单元格。

Step2：单击"视图"选项卡的"拆分窗口"按钮，可看到表格被拆分，如图 4-51 所示。

Step3：把鼠标移到拆分框，当指针变为拆分指针 或 时，将拆分框向下或向左拖至所需的位置。

Step4：要取消拆分，双击分割窗格的拆分条的任何部分，或单击"视图"选项卡的"取消拆分"按钮。

	A	B	
1	学生名单		
2	学号	班级名称	专业名称
3	8820118001	计算机1班	计算机科学与技术

拆分为 2 个区域

	A	B	
1	学生名单		
2	学号	班级名称	专业名称
3	8820118001	计算机1班	计算机科学与技术
4	8820118002	计算机1班	计算机科学与技术

	A	B	A	B	
1	学生名单		学生名单		
2	学号	班级名称	学号	班级名称	专业名称
3	8820118001	计算机1班	8820118001	计算机1班	计算机科学与技术

拆分为 4 个区域

	A	B	A	B	
1	学生名单		学生名单		
2	学号	班级名称	学号	班级名称	专业名称
3	8820118001	计算机1班	8820118001	计算机1班	计算机科学与技术
4	8820118002	计算机1班	8820118002	计算机1班	计算机科学与技术
5	8820118003	计算机1班	8820118003	计算机1班	计算机科学与技术
6	8820118004	计算机1班	8820118004	计算机1班	计算机科学与技术

图 4-51　拆分窗格

4.4.3　隐藏或显示行和列

1．隐藏行或列

Step1：选择要隐藏的行或列。

Step2：单击"开始"选项卡的"行和列"按钮，如图 4-52 所示。

Step3：执行下列操作之一：在"隐藏与取消隐藏"下选择"隐藏行"或"隐藏列"；在"单元格大小"下选择"行高"或"列宽"，然后在"行高"或"列宽"中输入 0。提示：也可以右键单击一行或一列（或者选择的多行或多列），然后在弹出的快捷菜单中选择"隐藏"命令。

2．显示隐藏的行或列

Step1：单击"开始"选项卡的"行和列"按钮。

Step2：执行下列操作之一：

❖ 在"隐藏与取消隐藏"下选择"取消隐藏行"或"取消隐藏列"。

❖ 在"单元格大小"下单击"行高"或"列宽"，然后在"行高"或"列宽"中输入所需的值。

提示：① 可以直接点击被隐藏的行或列旁的 按钮；② 单击右键，在弹出的快捷菜单中选择"取消隐藏"命令。

图 4-52　隐藏行或列

4.4.4　设置单元格格式

1．使用格式工具栏设置格式

"开始"选项卡中有一系列工具，其中有几项是数据单元格格式工具，可以对字体、对齐

153

方式、数字、样式、冻结窗格、表格工具等进行设置，如图 4-53 所示。这些工具栏类似于快捷菜单，有助于用户快速地完成对单元格的设置。

图 4-53　"开始"选项卡

1）"字体"组

"字体"组（如图 4-54 所示）中可以对单元格的字体、字号、边框、填充颜色、字体颜色进行设置，还可以设置加粗、倾斜和下划线，以及为中文字添加拼音等。

在"字体"组右下角有一个斜箭头，单击它，可以打开如图 4-55 所示的对话框，从中可以实现对单元格的几乎所有设置。

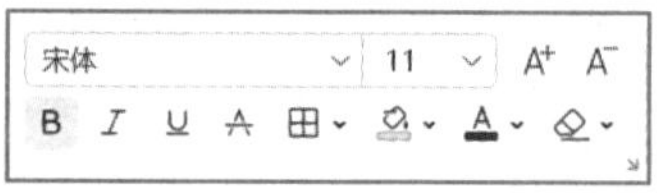

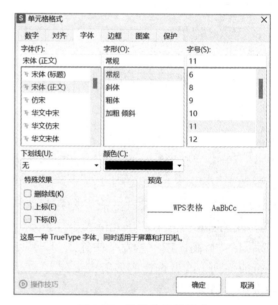

图 4-55　设置单元格格式

图 4-54　"字体"组

2）"对齐方式"组

"对齐方式"组（如图 4-56 所示）可以设置单元格内容的对齐方式：顶端对齐、垂直居中、底端对齐、方向、左对齐、右对齐、缩进量等，还可以实现自动换行、合并或者取消合并单元格。

3）"样式"组

"样式"组（如图 4-57 所示）可以设置条件格式、表格样式和单元格样式。单击 按钮，会出现如图 4-58 所示的选择框，从中可以选择所需要的表格格式。单击 按钮，会出现如图 4-59 所示的选择框，从中可以选择所需要的选项。

图 4-56　"对齐方式"组

图 4-57　"样式"组

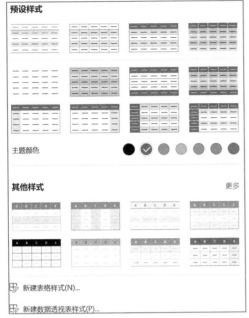

图 4-58　套用表格样式

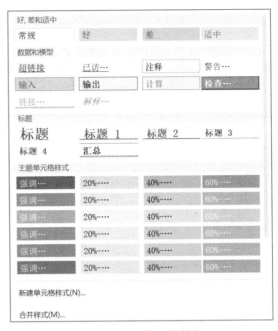

图 4-59　单元格样式

4）"数字"组

"数字"组（如图 4-60 所示）可以实现对要输入的内容进行设置，以及具体采用什么样式，主要包括如图 4-61 所示的几种类型。

5）"单元格"组

"单元格"组（如图 4-62 所示）可以实现插入或者删除单元格、工作表、工作表行和工作表列。

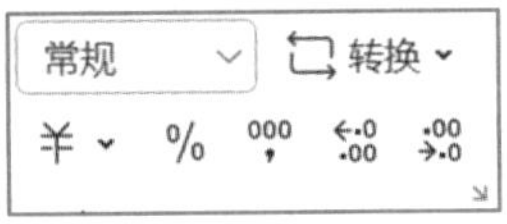

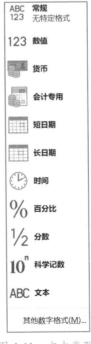

图 4-60　"数字"组

图 4-61　文本类型

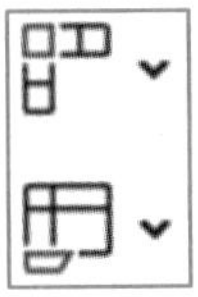

图 4-62　"单元格"组

2.使用"设置单元格格式"对话框设置单元格格式

打开"设置单元格格式"对话框主要有以下两种方法。

方法1：选择单元格或单元格区域并单击右键，然后在弹出的快捷菜单中选择"设置单元格格式"命令，如图4-63所示。

方法2：单击"开始"选项卡的"数字"组右下角的箭头⬕，弹出如图4-64所示的对话框。

图 4-63　设置单元格格式

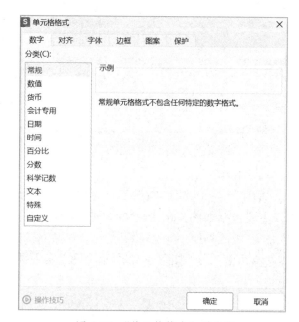

图 4-64　"单元格格式"对话框

1）"数字"选项卡

在"数字"选项卡（见图4-64）中，在"分类"列表框中单击某选项，然后选择要指定数字格式的选项。"示例"框中会显示所选单元格应用所选格式后的外观。

2）"对齐"选项卡

"对齐"选项卡（如图4-65所示）用于设置文本的水平对齐方式和垂直对齐方式，设置文本的缩进量，设置单元格中文本的自动换行控制及合并单元格等。

3）"字体"选项卡

"字体"选项卡（如图4-66所示）用于为所选文本选择字体、字形、字号和其他格式选项。

4）"边框"选项卡

"边框"选项卡（如图4-67所示）用于设置不同的线条样式和不同颜色的边框样式。

5）"图案"选项卡

"图案"选项卡（如图4-68所示）用于设置单元格底纹、图案颜色等内容，在"颜色"中选择一种背景颜色，然后在"图案颜色"下拉列表中选择一种图案颜色，在"图案样式"下拉列表中选择一种图案颜色，作为所选部分设置彩色图案。

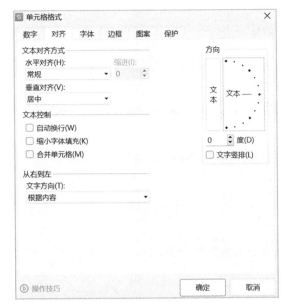

图 4-65 "对齐"选项卡

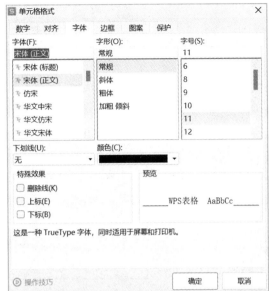

图 4-66 "字体"选项卡

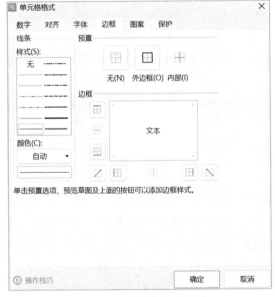

图 4-67 "边框"选项卡

图 4-68 "图案"选项卡

3．更改列宽和行高

更改列宽和行高的方法如图 4-69 所示。

1）更改列宽

❖ 单列的列宽：拖动列标右边界来设置所需的列宽。

❖ 多列的列宽：选择需要更改列宽的列，然后拖动所选列中某列的右边界。

❖ 最适合的列宽：双击列标的右边界。若要对工作表中的所有列进行此项操作，可单击"全选"按钮，然后双击某列标的右边界。

❖ 设置特定的列宽：选择要更改列宽的列，单击"开始"选项卡的"行和列"按钮，在弹出的列表中选择"列宽"，在"列宽"框中输入所需的值（用数字表示）。

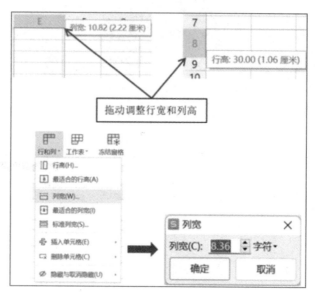

图 4-69　更改列宽和行高

2）更改行高

❖ 单列的行高：拖动行标下边界来设置所需的行高。

❖ 多列的行高：选择需要更改行高的行，然后拖动所选列中某行的下边界。

❖ 最适合的行高：双击行标的下边界。若要对工作表中的所有列进行此项操作，可单击"全选"按钮，然后双击某行标的下边界。

❖ 设置特定的行高：选择要更改行高的行，单击"开始"选项卡的"行和列"按钮，在弹出的列表中选择"行高"，在"行高"框中输入所需的值（用数字表示）。

4．合并与拆分单元格

1）合并相邻单元格

Step1：选择两个或更多要合并的相邻单元格。

注意：确保在合并单元格中显示的数据位于所选区域的左上角单元格中，只有左上角单元格中的数据将保留在合并的单元格中，所选区域的所有其他单元格中的数据都将被删除。

Step2：单击"开始"选项卡的"合并"旁的三角形，在弹出的列表中根据需要单击相应的按钮，如图 4-70 所示。"合并居中"按钮用于将单元格在一个行或列中合并，并且单元格内容将在合并单元格中居中显示。要合并单元格而不居中显示内容，应单击"合并单元格"或"合并内容"按钮。"按行合并"将单元格以行为单位进行合并。"跨列居中"指的是把内容居中，不合并单元格。

注意：若"合并后居中"按钮不可用，则所选单元格可能在编辑模式下；要取消编辑模式，则按 Enter 键。

Step3：要更改合并单元格中的文本对齐方式，应选择该单元格，然后在"开始"选项卡的"对齐"组中单击需要的对齐方式的按钮。

2）拆分合并的单元格

Step1：选择合并的单元格。当选择合并的单元格时，"合并后居中"按钮显示为选中状态。

Step2：要拆分合并的单元格，单击"合并居中"旁的三角形，在弹出的列表中选择"取

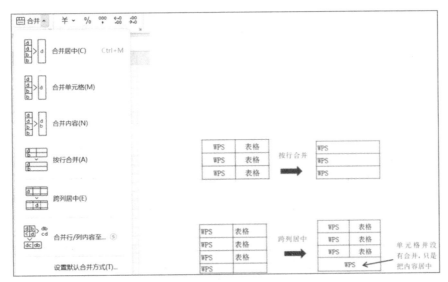

图 4-70　合并功能

消合并单元格"，合并单元格的内容将出现在拆分单元格区域左上角的单元格中。若选择"拆分并填充内容"，则拆分后的每个单元格均有内容。

【例 4-2】　制作一个 2024 年 1—2 月份社会消费品零售总额。

Step1：新建一个工作簿，首先输入各种内容，如图 4-71 所示。

Step2：选择填充内容的单元格区域，单击"开始"选项卡的"换行"按钮，如图 4-72 所示，效果如图 4-73 所示。

2024年1—2月份社会消费品零售总额		
指标	1-2月	
	绝对量(亿元)	同比增长(%)
社会消费品零售总额	81307	5.5
其中：除汽车以外的消费品零	74194	5.2
其中：限额以上单位消费品零	29920	6.7
其中：实物商品网上零售额	18206	14.4
按经营地分：		
城镇	70437	5.5
乡村	10870	5.8
按消费类型分：		
餐饮收入	9481	12.5
其中：限额以上单位餐饮收入	2374	12.4
商品零售	71826	4.6
其中：限额以上单位商品零售	27545	6.2
粮油、食品类	3693	9.0
饮料类	541	6.9
烟酒类	1265	13.7
服装、鞋帽、针纺织品类	2521	1.9
化妆品类	678	4.0
金银珠宝类	708	5.0
日用品类	1283	-0.7
体育、娱乐用品类	193	11.3
家用电器和音像器材类	1310	5.7
中西药品类	1136	2.0
文化办公用品类	543	-8.8
家具类	220	4.6
通讯器材类	1215	16.2
石油及制品类	3935	5.0
汽车类	7112	8.7
建筑及装潢材料类	239	2.1
数据来源：国家统计局		

图 4-71　输入内容

图 4-72　对齐方式

2024年1—2月份社会消费品零售总额		
指标	1-2月	
	绝对量(亿元)	同比增长(%)
社会消费品零售总额	81307	5.5
其中：除汽车以外的消费品零售额	74194	5.2
其中：限额以上单位消费品零售额	29920	6.7
其中：实物商品网上零售额	18206	14.4
按经营地分：		
城镇	70437	5.5
乡村	10870	5.8
按消费类型分：		
餐饮收入	9481	12.5
其中：限额以上单位餐饮收入	2374	12.4
商品零售：	71826	4.6
其中：限额以上单位商品零售	27545	6.2
粮油、食品类	3693	9.0
饮料类	541	6.9
烟酒类	1265	13.7
服装、鞋帽、针纺织品类	2521	1.9
化妆品类	678	4.0
金银珠宝类	708	5.0
日用品类	1283	-0.7
体育、娱乐用品类	193	11.3
家用电器和音像器材类	1310	5.7
中西药品类	1136	2.0
文化办公用品类	543	-8.8
家具类	220	4.6
通讯器材类	1215	16.2
石油及制品类	3935	5.0
汽车类	7112	8.7
建筑及装潢材料类	239	2.1
数据来源：国家统计局		

图 4-73　设置"自动换行"后的效果

Step3：选择"开始"选项卡的"行和列 → 最适合的行高"命令和"最适合的列宽"命令，如图 4-74 所示。

Step4：选择所有单元格，然后选择"开始"选项卡的"水平居中"命令（见图 4-72），效果如图 4-75 所示。

Step5：设置除第 1 行之外的文字的格式为微软雅黑、11 号字，效果如图 4-76 所示。

2024年1—2月份社会消费品零售总额		
指　标	1-2 月 绝对量 (亿元)	同比增长(%)
社会消费品零售总额	81307	5.5
其中：除汽车以外的消费零售额	74194	5.2
其中：限额以上单位消费品零售额	29920	6.7
其中：实物商品网上零售额	18206	14.4
按经营地分：		
城镇	70437	5.5
乡村	10870	5.8
按消费类型分：		
餐饮收入	9481	12.5
其中：限额以上单位餐饮收入	2374	12.4
商品零售	71826	4.6
其中：限额以上单位商品零售	27545	6.2
粮油、食品类	3693	9.0
饮料类	541	6.9
烟酒类	1265	13.7
服装、鞋帽、针纺织品类	2521	1.9
化妆品类	678	4.0
金银珠宝类	708	5.0
日用品类	1283	-0.7
体育、娱乐用品类	193	11.3
家用电器和音像器材类	1310	5.7
中西药品类	1136	2.0
文化办公用品类	543	-8.8
家具类	220	4.6
通讯器材类	1215	16.2
石油及制品类	3935	5.0
汽车类	7112	8.7
建筑及装潢材料类	239	2.1
数据来源：国家统计局		

图 4-74　自动调整行高/列宽　　　图 4-75　设置水平居中后的效果　　　图 4-76　设置除第 1 行之外的字体

Step6：选定 A1:C1 单元格内容，然后选择"开始"选项卡的"单元格样式 → 标题 3"命令，如图 4-77 所示。设置完毕的效果如图 4-78 所示。

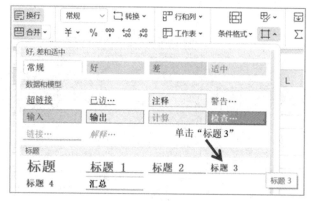

图 4-77　采用样式

图 4-78　应用样式后的效果

Step7：选择 A1:C1 单元格区域，然后单击"开始"选项卡的"合并"旁的三角形，在弹出的列表中选择"合并居中"，如图 4-79 所示。最后效果如图 4-80 所示。

Step8：选择第 4 行，然后选择"视图"选项卡中的"冻结窗格 → 冻结至第 3 行格"，如图 4-81 所示。应用后的效果如图 4-82 所示。

图 4-79 合并单元格

	A	B	C
1	2024年1—2月份社会消费品零售总额		
2		1-2 月	
3	指标	绝对量(亿元)	同比增长(%)
4	社会消费品零售总额	81307	5.5
5	其中：除汽车以外的消费品零售额	74194	5.2

图 4-80 设置合并单元格效果

图 4-81 冻结首行

	A	B	C
1	2024年1—2月份社会消费品零售总额		
2		1-2 月	
3	指标	绝对量(亿元)	同比增长(%)
7	其中：实物商品网上零售额	18206	14.4
8	按经营地分：		
9	城镇	70437	5.5
10	乡村	10870	5.8

图 4-82 最后效果

4.4.5 使用自定义数字格式

在表格内置的数字格式无法满足用户需求时，用户可以自定义特定的数字格式。

【例 4-3】某超市商品价格表如图 4-83 所示。在表格中，每种商品的价格单位都为"本"，但不想每次在单元格中都输入单位，这时可以使用自定义数字格式来解决这样的问题。

Step1：选中 C3:C8 区域，单击右键，在弹出的快捷菜单中选择"设置单元格格式"命令。

Step2：弹出"单元格格式"对话框，选择"数字"选项卡，在"分类"中选择"自定义"项，如图 4-84 所示。

Step3：在"类型"栏中输入"0 "本""，如图 4-85 所示。

	A	B	C
1	图书销量表		
2	书店名称	图书编号	销量
3	新华书店	XH-83021	
4	新华书店	XH-83033	
5	南方书店	NF-83034	
6	南方书店	NF-83027	
7	红星书店	HX-83028	
8	红星书店	HX-83029	

图 4-83 价格表

图 4-84 数字自定义

图 4-85 输入自定义的数字格式

	A	B	C
1	图书销量表		
2	书店名称	图书编号	销量
3	新华书店	XH-83021	12本
4	新华书店	XH-83033	15本
5	南方书店	NF-83034	65本
6	南方书店	NF-83027	73本
7	红星书店	HX-83028	43本
8	红星书店	HX-83029	17本

图 4-86　输入数字后的价格表

Step4：单击"确定"按钮后，在 C3:C8 单元格区域中仅输入数值，结果如图 4-86 所示。

在自定义数字格式代码中，最多可以指定 4 节；每节之间用 "；" 进行分隔，这 4 节顺序定义了格式中的正数、负数、零和文本。自定义数字格式的表达形式如表 4-3 所示。

表 4-3　自定义数字格式的表达形式

正数的格式	负数的格式	零的格式	文本的格式
#,##0.00	[Red]-#,##0.00	0.00	"TEXT"@

4.4.6　使用条件格式

设定条件格式易于达到以下效果：突出显示所关注的单元格或单元格区域，强调异常值，使用数据条、颜色刻度和图标集来直观地显示数据。条件格式基于条件更改单元格区域的外观。如果条件为 True，就基于该条件设置单元格区域的格式；如果条件为 False，就不基于该条件设置单元格区域的格式。

1. 使用双色刻度设置所有单元格的格式

双色刻度使用两种颜色的深浅程度来帮助用户比较某区域的单元格。颜色的深浅表示值的高低。例如，在绿色和红色的双色刻度中，可以指定较高值单元格的颜色更绿，而较低值单元格的颜色更红。

1）快速设置

Step1：选择单元格区域，或确保活动单元格在一个表或数据透视表中。

Step2：选择"开始"选项卡的"条件格式 → 色阶"，如图 4-87 所示。提示：鼠标悬停在颜色刻度图标上，可以显示哪个颜色刻度为双色刻度。上面的颜色代表较高值，下面的颜色代表较低值。

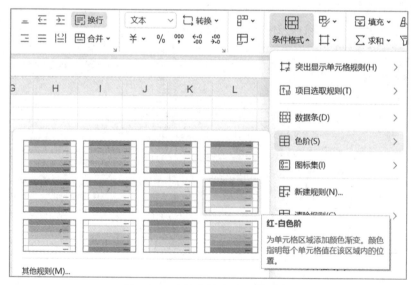

图 4-87　选择色阶中的双色刻度

2）高级设置

【例 4-4】 使用双色刻度设置图书销售表中"销量"所在单元格的格式。

Step1：选择 C3:C8 单元格区域，选择"开始"选项卡的"条件格式"→"新建规则"，将显示"新建格式规则"对话框，如图 4-88 所示。

图 4-88　新建格式规则

Step2：在"选择规则类型"下单击"基于各自值设置所有单元格的格式"，在"编辑规则说明"的"格式样式"列表框中选择"双色刻度"，然后选择"最小值"和"最大值"类型，如图 4-89 和图 4-90 所示。根据需要，可以选择不同的"最小值"和"最大值"类型，如可以选择"数字"最小值和"百分比"最大值。

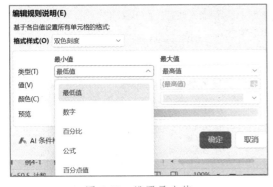

图 4-89　设置最小值

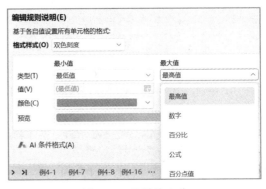

图 4-90　设置最大值

Step3：设置颜色刻度的"最小值"和"最大值"。单击每个刻度的"颜色"，然后选择颜色，如图 4-91 所示。

Step4：设置完毕，单击"确定"按钮，效果如图 4-92 所示。

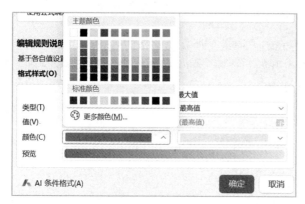

	A	B	C
1	图书销量表		
2	书店名称	图书编号	销量
3	新华书店	XH-83021	12本
4	新华书店	XH-83033	15本
5	南方书店	NF-83034	65本
6	南方书店	NF-83027	73本
7	红星书店	HX-83028	43本
8	红星书店	HX-83029	17本

图 4-91 设置颜色   图 4-92 应用双色刻度设置

2. 使用三色刻度设置所有单元格的格式

三色刻度使用三种颜色的深浅程度来比较某区域的单元格。颜色的深浅表示值的高、中、低。例如，在绿色、黄色和红色的三色刻度中，可以指定较高值单元格的颜色为绿色，中间值单元格的颜色为黄色，而较低值单元格的颜色为红色。

【例 4-5】 使用三色刻度设置图书销售表中"销量"所在单元格的格式。

三色刻度与使用双色刻度类似，不同的是：① 在快速设置中，选择的是如图 4-93 中的三色刻度；② 在高级设置中，在"新建格式规则"对话框（见图 4-88）的"编辑规则说明"下的"格式样式"列表框中选择"三色刻度"，如图 4-94 所示。

设置"最小值""中间值""最大值"的类型、值、颜色刻度等，最后单击"确定"按钮，效果如图 4-95 所示。

3. 使用数据条设置所有单元格的格式

数据条可方便用户查看某单元格相对于其他单元格的值。数据条的长度代表单元格中的值。数据条越长，表示值越高，数据条越短，表示值越低。在观察大量数据（如节假日销售报表中最畅销和最滞销的玩具）中的较高值和较低值时，数据条尤其有用。

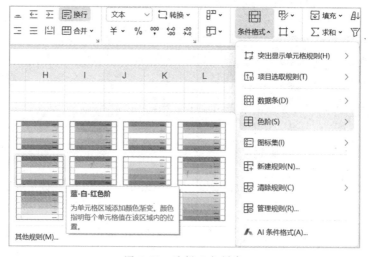

图 4-93 选择三色刻度

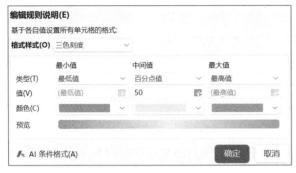

图 4-94 "格式样式"设置为"三色刻度"　　　　　图 4-95　应用三色刻度设置

1）快速设置

Step1：选择单元格区域，或确保活动单元格在一个表或数据透视表中。

Step2：选择"开始"选项卡的"条件格式 → 数据条"，然后选择数据条图标，如图 4-96 所示。

2）高级设置

Step1：选择单元格区域，或确保活动单元格在一个表或数据透视表中。

Step2：打开"新建格式规则"对话框（见图 4-88）中，在"编辑规则说明"下的"格式样式"列表框中选择"数据条"，如图 4-97 所示。

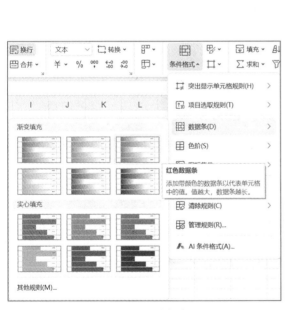

图 4-96　数据条　　　　　　图 4-97　"格式样式"设置为"数据条"

Step3：选择数据条的"最小值"和"最大值"的"类型"，并设置其"值"。

Step4：在"条形图外观"处设置"填充""颜色""边框"等内容。

Step5：要在单元格中只显示数据条不显示数据值，可勾选"仅显示数据条"复选框。

4．使用图标集设置所有单元格的格式

使用图标集可以对数据进行注释，并可以按阈值将数据分为 3～5 个类别。每个图标代表一个值的范围。例如，在三向箭头图标集中，红色的上箭头代表较高值，黄色的横向箭头代表中间值，绿色的下箭头代表较低值。

1）快速设置

Step1：选择单元格区域，或确保活动单元格在一个表或数据透视表中。

Step2：选择"开始"选项卡的"条件格式 → 图标集"，然后选择图标集，如图 4-98 所示。

2）高级设置

Step1：选择单元格区域，或确保活动单元格在一个表或数据透视表中。

Step2：打开"新建格式规则"对话框（见图 4-88），在"编辑规则说明"下的"格式样式"列表框中选择"图标集"，如图 4-99 所示。

图 4-98　图标集

图 4-99　"格式样式"设置为"图标集"

Step3：选择"图标样式"，默认为"三色交通灯（无边框）"。

Step4：如果需要，可以调整比较运算符和阈值。每个图标的默认取值范围是相同的，但可以根据自己需要进行调整。注意，要确保阈值的逻辑顺序为自上而下、从最高值到最低值。

Step5：要将图标放在单元格的对边，可单击"反转图标次序"。

Step6：要在单元格中只显示图标不显示数据值，可勾选"仅显示图标"复选框。

5．添加、更改或清除条件格式

单击"开始"选项卡的"条件格式"按钮，其中的"新建规则""删除规则""管理规则"项用来添加、更改或清除条件格式，见图 4-93。

❖ 新建规则。单击"新建规则"，弹出"新建格式规则"对话框（见图 4-88），从中可以选择规则的类型，可以对规则进行一些自定义设置。设置完成后，单击"确定"按钮，就会添加一个新的条件格式。

❖ 清除规则。"清除规则"有 2 个选项（如图 4-100 所示），可以根据自己的需要选择相应的选项。

❖ 管理规则。单击"管理规则"，弹出"条件格式规则管理器"对话框，如图 4-101 所示，从中可以在工作簿中创建、编辑、删除和查看所有的条件格式规则。

<table>
<tr><td colspan="2">条件格式规则管理器</td></tr>
</table>

图 4-100　清除规则　　　　　　　　　　图 4-101　条件格式规则管理器

4.4.7　数据有效性

数据有效性主要有两大功能：一是通过设定一定的数值范围或特定要求，当输入的数值超过这个范围或者不满足所设定的要求时，表格会自动阻止并提醒；二是通过设置一系列的下拉列表，然后设置强制输入特定的下拉列表中的内容，这样可以减少重复输入，提高效率。

1．设定一定的数值范围或特定要求

对要输入的数值的类型、样式和内容进行规定，可以最大可能地避免输入无效数值。

Step1：选定要设置有效性的单元格区域，然后选择"数据"选项卡的"有效性，打开"数据有效性"对话框，如图 4-102 所示。

Step2：在"设置"选项卡中可以选择允许输入的内容，如整数、小数、日期、时间和文本长度等，如图 4-103 所示。例如，在"设置"选项卡中进行如图 4-104 所示的设置，表示在选择的单元格区域中只能输入 0～100 之间的整数。

图 4-102　数据有效性　　　　　　　　　图 4-103　有效性条件

Step3：在"输入信息"选项卡中可以选择在输入信息时显示的特定的内容，进行设置后，如图 4-105 所示，在单元格区域中输入数值时，会自动在鼠标处出现如图 4-106 所示的提示。

167

图 4-104　设置只能输入 0～100 之间的整数

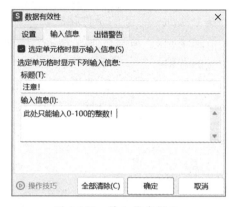

图 4-105　输入信息提示

Step4：在"出错警告"选项卡中可设置一旦输入错误信息时显示的出错警告，如图 4-107 所示。完成后，在单元格区域中输入数值时，表格会自动在鼠标处出现如图 4-108 所示的警告。

图 4-106　输入提示

图 4-107　出错警告

图 4-108　警告

2．强制输入特定的下拉列表中的内容

Step1：选定要设置数据有效性的单元格区域，然后在"数据"选项卡中选择"有效性"，打开"数据有效性"对话框。

Step2：选择"有效性条件"为"序列"，在"来源"文本框中输入特定的内容，如图 4-109 所示。设置完成后，在单元格中可见到一个下拉列表，包括图 4-109 中"来源"文本框中设置的内容，如图 4-110 所示。

图 4-109　有效性条件为"序列"

图 4-110　下拉列表

注意：在"来源"文本框中输入序列时，序列中的各元素之间要用","隔开，而且必须是英文状态下输入的。

4.5 数据的筛选、排序

4.5.1 筛选数据

表格的筛选功能可以对数据进行筛选，让用户快速查看特定的数据。

1. 自动筛选

Step1：选择数据表中任意一个单元格，单击"数据"选项卡的"筛选"按钮，在标题栏的每个单元格右下角会出现一个下拉按钮。

Step2：单击任意下拉按钮，会出现多个可供选择的筛选项，如图4-111所示。

图 4-111　自动筛选

注意：若要按某项内容排名，则可选择此项内容的下拉菜单中的"升序"或"降序"。

2. 自定义筛选

"自动筛选"只能按单一的条件进行筛选，如需对表格进行较复杂的筛选，可选择"自定义筛选"。

【例 4-6】　使用自动筛选筛选出增长率为0~3的记录。

Step1：选择数据表中任意一个单元格，选择"数据"选项卡的"筛选"按钮，在标题栏的每个单元格右下角会出现一个下拉按钮，单击"排名"列的下拉按钮，选择"数字筛选 → 自定义筛选"（如图4-112所示），弹出"自定义自动筛选方式"对话框（如图4-113所示）。

Step2：在下拉列表中选择"大于"，然后在其右侧的下拉列表框中输入数值"0"；选中"与"单选按钮，单击"与"正下方的下拉列表框的下拉按钮，在下拉列表中选择"小于或等于"，然后在右侧下拉列表中输入数值"3"。

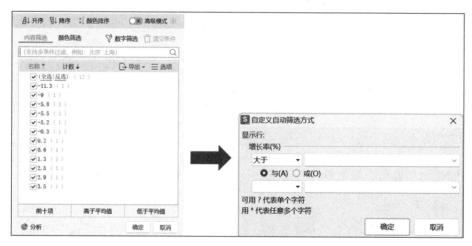

图 4-112　自定义自动筛选方式

Step3：单击"确定"按钮后，符合条件的数据即被筛选出来，结果如图 4-114 所示。

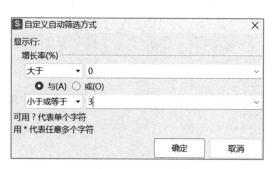

图 4-113　设置条件

	A	B	C
1	2023年中国货物进出口总额及其增长速度		
2	数据来源：国家统计局		
3	指标	金额(亿元)	增长率(%)
4	货物进出口总额	417568	0.2
5	货物出口额	237726	0.6
6	其中：一般贸易	153530	2.5
8	其中：机电产品	139196	2.9
11	其中：一般贸易	117042	1.3

图 4-114　筛选结果

3. 高级筛选

若要通过复杂的条件来筛选单元格区域，可选择"数据"选项卡的"筛选 → 高级筛选"，对数据进行高级筛选。

进行高级筛选之前，必须先在单元格区域上写出要筛选的条件区域。条件区域的相关规定如下：

① 条件区域分为条件标记行和具体条件行，其中条件标记行在条件区域的最上方，涉及的列名逐一列示；具体条件行在条件标记行的下方，用于设定具体的条件。

② 在具体条件行中位于同一行的条件为"与"（AND）关系，表示要求筛选出同时满足这些条件的记录；错行的条件为"或"（OR）关系，表示要求筛选出只要满足其中一个条件的记录。

例如，要查找"大于 20000 且增长率小于-10 的加工贸易"的所有记录，条件区域设置如图 4-115 所示。又如，要查找"大于 20000 的加工贸易或增长率小于-10 的加工贸易"的所有记录，条件区域设置如图 4-116 所示。

③ 对相同的列（字段）指定一个以上的条件或条件为一个数据范围，则应重复列标题。

例如，要查找"金额大于 15000 小于 25000 且增长率大于 0"的记录，条件区域设置如图 4-117 所示。

图 4-115 条件区域设置 1

图 4-116 条件区域设置 2

图 4-117 条件区域设置 3

【例 4-7】 查找表格中"大于 20000 且增长率小于-10 的加工贸易"的记录，显示这些记录的所有信息。

Step1：设置条件区域，如图 4-118 所示。

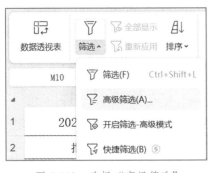

图 4-118 原始数据及条件区域

Step2：选中任意单元格，选择"数据"选项卡的"筛选 → 高级筛选"，如图 4-119 所示，打开"高级筛选"对话框，选中"将筛选结果复制到其它位置"；在"列表区域"中指定要进行筛选的数据区域，在"条件区域"中指定要进行筛选的条件区域，在"复制到"中指定筛选结果位置，在"选择不重复的记录"中指定筛选时滤掉重复记录，如图 4-120 所示。

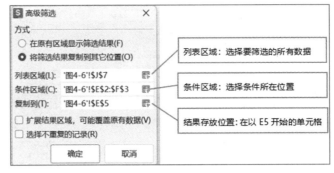

图 4-119 选择"高级筛选"   图 4-120 "高级筛选"设置

Step3：单击"确定"按钮，筛选结果就会保存到指定的单元格中，结果如图 4-121 所示。

4.5.2 数据的排序

对数据进行排序有助于快速直观地显示数据并更好地理解数据，是数据分析不可缺少的组成部分。

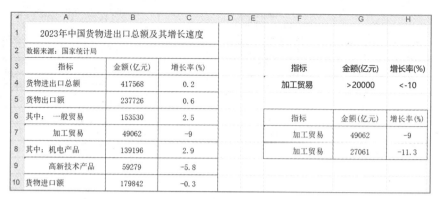

	A	B	C	D	E	F	G	H
1	2023年中国货物进出口总额及其增长速度							
2	数据来源：国家统计局							
3	指标	金额(亿元)	增长率(%)			指标	金额(亿元)	增长率(%)
4	货物进出口总额	417568	0.2			加工贸易	>20000	<-10
5	货物出口额	237726	0.6					
6	其中：　一般贸易	153530	2.5			指标	金额(亿元)	增长率(%)
7	加工贸易	49062	-9			加工贸易	49062	-9
8	其中：机电产品	139196	2.9			加工贸易	27061	-11.3
9	高新技术产品	59279	-5.8					
10	货物进口额	179842	-0.3					

图 4-121 “高级筛选”结果

【例 4-8】 对如图 4-122（左）所示数据进行排序：按“进入太空数量”降序排序，如“进入太空数量”有相同的，再按“卫星类型”按拼音进行排序。

2021年全球入轨航天器数量统计表

序号	卫星类型	具体用途	进入太空数量
1	通信	网络服务	1305
2	通信	数据中继	30
3	通信	电视广播	6
4	通信	导航定位	4
5	通信	移动通信	3
6	通信	交通管理	1
7	其它	多功能	170
8	其它	未知	3
9	空间站服务	空间站物资补给	10
10	空间站服务	载人航天	8
11	空间站服务	空间站建设	3
12	空间行动	态势感知	1
13	科学技术	技术试验	110
14	科学技术	系统/仪器测试	22
15	科学技术	教学资源	19
16	科学技术	天文观测	8
17	科学技术	卫星部署	5
18	对地观测	成像侦察	33
19	对地观测	电子侦察	33
20	对地观测	地理测绘	15
21	对地观测	资源勘察	9
22	对地观测	地球环境探测	9
23	对地观测	气象预报/监测	6
24	对地观测	导弹预警	2
25	地外探测	行星探测	1

数据来源：《卫星与网络》杂志

2021年全球入轨航天器数量统计表

序号	卫星类型	具体用途	进入太空数量
1	通信	网络服务	1305
7	其它	多功能	170
13	科学技术	技术试验	110
18	对地观测	成像侦察	33
19	对地观测	电子侦察	33
2	通信	数据中继	30
14	科学技术	系统/仪器测试	22
15	科学技术	教学资源	19
20	对地观测	地理测绘	15
9	空间站服务	空间站物资补给	10
21	对地观测	资源勘察	9
22	对地观测	地球环境探测	9
16	科学技术	天文观测	8
10	空间站服务	载人航天	8
23	对地观测	气象预报/监测	6
3	通信	电视广播	6
17	科学技术	卫星部署	5
4	通信	导航定位	4
11	空间站服务	空间站建设	3
8	其它	未知	3
5	通信	移动通信	3
24	对地观测	导弹预警	2
25	地外探测	行星探测	1
12	空间行动	态势感知	1
6	通信	交通管理	1

数据来源：《卫星与网络》杂志

图 4-122 排序前和排序后

Step1：选中数据区域中的任一单元格后，选择“数据”选项卡的“排序 → 自定义排序”，弹出“排序”对话框，如图 4-123 所示。

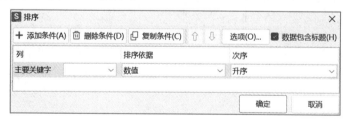

图 4-123 “排序”对话框

Step2：单击“主要关键字”下拉列表，从中选择“进入太空数量”，再选择右侧的“降序”。

Step3：单击"添加条件"按钮，可以添加"次要关键字"；单击"次要关键字"下拉列表，从中选择"卫星类型"，再选择右侧的"升序"，如图 4-124 所示。

图 4-124　排序设置

Step4：单击"确定"按钮，完成设置。效果如图 4-122（右）所示。

4.6　分类汇总和合并计算

4.6.1　数据的分类汇总

1．分类汇总

分类汇总可以把数据表中的数据进行分门别类的统计处理，不需要建立公式即可快速分级显示汇总结果。进行分类汇总的数据列表的第一行必须有列标签，并且在执行分类汇总命令之前数据是排序好的，将数据中关键字相同的记录集中到一起。数据排序完成后，就可以对数据进行分类汇总操作了。

分类汇总可以实现：在表格上显示一组数据的分类汇总及全体汇总；在表格上显示多组数据的分类汇总及全体汇总；在分组数据上完成不同的计算，如求和、平均值、计数、最大值、最小值等汇总运算。

【例 4-9】　图 4-125 是关于 2021 年全球入轨航天器数量统计表，分别统计出每个卫星类型进入太空数量的总数。

Step1：进行分类汇总前，必须先对分类的字段进行排序。本例以"卫星类型"为主要关键字进行"升序"排序，打开"排序"对话框，设置如图 4-126 所示。

Step2：单击"确定"按钮，得到的排序结果如图 4-127 所示。

Step3：选择需要进行分类汇总的数据区域，单击"数据"选项卡的"分类汇总"按钮，弹出"分类汇总"对话框。

Step4：设置"分类字段""汇总方式""选定汇总项"等参数，如图 4-128 所示。单击"确定"按钮，得到的结果如图 4-129 所示。已经为各"卫星类型"创建了汇总行，分别计算出各不同卫星的进入太空数量的汇总值，并且在表格的末尾创建了"总计"行。

2．分级显示

分级显示可以快速显示摘要行或摘要列，或者显示每组的明细数据。如果要分级显示一个数据列表，必须将这个数据列表进行汇总或组合。分类汇总后，自动为表格创建了分级显示视图（见图 4-129），如果显示▣，表示该项还包含展开项；如果显示▬，表示该项可以折叠，不包含展开项。

2021年全球入轨航天器数量统计表

卫星类型	具体用途	进入太空数量
通信	网络服务	1305
其它	多功能	170
科学技术	技术试验	110
对地观测	成像侦察	33
对地观测	电子侦察	33
通信	数据中继	30
科学技术	系统/仪器测试	22
科学技术	教学资源	19
对地观测	地理测绘	15
空间站服务	空间站物资补给	10
对地观测	资源勘察	9
对地观测	地球环境探测	9
科学技术	天文观测	8
空间站服务	载人航天	8
对地观测	气象预报/监测	6
通信	电视广播	6
科学技术	卫星部署	5
通信	导航定位	4
空间站服务	空间站建设	3
其它	未知	3
通信	移动通信	3
对地观测	导弹预警	2
地外探测	行星探测	1
空间行动	态势感知	1
通信	交通管理	1

数据来源：《卫星与网络》杂志

图 4-125 原始数据

排序

添加条件(A)　删除条件(D)　复制条件(C)　↑　↓　选项(O)...　☑数据包含标题(H)

列	排序依据	次序
主要关键字　卫星类型 ∨	数值 ∨	升序 ∨

确定　　取消

图 4-126 设置排序方式

2021年全球入轨航天器数量统计表

卫星类型	具体用途	进入太空数量
地外探测	行星探测	1
对地观测	成像侦察	33
对地观测	电子侦察	33
对地观测	地理测绘	15
对地观测	资源勘察	9
对地观测	地球环境探测	9
对地观测	气象预报/监测	6
对地观测	导弹预警	2
科学技术	技术试验	110
科学技术	系统/仪器测试	22
科学技术	教学资源	19
科学技术	天文观测	8
科学技术	卫星部署	5
空间行动	态势感知	1
空间站服务	空间站物资补给	10
空间站服务	载人航天	8
空间站服务	空间站建设	3
其它	多功能	170
其它	未知	3
通信	网络服务	1305
通信	数据中继	30
通信	电视广播	6
通信	导航定位	4
通信	移动通信	3
通信	交通管理	1

数据来源：《卫星与网络》杂志

图 4-127 排序后的结果

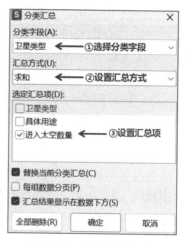

分类汇总

分类字段(A)：

卫星类型　←——①选择分类字段　∨

汇总方式(U)：

求和　←——②设置汇总方式　∨

选定汇总项(D)：

☐ 卫星类型
☐ 具体用途
☑ 进入太空数量　←——③设置汇总项

☑ 替换当前分类汇总(C)
☐ 每组数据分页(P)
☑ 汇总结果显示在数据下方(S)

全部删除(R)　　确定　　取消

图 4-128 设置分类汇总

若要只显示分类汇总和总计的汇总，则单击行编号旁边的分级显示符号 `1 2 3`。例如，单击 `2`，则显示第 2 级别的汇总，如图 4-130 所示。单击"通信"所在行的 ➕，可展开显示卫星类型为"通信"的明细，显示结果如图 4-131 所示；单击"总计"所在行的 ➖，可折叠显示总的汇总，显示结果如图 4-132 所示。

2021年全球入轨航天器数量统计表		
卫星类型	具体用途	进入太空数量
地外探测	行星探测	1
地外探测 汇总		1
对地观测	成像侦察	33
对地观测	电子侦察	33
对地观测	地理测绘	15
对地观测	资源勘察	9
对地观测	地球环境探测	9
对地观测	气象预报/监测	6
对地观测	导弹预警	2
对地观测 汇总		107
科学技术	技术试验	110
科学技术	系统/仪器测试	22
科学技术	教学资源	19
科学技术	天文观测	8
科学技术	卫星部署	5
科学技术 汇总		164
空间行动	态势感知	1
空间行动 汇总		1
空间站服务	空间站物资补给	10
空间站服务	载人航天	8
空间站服务	空间站建设	3
空间站服务 汇总		21
其它	多功能	170
其它	未知	3
其它 汇总		173
通信	网络服务	1305
通信	数据中继	30
通信	电视广播	6
通信	导航定位	4
通信	移动通信	3
通信	交通管理	1
通信 汇总		1349
总计		1816
数据来源：《卫星与网络》杂志		

图 4-129　汇总后的数据

1 2 3	▲	A	B	C
	1	2021年全球入轨航天器数量统计表		
	2	卫星类型	具体用途	进入太空数量
•	4	地外探测 汇总		1
•	12	对地观测 汇总		107
•	18	科学技术 汇总		164
•	20	空间行动 汇总		1
•	24	空间站服务 汇总		21
•	27	其它 汇总		173
•	34	通信 汇总		1349
-	35	总计		1816
	36	数据来源：《卫星与网络》杂志		

图 4-130　显示 2 级汇总

1 2 3	▲	A	B	C
	1	2021年全球入轨航天器数量统计表		
	2	卫星类型	具体用途	进入太空数量
•	4	地外探测 汇总		1
•	12	对地观测 汇总		107
•	18	科学技术 汇总		164
•	20	空间行动 汇总		1
•	24	空间站服务 汇总		21
•	27	其它 汇总		173
	28	通信	网络服务	1305
	29	通信	数据中继	30
	30	通信	电视广播	6
	31	通信	导航定位	4
	32	通信	移动通信	3
	33	通信	交通管理	1
	34	通信 汇总		1349
	35	总计		1816
	36	数据来源：《卫星与网络》杂志		

图 4-131　展开显示"通信"明细

1 2 3	▲	A	B	C
	1	2021年全球入轨航天器数量统计表		
	2	卫星类型	具体用途	进入太空数量
	35	总计		1816
	36	数据来源：《卫星与网络》杂志		

图 4-132　折叠显示总的汇总

4.6.2 数据的合并计算

合并计算是指根据用户指定的关键字，对多个数据列表中关键字值相同记录的数据值字段进行汇总计算，从而得到一个汇总数据表。根据引用区域的不同，合并计算可以分为同一工作簿中工作表的合并计算、不同工作簿工作表的合并计算。

1. 对同一个工作簿中工作表的合并计算

用多个工作表管理不同的数据时，若用户希望根据这些工作表得到一张新的汇总表，用公式计算会非常麻烦，这时可以利用合并计算功能来实现。

【例 4-10】 已知某书店 3 个季度的 3 个店的图书统计报表，各表位于同一个工作簿中，如图 4-133 所示，统计出各区分店累计销售数量。

图 4-133 同一工作簿中 1、2、3 号店销售统计报表

Step1：在同一个工作簿中打开一张空白工作表，选择 A1 单元格，然后在"数据"选项卡中单击"合并计算"按钮，弹出"合并计算"对话框，如图 4-134 所示。

Step2：单击"引用位置"文本框右侧的"压缩对话框"按钮，选择"第一季度"工作表的 A1:D4 单元格区域，然后单击"添加"按钮。

Step3：重复上述步骤，依次添加"第二季度"工作表中的 A1:D4 和"第三季度"工作表中的 A1:D4 单元格区域，分别勾选"首行"和"最左列"复选框，如图 4-135 所示。然后单击"确定"按钮，即可将多表数据合并计算，结果如图 4-136 所示。

2. 对不同工作簿中工作表的合并计算

上述例子中，工作表存放在同一个工作簿中。事实上，各分店会将各自的报表保存在工作簿中发给总公司，总公司在进行统计时，必须将各分店报表合并计算，才能形成公司总报表。这就要用到多个工作簿中的工作表进行合并计算。

【例 4-11】 已知某书店 3 个季度的 3 个店的图书统计报表，各表位于不同工作簿中，如图 4-137 所示，统计出各分店的累计销售数量。

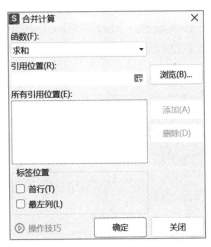

图 4-134　合并计算

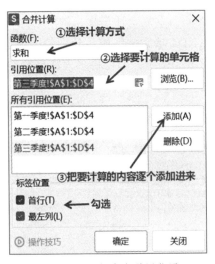

①选择计算方式

②选择要计算的单元格

③把要计算的内容逐个添加进来

勾选

图 4-135　添加多个引用位置

	白云店(本)	海珠店(本)	南沙店(本)
习近平谈治国理政（第一卷）	961	952	968
习近平谈治国理政（第二卷）	916	956	875
习近平谈治国理政（第三卷）	1,028	975	883

图 4-136　汇总表格

	白云店(本)	海珠店(本)	南沙店(本)
习近平谈治国理政（第一卷）	309	366	389
习近平谈治国理政（第二卷）	305	410	332
习近平谈治国理政（第三卷）	292	362	340

	白云店(本)	海珠店(本)	南沙店(本)
习近平谈治国理政（第一卷）	311	311	261
习近平谈治国理政（第二卷）	321	331	271
习近平谈治国理政（第三卷）	441	361	301

	白云店(本)	海珠店(本)	南沙店(本)
习近平谈治国理政（第一卷）	341	275	318
习近平谈治国理政（第二卷）	290	215	272
习近平谈治国理政（第三卷）	295	252	242

图 4-137　各销售统计报表在不同工作簿中

Step1：分别打三个季度的工作簿，再打开要进行合并计算的工作簿，选择 A1 单元格；然后单击"数据"选项卡的"合并计算"按钮，弹出"合并计算"对话框（见图 4-134）。

Step2：单击"引用位置"文本框右侧的"压缩对话框"按钮，切换至"第一季度"工作簿，选择工作表的 A1:D4 单元格区域，然后单击"添加"按钮。

Step3：重复上述步骤，依次添加"第二季度"工作簿中的 A1:D4 和"第三季度"工作簿中的 A1:D4 单元格区域，分别勾选"首行"和"最左列"复选框，如图 4-138 所示，然后单击"确定"按钮，即可将多表数据合并计算，结果如图 4-139 所示。

图 4-138　添加第一个引用位置　　　　　　　图 4-139　多工作簿合并计算结果

4.7　公式和函数

公式和函数的主要功能之一是对数据的操作和处理。WPS 表格为用户提供了公式和函数，可以对表格中的复杂数据内容进行计算。

4.7.1　公式和函数基础

1．公式和函数的输入方法

1）输入公式

在输入公式时，必须以"="开头，然后输入公式的全部内容。公式包含下列基本元素。

❖ 运算符：用于对公式中的元素进行特定类型的计算，一个运算符就是一个符号，如+、
−、>、=等。

❖ 单元格引用：公式是对单元格中的基本数据进行计算的，所以在公式中需要对单元格
中的数据进行引用。

❖ 值或常量：一些公式中会有一些常量，如系数等，这些值由用户直接输入。

❖ 工作表函数：包括函数和参数，可以返回相应的函数值，如 SUM 函数等。

输入公式的步骤如下：选中要输入公式的单元格，直接在选定单元格或编辑栏中输入计算的公式内容，输入公式时以"="开头；完成后回车，或单击编辑栏前的"输入"按钮✓，在选定单元格中将显示公式的计算结果。

2）输入函数

（1）直接手工输入

Step1：单击要输入函数的单元格，直接在选定单元格或编辑栏中输入函数的内容。与公式一样，每个函数的输入都要以"="开始。

Step2：输入函数名，接着是括号和参数，如图 4-140 所示。完成后按 Enter 键，完成输入，选定的单元格中显示计算结果。

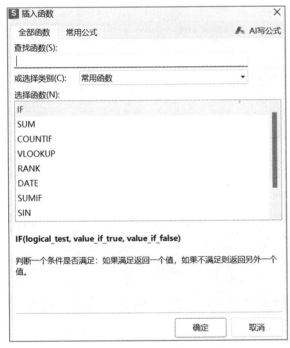

	A	B	C	D	E	F	G	H	I	J
1	南方公司2018年上半年销售业绩统计表									
2	编号	姓名	部门	一月份	二月份	三月份	四月份	五月份	六月份	合计
3	NF00001	杨伟健	二部	76,500	70,000	64,000	75,000	87,000	78,000	450,500
4	NF00002	张红	二部	95,000	95,000	70,000	89,500	61,150	61,500	
5	NF00003	杜月红	一部	88,000	82,500	83,000	75,500	62,000	85,000	
6	NF00004	杨红敏	二部	80,500	96,000	72,000	66,000	61,000	85,000	

图 4-140　输入公式

（2）使用"插入函数"对话框输入

当对函数格式、参数等具体信息不清楚时，可以使用"插入函数"对话框。

Step1：选择要插入函数的单元格，单击"公式"选项卡的"插入"按钮，打开"插入函数"对话框，如图 4-141 所示，选择所需要的函数，然后单击"确定"按钮。或者，直接单击"公式"选项卡中对应类型的函数，也可打开"插入函数"对话框。

Step2：在"函数参数"对话框中设置相应参数，如图 4-142 所示；单击"确定"按钮，完成函数设置。

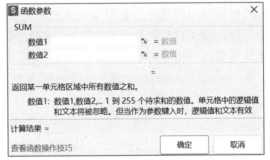

图 4-141　"插入函数"对话框　　　　图 4-142　设置函数参数

2．单元格的引用

在编辑公式内容时，为方便用户对单元格数据的引用，使用引用地址代表工作表的一个或一组单元格数据。单元格引用的作用在于：标示工作表中的单元格或单元格区域，并使用引用的单元格地址对公式内容进行计算。

1）相对引用

相对引用用于标示单元格或单元格区域，在默认情况下，表格使用的都是相对引用。由列标和行号表示的地址称为单元格的相对地址，如 A5、B3 等。

对公式进行复制时，其引用位置随之改变。例如，在单元格 K3 中输入公式“=(D3+E3+F3)/6”，拖动 K3 单元格的填充柄至 K4（实现公式复制），结果如图 4-143 所示，K4 单元格中的公式变成了“=(D4+E4+F4)/6，这就是相对引用。

2）绝对引用

绝对引用就是对特定位置的单元格的引用，即单元格的精确地址。使用绝对引用的方法是在行号和列标前面加上“$”符号，如$A$1、$B$2 等。当对含有绝对引用的公式进行复制时，公式中的绝对地址保持不变。

在图 4-144 所示的表中计算图书打折后的定价。B7 是折扣率，这是一个不变的数字，应该使用绝对引用。在单元格 C3 中输入公式“=B3-B3*B7”，然后拖动右下角的填充手柄，以复制公式，得出其他图书的折扣率。单元格 C4 的公式为“=B4-B4*B7”，B7 的引用不变；单元格 C5 的公式为“=B5-B5*B7”，B7 的引用不变。

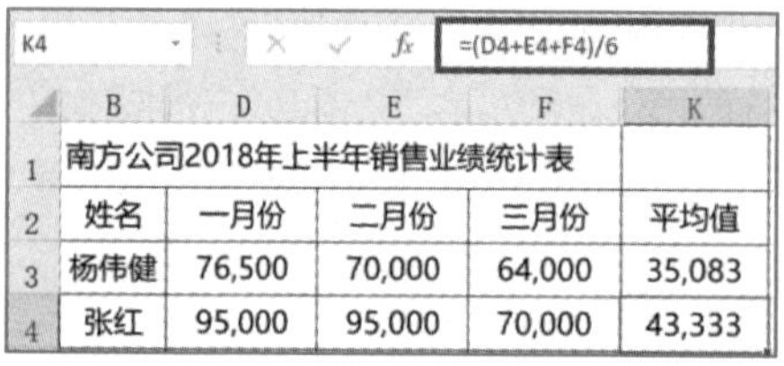

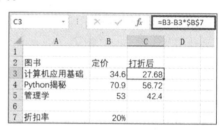

K4 =(D4+E4+F4)/6

	B	D	E	F	K
1	南方公司2018年上半年销售业绩统计表				
2	姓名	一月份	二月份	三月份	平均值
3	杨伟健	76,500	70,000	64,000	35,083
4	张红	95,000	95,000	70,000	43,333

图 4-143　单元格引用自动变换

C3 =B3-B3*B7

	A	B	C	D
1				
2	图书	定价	打折后	
3	计算机应用基础	34.6	27.68	
4	Python揭秘	70.9	56.72	
5	管理学	53	42.4	
6				
7	折扣率	20%		

图 4-144　函数的绝对引用

3）混合引用

单元格的混合引用是指在一个单元格地址的引用中，既含有相对引用地址又有绝对引用地址。例如，在需要对 A 列中的数据内容进行引用时，设置将 A 列固定，在指定引用单元格时可设置为“$A1”，表示将 A 列设置为绝对引用，行号 1 为相对引用。当对公式进行复制时，公式中相对引用部分会随引用公式的单元格地址变动而变动，而绝对引用部分保持不变。

以如图 4-145 中所示的计算销售额为例，在单元格 B2 中输入公式“=$A2*B$1”，然后将该公式复制到相应的单元格中，结果如图 4-146 所示。

B2 =$A2*B$1

	A	B	C	D	E	F	G
1	单价 / 销售量	32	54	63	98	50	120
2	1221	39072					
3	3266						
4	10012						
5	9510						

图 4-145　输入混合引用公式

C4 =$A4*C$1

	A	B	C	D	E	F	G
1	单价 / 销售量	32	54	63	98	50	120
2	1221	39072	65934	76923	119658	61050	146520
3	3266	104512	176364	205758	320068	163300	391920
4	10012	320384	540648	630756	981176	500600	1201440
5	9510	304320	513540	599130	931980	475500	1141200

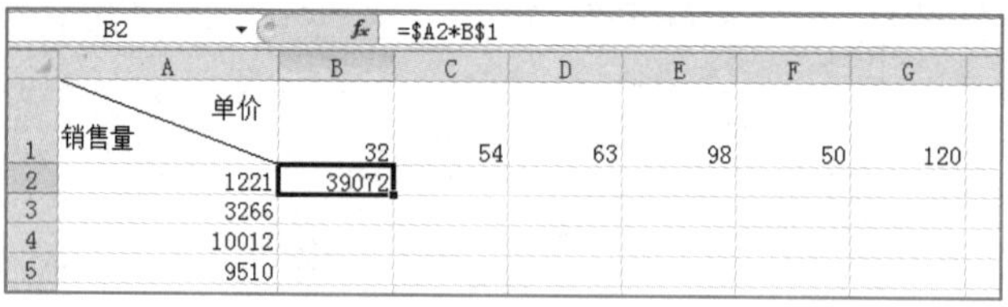

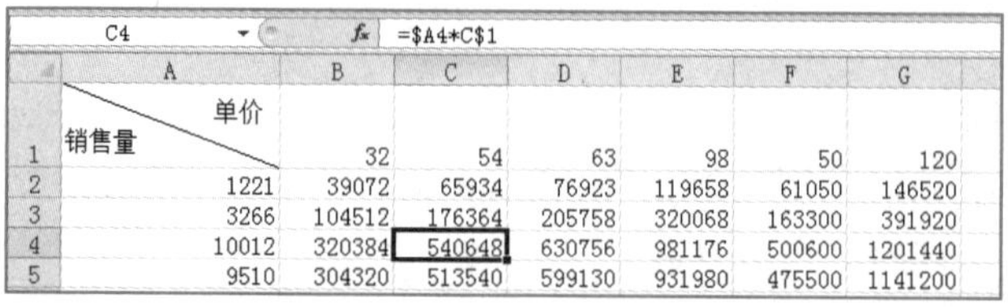

图 4-146　混合引用结果

4）单元格名称

当某单元格或单元格区域被定义为名称后，就可以在公式中引用，而且是绝对引用。以计算出图书打折后的定价为例，定义和使用名称的步骤如下。

Step1：单击单元格B7，然后在名称框中输入名称"discount"，如图4-147所示。

Step2：将单元格B7命名为"discount"后，在公式中就可以绝对引用单元格B7了。在单元格C3中输入公式"=B3-B3*discount"，结果如图4-148所示。

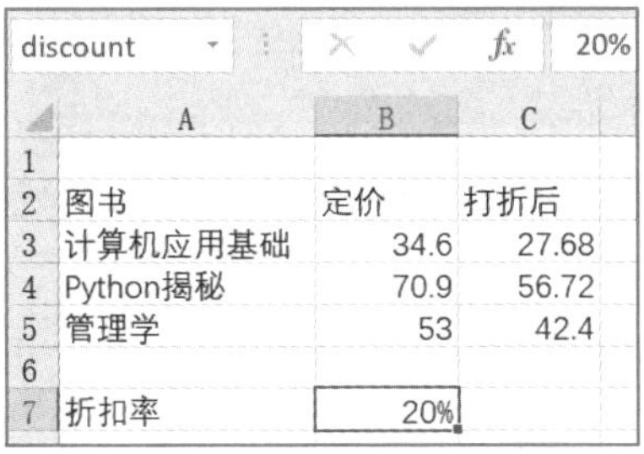

图4-147　为C7单元格命名 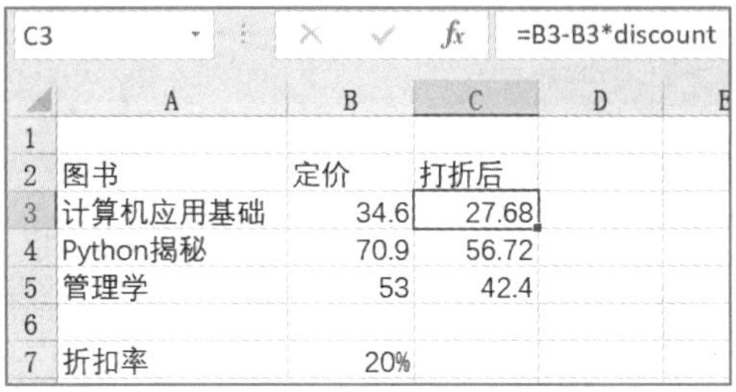　　　　　　图4-148　输入公式

Step3：拖动单元格C3的填充柄至C5，计算出其他图书的折扣价，如图4-149所示。

5）单元格区域的引用

一组单元格标示的区域称为单元格区域，主要表示形式有如下3种："A1:B3"，表示单元格A1～B3的连续区域；"A1:B2,C2:D5"，表示单元格A1～B3及C2～D5的两个区域；"A1:C3 B2:E5"，表示单元格A1～C3和B2～E5的共同区域。

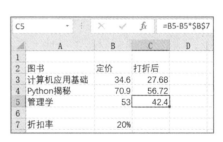

图4-149　计算结果

6）引用同一工作簿中其他工作表中的单元格

引用同一工作簿中其他工作表中的单元格时，只需在引用的单元格名字前面加上工作表名和"!"，如"表1!D4"。

7）引用其他工作簿中工作表上的单元格

引用其他工作簿中工作表上的单元格的数据时，引用方法是"[工作簿名称]工作表名称!单元格名称"，如"[工作簿1.xls]sh2!A2"。

4.7.2　常用函数

1．求和函数SUM

语法：SUM(number1, number2, …)

其中，number1，number2，…是要对其求和的1～255个参数。

功能：返回某单元格区域中所有数字之和。

SUM函数的应用示例如图4-150所示。

说明：

① 直接输入参数表的数字、逻辑值及数字的文本表达式将被计算。见图4-150的示例一和示例二。

	A	B	C	D	E
1		数据	SUM使用	说明	结果
2	例1	-9	=SUM(30,40)	将30和40相加	70
3	例2	20	=SUM("15"，30，TRUE)	将15,30,1相加，因SUM函数里面的数据均为数值，所以文本值15被转换为数值15，逻辑值TRUE被转换为1	46
4	例3	148	=SUM(B2:B4)	将B2至B4单元格中的三个数相加	159
5	例4	6	=SUM(B2:B4,1)	将B2至B4三个数的和与1相加	160
6	例5	FALSE	=SUM(B5,B6,3)	将B5、B6的值与3相加。因B5（文本内容6）、B6（逻辑值FALSE）不是数值，所以B5、B6的值被忽略，只有3被相加	3

图 4-150　SUM 函数的应用示例

② 如果参数是一个数组或引用，就只计算其中的数字，数组或引用中的空白单元格、逻辑值或文本将被忽略。见图 4-150 的示例三和示例五。

③ 如果参数为错误值或为不能转换为数字的文本，将导致错误。

2．算数平均值函数 AVERAGE

语法：AVERAGE(number1, number2, …)

其中，number1，number2，…是要计算其平均值的 1～255 个数字参数。

功能：返回参数的平均值（算术平均值）。

说明：

① 参数可以是数字或者是包含数字的名称、数组或引用。

② 逻辑值和直接输入参数列表中代表数字的文本被计算在内。

③ 如果数组或引用参数包含文本、逻辑值或空白单元格，那么这些值将被忽略，但包含零值的单元格将计算在内。

④ 如果参数为错误值或为不能转换为数字的文本，将导致错误。

⑤ 如果要使计算包括引用中的逻辑值和代表数字的文本，可使用 AVERAGEA 函数。

AVERAGE 函数的应用示例如图 4-151 所示。

	A	B	C	D	E
7					
8		数据	AVERAGE使用	说明	结果
9	例1	-9	=AVERAGE(B9:B11)	求B9至B11三个数的平均值	53
10	例2	20	=AVERAGE(B9:B11,9)	求B9至B11三个数与9的平均值	42
11	例3	148	=AVERAGE(B9,B11)	求B9和B11两个数的平均值	69.5

图 4-151　AVERAGE 函数的应用示例

3．最大值函数 MAX

语法：MAX(number1, number2, …)

其中，number1，number2，…是从中找出最大值的 1～255 个数值参数。

功能：返回一组值中的最大值。

说明：

① 参数可以是数字或者是包含数字的名称、数组或引用。

② 逻辑值和直接输入参数列表中代表数字的文本被计算在内。

③ 如果参数为数组或引用，那么只使用该数组或引用中的数字，数组或引用中的空白单元格、逻辑值或文本将被忽略。

④ 如果参数不包含数字，那么函数 MAX 返回 0（零）。

⑤ 如果参数为错误值或为不能转换为数字的文本，将导致错误。

⑥ 如果要使计算包括引用中的逻辑值和代表数字的文本，可使用 MAXA 函数。

4. 最小值函数 MIN

语法：MIN(number1, number2, …)

其中，number1，number2，…是要从中查找最小值的 1～255 个数值。

功能：返回一组值中的最小值。

说明：与 MAX 函数类似，如果要使计算包括引用中的逻辑值和代表数字的文本，可使用 MINA 函数。

5. 计数函数 COUNT

语法：COUNT(value1, value2,…)

其中，value1，value2，…是可以包含或引用各种类型数据的 1～255 个参数，但只有数值类型的数据才计算在内。

功能：返回包含数字的单元格的个数和返回参数列表中的数字个数。COUNT 函数可以计算单元格区域或数字数组中数字字段的输入项个数。

说明：

① 数字参数、日期参数或者代表数字的文本参数被计算在内。

② 逻辑值和直接输入参数列表中代表数字的文本被计算在内。

③ 如果参数为错误值或不能转换为数字的文本，将被忽略。

④ 如果参数是一个数组或引用，就只计算其中的数字，数组或引用中的空白单元格、逻辑值、文本或错误值将被忽略。

⑤ 如果要统计逻辑值、文本或错误值，可使用 COUNTA 函数。

6. 取整函数 INT

语法：INT(number)

其中，number 是需要进行向下舍入取整的实数。

功能：将数字向下舍入到最接近的整数。

图 4-152 为利用 INT 函数取整后的结果。

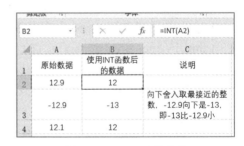

图 4-152　INT 函数取整

7. 当前日期函数 TODAY

语法：TODAY( )

功能：返回当前日期的序列号。序列号是 WPS 表格日期和时间计算使用的日期-时间代码。如果在输入函数前，单元格的格式为"常规"，那么结果将设为日期格式。

日期可以存储为用于计算的序列号。在默认情况下，1900 年 1 月 1 日的序列号是 1，而 2008 年 1 月 1 日的序列号是 39448，这是因为它距 1900 年 1 月 1 日有 39448 天。

8. 年份函数 YEAR

语法：YEAR(serial_number)

其中，serial_number 为一个日期值，其中包含要查找年份的日期。

功能：返回某日期对应的年份，返回值为 1900～9999 之间的整数。

图 4-153 为利用 YEAR 函数获取年份的结果。

9．四舍五入函数 ROUND

语法：ROUND(number, num_digits)

其中，number 为需要进行四舍五入的数字；num_digits 为指定的位数，按此位数进行四舍五入。

功能：返回某个数字按指定位数取整后的数字。

说明：

① 如果 num_digits 大于 0，那么四舍五入到指定的小数位。

② 如果 num_digits 等于 0，那么四舍五入到最接近的整数。

③ 如果 num_digits 小于 0，那么在小数点左侧进行四舍五入。

图 4-154 为利用 ROUND 函数对数据进行四舍五入的结果。

	A	B
1	日期	使用YEAR函数获取的年份
2	2019年7月9日	2019
3	2019/7/9	2019
4	2019-07-09	2019

图 4-153　用 YEAR 函数获取年份

	A	B	C
1	原始数据	使用ROUND函数	结果
2	19.12909	=ROUND(A2,2)	19.13
3	19.68	=ROUND(A3,1)	19.7
4	19.98	=ROUND(A4,0)	20
5	191290	=ROUND(A5,-2)	191300

图 4-154　对数据进行四舍五入

10．判断函数 IF

根据对指定的条件计算结果为 TRUE 或 FALSE，返回不同的结果。可以使用 IF 对数值和公式执行条件检测。

语法：IF(logical_test, value_if_true, value_if_false)

logical_test：表示计算结果为 TRUE 或 FALSE 的任意值或表达式。例如，A10＝100 就是一个逻辑表达式；如果单元格 A10 中的值等于 100，那么表达式的计算结果为 TRUE，否则为FALSE。此参数可使用任何比较运算符。

value_if_true：logical_test 为 TRUE 时返回的值。value_if_true 可以是其他公式。

value_if_false：logical_test 为 FALSE 时返回的值。如果 logical_test 为 FALSE 且 value_if_false 为空（value_if_true 后有逗号并紧跟右括号），那么返回值 0（零）。value_if_false 可以是其他公式。

IF 函数的应用示例如图 4-155 所示。

	A	B	C	D
1	数据	使用IF函数	说明	结果
2	76	=IF(A2>=60,"及格","不及格")	如果A2单元格的数字大于等于60，则B2单元格的值为"及格"，否则为"不及格"	及格
3	38	=IF(SUM(A2:A3)>=100,1000,"")	如果A2和A3单元格的和大于等于，则B3单元格的值为1000，否则为""（空，什么都没有）	1000
4	1	=IF(A4=1,"是","否")	如果A3单元格的值等于1，则B4单元格的值为"是"，否则为"否"	是

图 4-155　IF 函数的应用示例

【例 4-12】　在成绩表中，根据平均成绩计算成绩等级。

在如图 4-156 所示的工作表的成绩等级列中计算出每个学生成绩等级。要求：平均成绩大于 100 的为优秀，90～100 的为良好，90 以下的为中等。

	A	B	C	D	E	F	G	H	I	J
1	学号	姓名	语文	数学	英语	生物	地理	历史	政治	平均分
2	NFNF120301	包宏伟	91.5	89	94	92	91	86	86	89.9
3	NFNF120302	陈万地	93	99	92	86	86	73	92	88.7
4	NFNF120303	杜学江	102	116	113	78	88	86	73	93.7
5	NFNF120304	符合	99	98	101	95	91	95	78	93.9
6	NFNF120305	吉祥	101	94	99	90	87	95	93	94.1
7	NFNF120306	李北大	100.5	103	104	109	98	96	90	100.1
8	NFNF120307	刘康锋	95.5	92	96	84	95	91	92	92.2
9	NFNF120308	刘鹏举	93.5	107	96	100	93	92	93	96.4
10	NFNF120309	倪冬声	95	97	102	93	95	92	88	94.6

图 4-156　例 4-12 的工作表

可使用 IF 函数的嵌套方法来实现，判断该学生的成绩是否大于 100；若大于，则为 "优秀"，否则继续判断该成绩是否大于等于 90；若大于等于 90，则为 "良好"，否则为 "中等"。

Step1：选中单元格 K2。

Step2：打开 "插入函数" 对话框，选择常用函数类的 IF 函数。

Step3：设置 IF 函数的参数。设置函数参数的逻辑表达式和表达式值为真时的返回值，将光标定位于第 3 个参数（逻辑表达式值为假时的返回值）的文本框，单击 "编辑" 工具栏左侧的 IF 函数按钮，则第 1 个 IF 函数的第 3 个参数的位置上插入一个 IF 函数，如图 4-157 所示。

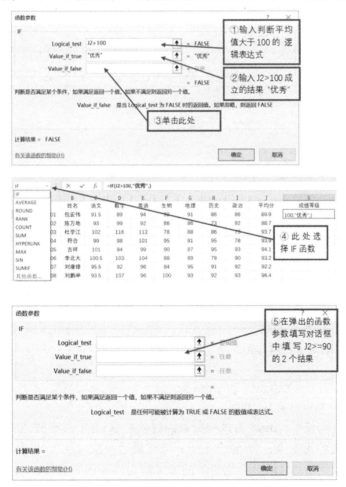

图 4-157　设定 IF 函数的参数

按上面的方法完成第 2 个 IF 函数的嵌套，具体设置如图 4-158 所示。

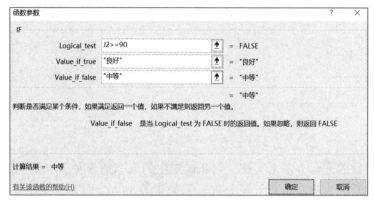

图 4-158　IF 函数的嵌套 1

Step4：复制公式，完成其他学生总评成绩的计算，结果如图 4-159 所示。

	A	B	C	D	E	F	G	H	I	J	K
1	学号	姓名	语文	数学	英语	生物	地理	历史	政治	平均分	成绩等级
2	NFNF120301	包宏伟	91.5	89	94	92	91	86	86	89.9	中等
3	NFNF120302	陈万地	93	99	92	86	86	73	92	88.7	中等
4	NFNF120303	杜学江	102	116	113	78	88	86	73	93.7	良好
5	NFNF120304	符合	99	98	101	95	91	95	78	93.9	良好
6	NFNF120305	吉祥	101	94	99	90	87	95	93	94.1	良好
7	NFNF120306	李北大	100.5	103	104	109	98	96	90	100.1	优秀
8	NFNF120307	刘康锋	95.5	92	96	84	95	91	92	92.2	良好
9	NFNF120308	刘鹏举	93.5	107	96	100	93	92	93	96.4	良好
10	NFNF120309	倪冬声	95	97	102	93	95	92	88	94.6	良好

图 4-159　计算结果

4.7.3　财务类函数

1．利息函数 IPMT

语法：IPMT(rate, per, nper, pv, fv, type)

其中，rate 为各期利率；per 用于计算其利息数额的期数，必须在 1 到 nper 之间；nper 为总投资期，即该项投资的付款期总数；pv 为现值，即从该项投资开始计算时已经入账的款项，或一系列未来付款的当前值的累积和，也称为本金；fv 为未来值，或在最后一次付款后希望得到的现余额，若省略 fv，则假设其值为零（如一笔贷款的未来值为 0，即还完贷款）；type 为数字 0 或 1，用于指定各期的付款时间是在期初还是期末。

功能：基于固定利率及等额分期付款方式，返回给定期数内对投资的利息偿还额。

IPMT 函数应用示例如图 4-160 所示。

2．分期还款函数 PMT

语法：PMT(rate, nper, pv, fv, type)

其中，rate 为贷款利率；nper 为该项贷款的付款总数；pv 为现值，或一系列未来付款的当前值的累积和，也称为本金；fv 为未来值，或在最后一次付款后希望得到的现金余额，若省略 fv，则假设其值为 0，也就是一笔贷款的未来值为零即还完贷款；type 为数字 0 或 1，用以指定各期的付款时间是在期初还是期末。

功能：基于固定利率及等额分期付款方式，返回贷款的每期付款额。

PMT 函数的应用示例如图 4-161 所示。

B6　=IPMT(B2/12, B3, B4*12, B5, 0

	A	B
1	原始数据	
2	年利率（若要计算月贷款，需除以12）	5.3%
3	计算期数（月）	1
4	贷款年限	3
5	贷款现值	10000
6	贷款第一个月的利息(负数表示支出，正数表示收入)	¥-44.17

图 4-160　IPMT 函数的应用示例

D2　=PMT(A2, B2, C2, 0, 1)

	A	B	C	D
1	期利率	支付期数	贷款金额	每期还款额
2	0.70%	12	5000	¥-432.84
3	1.50%	24	10000	¥-491.86
4	0.65%	18	15000	¥-880.02

图 4-161　PMT 函数的应用示例

4.7.4　逻辑类函数

1．逻辑“或”OR

语法：OR(logical1, logical2, …)

其中，logical1、logical2、…为需要进行检验的 1～30 个条件表达式。

参数必须能计算为逻辑值，如 TRUE 或 FALSE，或者为包含逻辑值的数组（用于建立可生成多个结果或可对在行和列中排列的一组参数进行运算的单个公式。数组区域共用一个公式；数组常量是用作参数的一组常量）或引用。如果数组或引用参数中包含文本或空白单元格，这些值将被忽略。如果指定的区域中不包含逻辑值，函数 OR 返回错误值#VALUE!。

功能：在其参数组中，任何一个参数逻辑值为 TRUE，即返回 TRUE；所有参数的逻辑值为 FALSE，才返回 FALSE。

OR 函数的应用示例如图 4-162 所示。

2．逻辑“与”AND

语法：AND(logical1, logical2, …)

其中，logical1、logical2、…为待检测的 1～30 个条件值，各条件值可为 TRUE 或 FALSE。

说明：① 参数必须是逻辑值 TRUE 或 FALSE，或者包含逻辑值的数组（用于建立可生成多个结果或可对在行和列中排列的；② 一组参数进行运算的单个公式。数组区域共用一个公式；数组常量是用作参数的一组常量）或引用；③ 如果数组或引用参数中包含文本或空白单元格，则这些值将被忽略；④ 如果指定的单元格区域内包括非逻辑值，则 AND 将返回错误值 #VALUE!。

功能：所有参数的逻辑值为真时，返回 TRUE；只要一个参数的逻辑值为假，即返回 FALSE。

AND 函数的应用示例如图 4-163 所示。

3．逻辑“反”NOT

语法：NOT(logical)

其中，如果逻辑值为 FALSE，那么返回 TRUE；如果逻辑值为 TRUE，那么返回 FALSE。

	=OR(B2="是",C2="是")		
姓名	参加培训	参加试讲	是否符合规定
杨伟健	是	是	TRUE
张红	是	是	TRUE
杜月红	否	是	TRUE
杨红敏	否	否	FALSE
许泽平	是	是	TRUE
李丽丽	否	否	FALSE
郝艳芬	是	是	TRUE
李娜	是	否	TRUE
李成	否	否	FALSE
杜乐	是	是	TRUE

图 4-162　OR 函数的应用示例

	=AND(B2="是",C2="是")		
姓名	参加培训	是否试讲	是否通过
杨伟健	是	是	TRUE
张红	是	是	TRUE
杜月红	否	是	FALSE
杨红敏	是	否	FALSE
许泽平	是	是	TRUE
李丽丽	否	是	FALSE
郝艳芬	是	是	TRUE
李娜	是	否	FALSE
李成	是	是	TRUE
杜乐	是	是	TRUE

图 4-163　AND 函数的应用示例

功能：对参数值求反。当要确保一个值不等于某特定值时，可以使用 NOT 函数。

NOT 函数的应用示例如图 4-164 所示。

4．匹配函数 SWITCH

语法：SWITCH(表达式, value1, result1, [默认值或 value2, result2],…, [默认值或 value126, result126]）

其中，value1～value126 是将与表达式进行比较的值；result1～result126 是在相应的 value1～value126 参数与表达式匹配时返回的值，如果不匹配，就选择默认值。

功能：根据表达式计算一个值，并返回与该值所匹配的结果。

SWITCH 函数应用示例如图 4-165 所示。

	=IF(NOT(B2<=18),"已成年","未成年")	
姓名	年龄	是否成年
杨伟健	19	已成年
张红	16	未成年
杜月红	22	已成年
杨红敏	25	已成年
许泽平	10	未成年

图 4-164　NPER 函数的应用示例

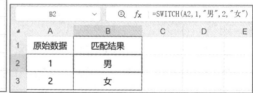

	=SWITCH(A2,1,"男",2,"女")
原始数据	匹配结果
1	男
2	女

图 4-165　SWITCH 函数的应用示例

4.7.5　文本和查找类函数

1．文本长度函数 LEN

语法：LEN(text)

其中，text 是要查找其长度的文本。空格将作为字符进行计数。

功能：返回文本字符串中的字符数。

LEN 函数的应用示例如图 4-166 所示。

2．组合文本函数 CONCAT

语法：CONCAT(text1，…)

其中，text1、…为 1～255 个要连接的文本项。这些文本项可以是文本字符串或字符串数组，如单元格区域。

功能：将多个区域和/或字符串的文本组合起来。

CONCAT 函数的应用示例如图 4-167 所示。

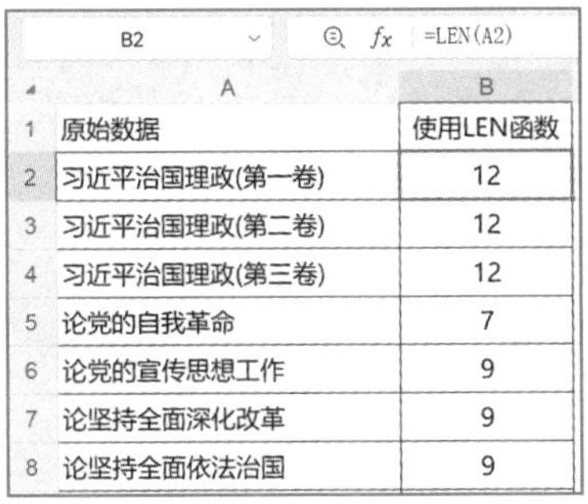

B2 =LEN(A2)

	A	B
1	原始数据	使用LEN函数
2	习近平治国理政(第一卷)	12
3	习近平治国理政(第二卷)	12
4	习近平治国理政(第三卷)	12
5	论党的自我革命	7
6	论党的宣传思想工作	9
7	论坚持全面深化改革	9
8	论坚持全面依法治国	9

图 4-166　LEN 函数的应用示例

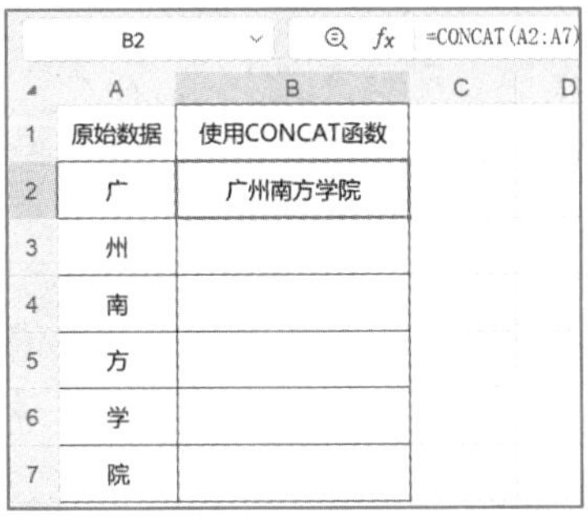

B2 =CONCAT(A2:A7)

	A	B	C	D
1	原始数据	使用CONCAT函数		
2	广	广州南方学院		
3	州			
4	南			
5	方			
6	学			
7	院			

图 4-167　CONCAT 函数的应用示例

3．查找函数 VLOOKUP

语法：VLOOKUP(lookup_value, table_array, col_index_num, range_lookup)

其中，lookup_value 为需要在数据表第一列中进行查找的数值；table_array 为需要在其中查找数据的数据表；col_index_num 为 table_array 中查找数据的数据列序号；range_lookup 为逻辑值，指明查找时是精确匹配还是近似匹配。

功能：在表格或数值数组的首列查找指定的数值，并由此返回表格或数组当前行中指定列处的数值。默认情况下，表是升序的。

说明：

① lookup_value 可以为数值、引用或文本字符串。当 VLOOKUP 函数的第一个参数省略查找值时，表示用 0 查找。

② col_index_num 为 1 时，返回 table_array 第 1 列的数值；为 2 时，返回 table_array 第 2 列的数值，以此类推。

③ range_lookup 为 0 时，指明查找时是精确匹配；为 1 时，指明查找时是近似匹配；若省略，则默认为 1。

图 4-168 为利用 VLOOKUP 函数对查找编号为 NF00013 对应的姓名的结果。

4.7.6　时间类函数

1．时间日期函数 NOW

语法：NOW()

功能：返回当前日期和时间所对应的序列号。如果在输入函数前，单元格的格式为“常规”，那么结果将设为日期格式。

说明：

① 若在输入函数前，单元格的格式为“日期”，则结果将设为日期格式。

	A	B	C	D	E	F	G	H	I	J
								编号	姓名	
1	南方公司2018年上半年销售业绩统计表									
2	编号	姓名	部门	一月份	二月份	三月份				
3	NF00010	杜乐	三部	62,500	76,000	57,000		NF00013	刘志刚	
4	NF00015	杜月	一部	82,050	63,500	90,500				
5	NF00003	杜月红	一部	88,000	82,500	83,000				
6	NF00007	郝艳芬	二部	84,500	78,500	87,500		VLOOKUP(H3, A2:F46, 2, 0)		
7	NF00009	李成	一部	92,000	64,000	97,000		H3:要查找的编号		
8	NF00006	李丽丽	三部	71,500	61,500	82,000		A2:F46:查找的区域		
9	NF00008	李娜	三部	85,500	64,500	74,000		2、要查找的编号对应的姓名所		
10	NF00012	刘丽	一部	79,500	98,500	68,000		在的列数		
11	NF00013	刘志刚	三部	96,500	74,500	63,000		0：精确匹配		
12	NF00011	唐艳霞	三部	63,500	73,000	65,000				
13	NF00005	许泽平	三部	94,000	68,050	78,000				
14	NF00004	杨红敏	二部	80,500	96,000	72,000				
15	NF00014	杨鹏	三部	76,000	63,500	84,000				
16	NF00001	杨伟健	二部	76,500	70,000	64,000				
17	NF00002	张红	二部	95,000	95,000	70,000				

图 4-168　VLOOKUP 函数的应用示例

② 若在输入函数前，单元格的格式为"时间"，则结果将设为时间格式。

③ 若在输入函数前，单元格的格式为"常规"，则结果将设为日期时间格式。

NOW 函数应用示例如图 4-169 所示。

	A	B	C	D
1		返回当前时间 （单元格格式为"时间"）	返回当前时间 （单元格格式为"日期"）	返回当前时间 （单元格格式为"日期时间"）
2	当前时间	12:29:43	2024年4月23日	2024/4/23 12:29

图 4-169　NOW 函数的应用示例

2．时间函数 TIME

语法：TIME(hour, minute, second)

其中，hour 为 0～32767 之间的数值，代表小时，任何大于 23 的数值将除以 24，其余数将视为小时；minute 为 0～3276 之间的数值，代表分钟，任何大于 59 的数值将被转换为小时和分钟；second 为 0～32767 之间的数值，代表秒钟，任何大于 59 的数值将被转换为小时、分钟和秒钟。

功能：返回某特定时间的小数值。

TIME 函数的应用示例如图 4-170 所示。

	A	B	C	D
1	时	分	秒	使用TIME函数
2	23	12	5	11:12 PM

图 4-170　TIME 函数的应用示例

4.7.7　数学和统计类函数

1．按条件求和函数 SUMIF

功能：按给定条件对指定单元格求和。

语法：SUMIF(range, criteria, sum_range)

range：根据条件计算的单元格区域。每个区域中的单元格都必须是数字和名称、数组和包含数字的引用。空值和文本值将被忽略。

criteria：确定对哪些单元格相加的条件，其形式可以为数字、表达式或文本。例如，条件可以表示为 32、"32"、">32"或"apples"。

sum_range：要相加的实际单元格（若区域内的相关单元格符合条件）。若省略 sum_range，则当 range 中的单元格符合条件时，它们既按条件计算，也执行相加。

SUMIF 函数的应用示例如图 4-171 所示。

	A	B	C	D	E
1	数据1	数据2	使用SUMIF函数	说明	结果
2	1000	80	=SUMIF(A2:A5,">3000")	计算A2至A5单元格中值大于3000的单元格的和（此处为A4和A5的和）	7800
3	2500	60	=SUMIF(A2:A5,">3000",B2:B5)	计算A2至A5单元格中值大于3000的单元格其对应的B列数据的和（此处为B4和B5的和）	140
4	3800	90	=SUMIF(A2:A5,"=2500",B2:B5)	计算A2至A5单元格中值等于2500的单元格其对应的B列数据的和（此处为B3的和）	60
5	4000	50	=SUMIF(A2:A5,"<>2500",B2:B5)	计算A2至A5单元格中值不等于2500的单元格其对应的B列数据的和（此处为B1、B3和B4的和）	220

图 4-171　SUMIF 函数的应用示例

2．按条件求个数函数 COUNTIF

功能：计算区域中满足给定条件的单元格的个数。

语法：COUNTIF(range, criteria)

range：一个或多个要计数的单元格，其中包括数字或名称、数组或包含数字的引用。空值和文本值将被忽略。

criteria：确定哪些单元格将被计算在内的条件，其形式可以为数字、表达式、单元格引用或文本。例如，条件可以表示为">20"、"computer"或 A4。

COUNTIF 函数的应用示例如图 4-172 所示。

	A	B	C	D
1	数据	使用COUNTIF函数	说明	结果
2	computer	=COUNTIF(A2:A5,"computer")	计算A2至A4单元格中有多少个"computer"	2
3	Python	=COUNTIF(A2:A5,A3)	计算A2至A4单元格中有多少个"Python"（即A3单元格中的值）	1
4	computer	=COUNTIF(A2:A4,A4)	计算A2至A4单元格中有多少个"computer"（即A4单元格中的值）	2
5	38	=COUNTIF(A5:A6,">20")	计算A5至A6单元格中大于20的单元格的个数	2
6	125	=COUNTIF(A5:A6,">120")	计算A5至A6单元格中大于120的单元格的个数	1

图 4-172　COUNTIF 函数的应用示例

3．阶乘函数 FACT

语法：FACT(number)

其中，Number 为要计算其阶乘的非负数，若不是整数，则截尾取整。

功能：计算数字的阶乘。

FACT 函数的应用示例如图 4-173 所示。

图 4-173　FACT 函数的应用示例

4.7.8　函数的嵌套

在引用函数时，函数的参数又引用了函数，称为"函数的嵌套"。使用函数的嵌套时需注意被嵌套的函数必须返回与当前函数的参数的数值类型相同的数值。如果嵌套函数返回的数值类型不正确，将显示"#VALUE!"错误值。

【例 4-13】　对成绩表中的平均成绩进行四舍五入。在如图 4-174 所示的工作表的平均成绩列计算出每个学生平均成绩，并保留 1 位小数，对小数点后的第 2 位进行四舍五入。

	A	B	C	D	E	F	G	H	I	J
1	学号	姓名	语文	数学	英语	生物	地理	历史	政治	平均分
2	NFNF120301	包宏伟	91.5	89	94	92	91	86	86	
3	NFNF120302	陈万地	93	99	92	86	86	73	92	
4	NFNF120303	杜学江	102	116	113	78	88	86	73	
5	NFNF120304	符合	99	98	101	95	91	95	78	
6	NFNF120305	吉祥	101	94	99	90	87	95	93	
7	NFNF120306	李北大	100.5	103	104	88	89	78	90	
8	NFNF120307	刘康锋	95.5	92	96	84	95	91	92	
9	NFNF120308	刘鹏举	93.5	107	96	100	93	92	93	
10	NFNF120309	倪冬声	95	97	102	93	95	92	88	

图 4-174　函数嵌套的数据源

计算时需要同时用到两个函数：求平均值函数 AVERAGE 和四舍五入函数 ROUND。计算时应先对各科成绩求平均值，再对平均值的结果进行四舍五入保留 1 位小数。此时的公式为"=ROUND(AVERAGE(C2:I2), 1)"。

Step1：选中要输入公式的单元格 J2。

Step2：打开"插入函数"对话框，选择类别为"数学与三角函数"，选择函数"ROUND"并单击"确定"按钮。

Step3：按如图 4-175 所示的步骤输入公式。

Step4：选择单元格 J2，拖动填充柄完成其他行的计算。结果如图 4-176 所示。

4.7.9　函数应用补充示例

【例 4-14】　制作勤工助学工作统计表。

现要计算勤工助学学生的相关费用统计表，计算标准为：工作日 18 元，星期六和星期日加班每小时 25 元。工作时间如果在 30 分钟以上计 1 小时，30 分钟及以下计 0.5 小时。每月统计一次，图 4-177 为某同学 9 月份的工作时间记录。

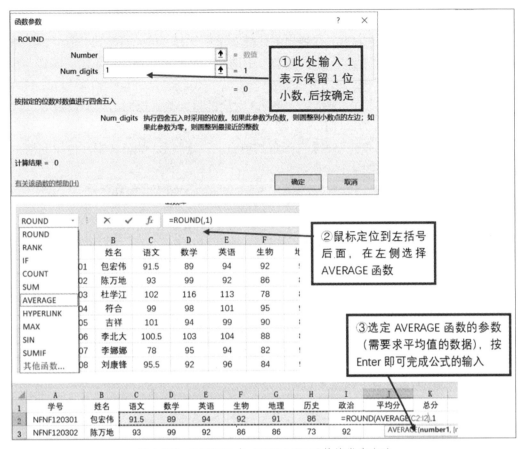

图 4-175　ROUND 与 AVERAGE 函数的嵌套方法

	A	B	C	D	E	F	G	H	I	J
1	学号	姓名	语文	数学	英语	生物	地理	历史	政治	平均分
2	NFNF120301	包宏伟	91.5	89	94	92	91	86	86	89.9
3	NFNF120302	陈万地	93	99	92	86	86	73	92	88.7
4	NFNF120303	杜学江	102	116	113	78	88	86	73	93.7
5	NFNF120304	符合	99	98	101	95	91	95	78	93.9
6	NFNF120305	吉祥	101	94	99	90	87	95	93	94.1
7	NFNF120306	李北大	100.5	103	104	88	89	78	90	93.2
8	NFNF120307	刘康锋	95.5	92	96	84	95	91	92	92.2
9	NFNF120308	刘鹏举	93.5	107	96	100	93	92	93	96.4
10	NFNF120309	倪冬声	95	97	102	93	95	92	88	94.6

图 4-176　计算结果

	A	B	C	D	E	F	G	H
1	勤工助学工作统计表							
2	工作日期	星期	开始时间	结束时间	小时数	分钟数	费用标准	工作费用总计
3	2018/9/1		8:00	12:00				
4	2018/9/5		8:00	12:00				
5	2018/9/13		10:35	12:00				
6	2018/9/14		14:30	17:35				
7	2018/9/20		14:30	17:35				
8	2018/9/24		16:10	17:35				

图 4-177　统计表原始数据

Step1：计算加班为星期几，可在单元格 B3 中输入公式"=WEEKDAY(A3, 1)"，按 Enter 键，显示返回值为"7"；单击右键，在弹出的快捷菜单中选择"单元格格式"命令，在弹出的对话框的"分类"中选择"日期"，在"类型"中选择"星期三"格式；单击"确定"按钮，单元格 B3 中显示"星期六"。

公式"=WEEKDAY(A3, 1)"显示单元格 A3 对应的星期数，返回值类型设置为"1"，返回的数字为 1～7，代表的值为星期日～星期六。

Step2：复制公式，拖动单元格 B3 右下角的填充柄，复制 B3 的公式到其他单元格，计算其他时间对应为星期几，如图 4-178 所示。

	A	B	C	D	E	F	G	H
1	勤工助学工作统计表							
2	工作日期	星期	开始时间	结束时间	小时数	分钟数	费用标准	工作费用总计
3	2018/9/1	星期六	8:00	11:30				
4	2018/9/5	星期三	8:00	12:00				
5	2018/9/13	星期四	10:35	12:00				
6	2018/9/14	星期五	14:30	17:35				
7	2018/9/20	星期四	14:30	17:35				
8	2018/9/24	星期一	16:10	17:35				

图 4-178 计算工作时间为星期几

Step3：计算加班的小时数，在单元格 E3 中输入公式"=HOUR(D3-C3)"，按 Enter 键后，单元格 E3 中显示小时数为 4（如图 4-179 所示）。

E3		×	✓	fx	=HOUR(D3-C3)			
	A	B	C	D	E	F	G	H
1	勤工助学工作统计表							
2	工作日期	星期	开始时间	结束时间	小时数	分钟数	费用标准	工作费用总计
3	2018/9/1	星期六	8:00	11:30	3			
4	2018/9/5	星期三	8:00	12:00				
5	2018/9/13	星期四	10:35	12:00				
6	2018/9/14	星期五	14:30	17:35				
7	2018/9/20	星期四	14:30	17:35				
8	2018/9/24	星期一	16:10	17:35				

图 4-179 计算工作小时数

Step4：计算加班的分钟数，在单元格 F3 中输入公式"=MINUTE(D3-C3)"，按 Enter 键后，单元格 F3 中显示分钟数为"30"（如图 4-180 所示）。

F3		×	✓	fx	=MINUTE(D3-C3)			
	A	B	C	D	E	F	G	H
1	勤工助学工作统计表							
2	工作日期	星期	开始时间	结束时间	小时数	分钟数	费用标准	工作费用总计
3	2018/9/1	星期六	8:00	11:30	3	30		
4	2018/9/5	星期三	8:00	12:00				
5	2018/9/13	星期四	10:35	12:00				
6	2018/9/14	星期五	14:30	17:35				
7	2018/9/20	星期四	14:30	17:35				
8	2018/9/24	星期一	16:10	17:35				

图 4-180 计算工作分钟数

Step5：输入费用标准，工作日 18 元，星期六和星期日加班每小时 25 元。在单元格 G3 中输入公式"=IF(OR(B3=7, B3=1), 25, 18)"，按 Enter 键后，单元格 G3 中显示加班标准为 25（如图 4-181 所示）。

图 4-181 输入费用标准

公式"OR(B3=7, B3=1)"表示的是，若 B3=7 和 B3=1 这两个条件任意一个成立，则返回 TRUE，否则返回 FALSE。

Step6：计算工作费用。工作费用等于工作的总小时数乘以费用标准，所以在单元格 H3 中输入公式"=(E3+IF(F3=0, 0, IF(F3>30, 1, 0.5)))*G3"，按 Enter 键后，单元格 H3 中显示加班费总计为 87.5（如图 4-182 所示）。

图 4-182 计算工作费用

公式说明：IF(F3>30, 1, 0.5)表示，若 F3>30，则返回 1，否则返回 0.5；IF(F3=0, 0)表示，若分钟数为 0，则返回 0；E3+IF(F3=0, 0, IF(F3>30, 1, 0.5))计算加班的总小时数。

Step7：复制第 1 行所有公式到其他单元格，计算其他工作时间、费用标准等，最后的计算结果如图 4-183 所示。

图 4-183 加班统计表的计算结果

【例 4-15】 从身份证号中自动提取性别和生日。

在 18 位的身份证号码中，第 17 位表示性别；在 15 位的身份证号码中，最后 1 位表示性别；单数表示男性，双数表示女性。注意：在输入身份证号时，首先需要将身份证号一列的单元格格式设置为"文本"，否则将不能正确显示数据。

源数据如图 4-184 所示，提取性别和生日的步骤如下。

	A	B	C	D
1	姓名	身份证号	性别	生日
2	黎明明	45231119900414 ****		
3	刘继岩	32134019981202 ****		
4	秦朗	42502576122 ****		
5	袁莉	25142077091 ****		

图 4-184　提取性别和生日的源数据

Step1：在单元格 C2 中输入"=CHOOSE(MOD(IF(LEN(B2)=18, MID(B2, 17, 1), RIGHT(B2, 1)), 2) +1, "女", "男")"，按 Enter 键。

公式说明：首先判断身份证号码位数，若是 18 位，则返回第 17 位的数字，否则返回最后 1 位，即 IF(LEN(B2)=18, MID(B2, 17, 1), RIGHT(B2, 1))；然后将返回的数字除以 2 取余数，即 MOD(IF(LEN(B2)=18, MID(B2, 17, 1), RIGHT(B2, 1)), 2)，若余数为 0，则表示为女性，若余数为 1，则表示为男性。

LEN 函数的语法为：LEN(text)。其中，text 是要查找其长度的文本，空格将作为字符进行计数）返回文本字符串中的字符数，如 LEN(B2)。函数返回单元格 B2 中字符串的字符数。

MID 函数的语法为：MID(text, start_num, num_chars)。其中，text 是包含要提取字符的文本字符串；start_num 是文本中要提取的第一个字符的位置；num_chars 指定希望 MID 从文本中返回字符的个数。MID 函数的功能为，返回文本字符串中从指定位置开始的特定数目的字符。如 MID(B2, 17, 1)返回单元格 B2 中从第 17 位字符开始取的 1 位字符。

RIGHT 函数的语法为：RIGHT(text, num_chars)。其中，text 是包含要提取字符的文本字符串；num_chars 指定要由 RIGHT 提取的字符的数量。RIGHT 函数是根据所指定的字符数返回文本字符串中最后一个或多个字符。如 RIGHT(B2, 1)返回单元格 B2 中的最后一个字符。

MOD 函数的语法为：MOD(number, divisor)。其中，number 为被除数，divisor 为除数。函数返回两数相除的余数。如 MOD(5, 2)返回 5 除以 2 的余数，即为 1。

CHOOSE 函数的语法为：CHOOSE(index_num, value1, value2, …)，功能是使用 index_num 返回数值参数列表中的数值。如 CHOOSE(1, "女", "男")返回第 1 个参数列表中的值，即为"女"；CHOOSE(2, "女", "男")返回第 2 个参数列表中的值，即为"男"。

Step2：单击单元格 D2，输入"=IF(LEN(B2)=18, DATE(MID(B2, 7, 4), MID(B2, 11, 2), MID(B2, 13, 2)), DATE("19"&MID(B2, 7, 2), MID(B2, 9, 2), MID(B2, 11, 2)))"，按 Enter 键。

公式说明：首先判断身份证号码位数，若为 18 位，则指定年、月、日的位置，提取出来，再利用 DATE 函数显示，即 DATE(MID(B2, 7, 4), MID(B2, 11, 2), MID(B2, 13, 2))；若为 15 位，则 DATE("19"&MID(B2, 7, 2), MID(B2, 9, 2), MID(B2, 11, 2))。其中，"19"&MID(B2, 7, 2)表示在年份前加上"19"后显示。

DATE 函数的语法为：DATE(year, month, day)，返回代表特定日期的序列号。例如，DATE(2019, 2, 8)返回代表 2019 年 2 月 8 日的序列号。

Step3：将单元格 D2 中的单元格格式改为日期，结果如图 4-185 所示。

图 4-185　从单元格 B2 中获取性别和生日

Step4：选中单元格 C2 和 D2，拖动右下角的填充柄至单元格 D5，结果如图 4-186 所示。

图 4-186　快速填充后结果

4.7.10　常见公式错误提示及解决方法

1.

原因：此错误表明列宽不足以显示所有内容，或者在单元格中使用了负日期或时间。

解决方法：

① 如果单元格所含的数字、日期或时间比单元格宽，可以通过拖动列表之间的宽度来修改列宽。

② 如果使用的是 1900 年的日期系统，那么日期和时间必须为正值，用较早的日期或者时间值减去较晚的日期或者时间值就会导致"#####"错误。

③ 如果公式正确，也可以将单元格的格式改为非日期和时间型来显示该值。

2. #DIV/0!

将数字除以零（0）时，会显示"#DIV/0!"错误。

原因一：输入了执行显式零除（0）计算的公式，如"=5/0"。

原因二：在公式中，除数使用了指向空单元格或包含零值单元格的单元格引用（如果运算对象是空单元格，将此空值当作零值）。如 A1 单元格值为 6，A2 单元格值为 0，A3 单元格为空单元格，若 A4 单元格中输入公式"=A1/A2"或"=A1/A3"，都会出现此错误。

解决方法：

① 确保函数或公式中的除数不为零（0）或不是空值。

② 将公式中的单元格引用指向的单元格更改为不含零或空值的其他单元格。

3. #N/A

此错误表明值对函数或公式不可用。

原因一：数据缺失，并且在其位置输入了"#N/A"或"NA()"。

解决方法：如果之前在单元格中手动输入了"#N/A"，请在数据可用时将其替换为实际的数据。例如，如果之前在数据尚不可用的单元格中输入了"#N/A"，引用这些单元格的公式也会返回"#N/A"而不是尝试计算值。如果输入值来代替它们，应能够解决含有公式的单元格中出现的这个错误。

原因二：数组公式中使用的参数的行数或列数与包含数组公式的区域的行数或列数不一致。数组公式对一组或多组值执行多重计算，并返回一个或多个结果，数组公式括于"{ }"中，按 Ctrl+Shift+Enter 键，可以输入数组公式。

解决方法：如果已在多个单元格中输入数组公式，请确保公式所引用的区域具有相同的行数和列数，或者将数组公式输入更少的单元格。例如，如果在高为 15 行的区域 C1:C15 中输入了数组公式，但公式引用的区域 A1:A10 高为 10 行，那么区域 C11:C15 中将显示"#N/A"。若要更正此错误，请在较小的区域（如 C1:C10）中输入公式，或将公式所引用的区域更改为相同的行数（如 A1:A15）。

原因三：内置或自定义工作表函数中省略了一个或多个必需参数。

解决方法：对于返回错误的函数，请输入该函数的所有必需参数。

原因四：使用的自定义工作表函数不可用。

解决方法：请确保包含工作表函数的工作簿已经打开且函数工作正常。

原因五：运行的宏程序所输入的函数返回"#N/A"。

解决方法：确保函数中的参数正确，并且用在正确的位置。

4．#VALUE!

当使用错误的参数或运算对象类型时，或者当公式自动更正功能不能更正公式时，将产生错误值"#VALUE!"。

原因一：在需要数字或逻辑值时输入了文本，不能将文本转换为正确的数据类型。

解决方法：确认公式或函数所需的运算符或参数正确，并且公式引用的单元格中包含有效的数值。例如，如果单元格 A1 中包含一个数字，单元格 A2 中包含文本"学籍"，那么公式"=A1+A2"将返回错误值"#VALUE!"。可以用 SUM 函数"SUM(A1:A2)"将这两个值相加（SUM 函数忽略文本）。

原因二：将单元格引用、公式或函数作为数组常量输入。

解决方法：确认数组常量不是单元格引用、公式或函数。

原因三：赋予需要单一数值的运算符或函数一个数值区域。

解决方法：将数值区域改为单一数值。修改数值区域，使其包含公式所在的数据行或列。

5．#NAME?

无法识别公式中的文本时，将出现此错误。

原因一：使用了不存在的名称。

解决方法：请确保使用的名称确实存在。名称代表单元格、单元格区域、公式或常量值的单词或字符串。名称更易于理解，如"产品"可以引用难以理解的区域 Sales!C20:C30。在"公式"选项卡的"已定义名称"组中，单击"名称管理器"，然后查看名称是否列出。如果名称未列出，请单击"定义名称"，以添加名称。

原因二：名称拼写错误。

解决方法：验证拼写。在编辑栏中选择名称，按 F3 键，单击要使用的名称，然后单击"确定"按钮。编辑栏位于窗口顶部的条形区域中，用于输入或编辑单元格或图表中的值或公式。编辑栏中显示了存储于活动单元格中的常量值或公式。

原因三：函数名称拼写错误。

解决方法：更正拼写。在"公式"选项卡的"函数库"组中单击"函数向导"，在公式中插入正确的函数名称。

原因四：在公式中输入文本时没有使用双引号。虽然本意是将输入的内容作为文本使用，但会将其解释为名称。

解决方法：将公式中的文本用双引号括起来。例如，公式"="The total amount is "&B50"将文本"The total amount is"与单元格 B50 中的值连接起来。

原因五：区域引用中漏掉了"："。

解决方法：请确保公式中的所有区域引用都使用了"："，如"SUM(A1:C10)"。

原因六：引用的另一张工作表未使用单引号引起。

解决方法：如果公式中引用了其他工作表或工作簿中的值或单元格，且这些工作簿或工作表的名称中包含非字母字符或空格，那么必须用"'"将名称引起。

6．#NULL!

若指定两个并不相交的区域的交集，则出现此错误。交集运算符为引用之间的空格。

原因：使用了不正确的区域运算符或不正确的单元格引用。

解决方法：如果要引用两个不相交的区域，请使用联合运算符"，"。公式要对两个区域求和，请确认在引用这两个区域时使用"，"，如 SUM(A1:A13, D12:D23)。如果没有使用"，"，如 SUM(A1:A13 D12:D23)，将试图对同时属于两个区域的单元格求和，由于 A1:A13 和 D12:D23 并不相交，因此它们没有共同的单元格。

7．#NUM!

此错误表明公式或函数中含有无效的数值。

原因一：在需要数字参数的函数中使用了不能接受的参数。

解决方法：确认函数中使用的参数类型正确无误。

原因二：使用了迭代计算的工作表函数，如 IRR 或 RATE，且函数不能产生有效的结果。

解决方法：为工作表函数使用不同的初始值。

原因三：由公式产生的数字太大或太小，不能表示。

解决方法：修改公式，使其结果在有效数字范围之内。

8．#REF!

当单元格引用无效时会出现此错误。

原因：可能删除了其他公式所引用的单元格，或者可能将已移动的单元格粘贴到其他公式所引用的单元格上。

解决方法：更改公式或者在删除或粘贴单元格后，立即单击"撤销"按钮，以恢复工作表中的单元格。

4.8　图表

在对数据进行分析时，通过图表来表示众多数据之间的关系，不但简明直观，而且方便用户查看数据的差异和预测趋势。在 WPS 表格中创建图表既快速又简便。WPS 表格提供了各种图表类型供用户在创建图表时选择。

4.8.1　认识图表

在制作图表之前，首先需要了解图表的各组成部分，如图 4-187 所示。

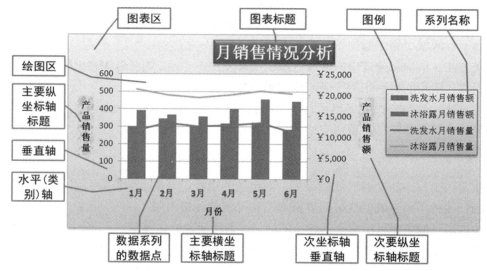

图 4-187　图表的组成部分

数据系列：在图表中绘制的相关数据点，这些数据源自数据表的行或列。图表中的每个数据系列具有唯一的颜色或图案并且在图表的图例中表示。可以在图表中绘制一个或多个数据系列。

数据点：在图表中绘制的单个值，这些值由条形、柱形、折线、饼图或圆环图的扇面、圆点和其他被称为数据标记的图形表示。相同颜色的数据标记组成一个数据系列。

分类名称：表格会将工作表数据中的行标题或列标题作为分类轴的名称使用。

WPS 表格支持各种类型的图表，以方便使用对目标用户有意义的方式来显示数据。在要创建图表或更改现有图表时，可以从各种图表类型所提供的图表子类型中进行选择。常见的图表类型如下。

① 柱形图：排列在工作表的列或行中的数据可以绘制到柱形图中。柱形图用于显示一段时间内的数据变化或显示各项之间的比较情况。在柱形图中，通常沿水平轴组织类别，沿垂直轴组织数值。

② 折线图：排列在工作表的列或行中的数据可以绘制到折线图中。折线图可以显示随时间（根据常用比例设置）而变化的连续数据，因此非常适用于显示在相等时间间隔下数据的趋势。在折线图中，类别数据沿水平轴均匀分布，所有值数据沿垂直轴均匀分布。

③ 饼图：仅排列在工作表的一列或一行中的数据可以绘制到饼图中。饼图显示一个数据系列中各项的大小与各项总和的比例。饼图中的数据点显示为整个饼图的百分比。

④ 条形图：排列在工作表的列或行中的数据可以绘制到条形图中。条形图显示各项目之间的比较情况。

⑤ 面积图：排列在工作表的列或行中的数据可以绘制到面积图中。面积图强调数量随时

间而变化的程度，也可用于引起人们对总值趋势的注意。例如，表示随时间而变化的利润的数据可以绘制在面积图中以强调总利润。通过显示所绘制的值的总和，面积图还可以显示部分与整体的关系。

⑥ XY 散点图：排列在工作表的列或行中的数据可以绘制到 XY 散点图中。散点图显示若干数据系列中各数值之间的关系，或者将两组数绘制为 X、Y 坐标的一个系列。散点图有两个数值轴，沿水平轴（X 轴）方向显示一组数值数据，沿垂直轴（Y 轴）方向显示另一组数值数据。散点图将这些数值合并到单一数据点并以不均匀间隔或簇显示它们。散点图通常用于显示和比较数值，如科学数据、统计数据和工程数据。

⑦ 股价图：排列在工作表的列或行中的数据可以绘制到股价图中。股价图经常用来显示股价的波动，也可用于科学数据。例如，可以使用股价图来显示每天或每年温度的波动。必须按正确的顺序组织数据才能创建股价图。

⑧ 雷达图：排列在工作表的列或行中的数据可以绘制到雷达图中。雷达图是以从同一点开始的轴上表示的三个或更多个定量变量的二维图表的形式显示多变量数据的图形方法。轴的相对位置和角度通常是无信息的。雷达图也称为网络图、蜘蛛图、星图、蜘蛛网图、不规则多边形、极坐标图或 Kiviat 图，相当于平行坐标图，轴径向排列。

4.8.2 创建图表

工作表的行或列中排列的数据可以绘制在图表（如柱形图和条形图）中，但某些图表类型（如饼图和气泡图）需要特定的数据排列方式。

【例 4-16】 以簇状柱形图表示 2023 年下半年软件业务收入。

Step1：选择包含要用于图表的数据的单元格区域，如图 4-188 所示。

	A	B	C	D	E	F	G	H
1	2023年下半年软件业务收入(亿元)							
2	时间	6月	7月	8月	9月	10月	11月	12月
3	软件产品收入累计值	12959	14956.4	17437.3	20465	23176.9	25862.2	29030.2
4	信息技术服务收入累计值	36687.3	43021.7	50116.4	58335.4	64955.3	73243.1	81226.2
5	信息安全收入累计值	856.4	1042.8	1211.3	1421.2	1630.5	1910.2	2232.2
6	嵌入式系统软件收入累计值	4666.9	5549.3	6413	7388.7	8428.4	9431.5	10769.6
7	软件业务出口累计值	241.8	280.5	319.3	364	404.7	449.5	514.2
8	数据来源：国家统计局							

图 4-188 原始数据及选择图表类型

若只选择一个单元格，则表格自动将紧邻该单元格的包含数据的所有单元绘制在图表中。如果要绘制在图表中的单元格不在连续的区域中，那么只要选择的区域为矩形，便可以选择不相邻的单元格或区域。还可以隐藏不想绘制在图表中的行或列。

Step2：在"插入"选项卡中找到图表区域，执行下列操作之一。

❖ 单击需要的图表类型，然后单击要使用的图表子类型，如图 4-189 所示。

❖ 单击"全部图表"，显示"图表"对话框，如图 4-190 所示，从中可浏览所有可用图表类型和图表子类型，然后单击要使用的图表类型，再单击"确定"按钮。

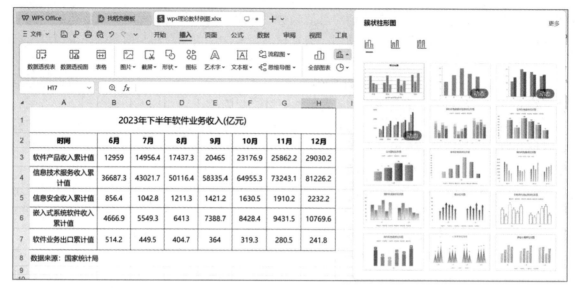

图 4-189 选择子图表类型

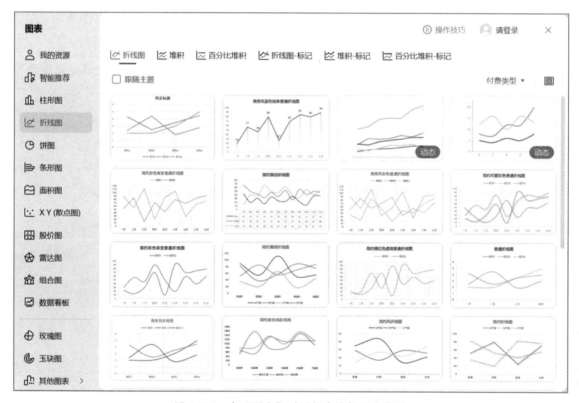

图 4-190 在"图表"对话框中选择图表类型

Step3：创建图表后的效果如图 4-191 所示。

提示：图表默认作为嵌入图表放在工作表上。如果要将图表放入单独的图表工作表，就可以更改其位置。

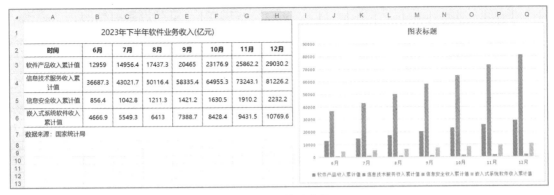

2023年下半年软件业务收入(亿元)							
时间	6月	7月	8月	9月	10月	11月	12月
软件产品收入累计值	12959	14956.4	17437.3	20465	23176.9	25862.2	29030.2
信息技术服务收入累计值	36687.3	43021.7	50116.4	58335.4	64955.3	73243.1	81226.2
信息安全收入累计值	856.4	1042.8	1211.3	1421.2	1630.5	1910.2	2232.2
嵌入式系统软件收入累计值	4666.9	5549.3	6413	7388.7	8428.4	9431.5	10769.6
数据来源：国家统计局							

图 4-191　显示结果

4.8.3　编辑图表

创建图表时，图表工具将变为可用状态，且将显示"绘图工具""文本工具""图表工具"选项卡。可以使用这些选项卡的命令修改图表，以使图表按照所需的方式表示数据。例如，可以使用"绘图工具"设置图表的颜色、效果等内容，使用"文本工具"设置图表中文字的颜色、大小、效果等内容，使用"图表工具"按行或列显示数据系列，更改图表的源数据，更改图表的位置，更改图表类型，将图表保存为模板或选择预定义布局和格式选项。

1．设置图表标签

选中图表，切换到"图表工具"选项卡，在"添加元素"中为用户提供了图表元素设置内容，如图 4-192 所示。用户可以为图表添加或删除图表标签内容，单击相应的按钮，在展开的列表中选择合适的选项进行设置即可。

1）添加图表标题

用户可以为图表插入标题从而使制作的图表更加完善。

【例 4-17】　为例 4-16 中创建的图表添加"2023 年下半年软件业务收入(亿元)"标题。

Step1：在"设计"选项卡的"图表布局"组中单击"添加元素"按钮，在展开的列表中单击"图表标题"，选择"图表上方"选项，如图 4-193 所示。

Step2：在图表上方会插入默认的图表标题内容，单击"图表标题"字样，以输入自定义的标题内容。

Step3：选中标题文本内容，并设置其字体格式效果。

Step4：设置完成后返回到图表中，可查看设置的图表标题效果，如图 4-194 所示。

2）设置坐标轴标题

【例 4-18】　为例 4-17 中的图表设置坐标轴。

Step1：在"设计"选项卡的"图表布局"组中单击"添加元素"按钮，在展开的列表中单击"坐标轴"，选择"主要横坐标轴"，如图 4-195 所示。

Step2：在横坐标轴下方插入默认的坐标轴标题内容，单击以输入自定义的标题内容，如图 4-196 所示。

Step3：相似步骤设置纵坐标轴标题，设置完成后返回到图表中，可查看设置的横、纵坐标标题效果，如图 4-197 所示。

图 4-192　添加元素

图 4-193　选择"图表上方"选项

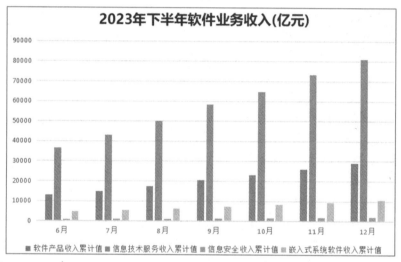

图 4-194　设置图表标题

图 4-195　选择"主要横向坐标轴"

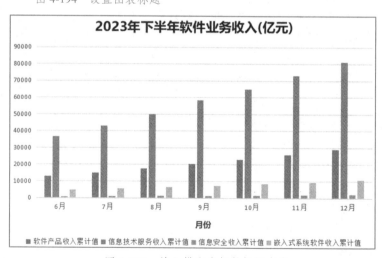

图 4-196　输入横向坐标轴标题内容

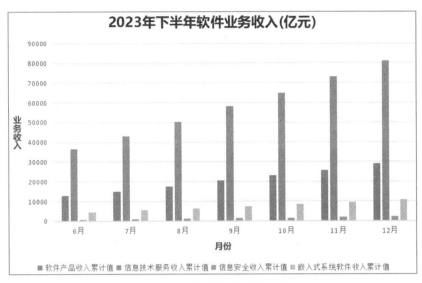

图 4-197　设置的坐标轴效果

在"图表布局"组中的其他项的设置类似。

2. 更改图表类型

在创建图表时已经选择图表类型，若觉得另一种图表类型更能明了地显示数据，就需要更改图表类型。在"图表工具"选项卡中单击"更改类型"按钮，可打开"更改图表类型"对话框，从中可选择需要更改的图表类型。

【例 4-19】　把如图 4-197 中"一月份"的图表类型更改为"带数据标记的折线图"。

Step1：选中要更改的图表，单击"设计"选项卡的"更改图表类型"按钮。

Step2：在弹出的"更改图表类型"对话框（见图 4-190）中选择"带数据标记的折线图"，单击"确定"按钮。

Step3：图表类型更改为带数据标记的折线图后的效果如图 4-198 所示。

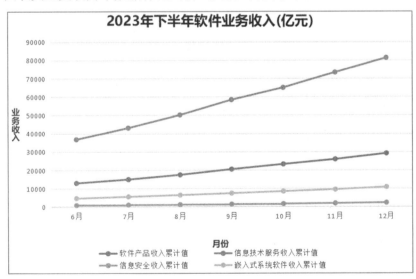

图 4-198　更改图表类型后的效果

3．更改图表中的数据

在制作图表的时候，工作表的数据经常需要改变，为了保持图表与数据的一致性，就需要更改图表中的数据。在"图表工具"选项卡中单击"选择数据"，弹出"编辑数据源"对话框，从中可以对图表中的数据进行设置。

【例 4-20】 新增"软件业务出口累计值"数据，新的数据源如图 4-199 所示。需要把新增的数据反映到例 4-198 所创建的图表中。

时间	6月	7月	8月	9月	10月	11月	12月
软件产品收入累计值	12959	14956.4	17437.3	20465	23176.9	25862.2	29030.2
信息技术服务收入累计值	36687.3	43021.7	50116.4	58335.4	64955.3	73243.1	81226.2
信息安全收入累计值	856.4	1042.8	1211.3	1421.2	1630.5	1910.2	2232.2
嵌入式系统软件收入累计值	4666.9	5549.3	6413	7388.7	8428.4	9431.5	10769.6
软件业务出口累计值	514.2	449.5	404.7	364	319.3	280.5	241.8

（表标题：2023年下半年软件业务收入(亿元)；数据来源：国家统计局）

图 4-199 新的原始数据

Step1：选中图表，单击"图表工具"选项卡的"选择数据"按钮。

Step2：弹出"选择数据源"对话框，选择新的数据源，如图 4-200 所示。

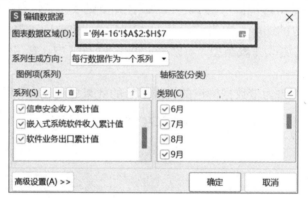

图 4-200 "选择数据源"对话框

Step3：单击"确定"按钮，结果如图 4-201 所示。

在如图 4-200 所示的对话框中还可以删除某数据系列，只需在"图例项（系列）"框中选中某项，如图 4-202 所示，然后单击▤按钮即可。结果如图 4-203 所示。

如果需要切换行、列数据，只需单击"图表工具"选项卡的"切换行列"即可。

4．更改图表布局

为图表添加对象元素后，可自行调整对象的分布位置，若需要快速对图表进行设置，使其按某种分布规律放置对象元素，则可使用图表布局功能。"图表工具"选项卡提供了多种图表布局效果，用户选择需要应用的图表布局类型，可快速地设计图表的布局效果。

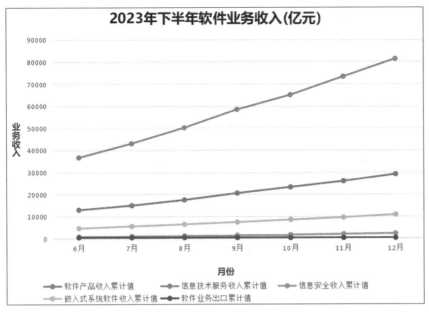

图 4-201 显示结果

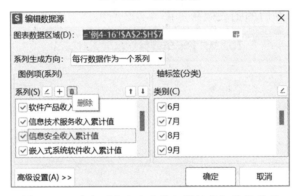

图 4-202 选中"信息安全收入累计值"数据系列

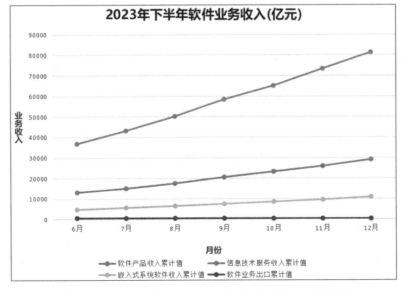

图 4-203 删除"信息安全收入累计值"数据系列结果图

【例 4-21】 更改图 4-203 所示的图表的布局效果。

Step1：选中图表，在"图表工具"选项卡中单击"快速布局"的下拉箭头，在展开的布局列表单中选择"布局 5"选项，如图 4-204 所示。

图 4-204 选择"布局 5"选项

Step2：更改图表布局后的图表效果如图 4-205 所示。

图 4-205 更改图表布局后的图表效果

5. 设置图表样式

"图表工具"选项卡为用户提供了多种图表样式效果，用户选择需要应用的图表样式，可快速地切换图表的样式效果。

【例 4-22】 更改图 4-205 所示的图表样式。

Step1：单击鼠标，选中图表。

Step2：在"图表工具"选项卡中单击"更改类型"左边的按钮 ，在下拉的图表样式中进行选择，如图 4-206 所示。

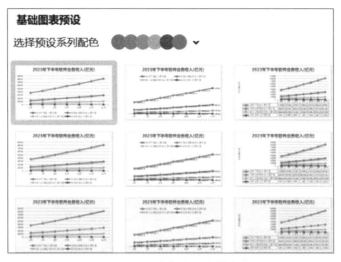

图 4-206 选择应用的样式

Step3：设置后的图表绘图区格式效果如图 4-207 所示。

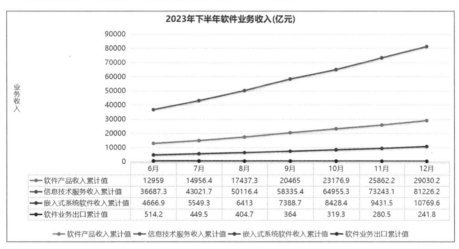

图 4-207 设置后的绘图区格式效果

6. 设置图表格式

在设置图表效果时可以对图表的格式进行设置。切换到"绘图工具"选项卡，如图 4-208 所示，可以对图表的形状样式、填充、轮廓等多项格式效果进行设置。注意：在设置格式之前，先要选定图表中要设置格式的对象元素，可以使用鼠标单击的方法来选定。

图 4-208 "绘图工具"选项卡

7. 设置图表文本效果

对于图表中的文字，可以切换到"文本工具"选项卡，如图 4-209 所示，可以对图表中的文字字体、大小、颜色、艺术字等效果进行设置。注意：在设置格式之前，先要选定图表中要

图 4-209　"文本工具"选项卡

设置的对象元素，可以使用鼠标单击的方法来选定。

【例 4-23】　设置图 4-207 中的图表标题、坐标轴标题文本内容为艺术字效果。

Step1：选中图表中的图表标题。

Step2：在"文本工具"选项卡中单击 按钮，选择"填充-白色，轮廓-着色 5，阴影"，如图 4-210 所示。

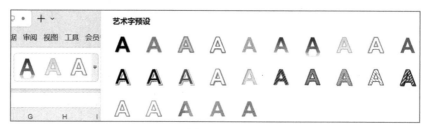

图 4-210　选择引用的艺术字样式

Step3：套用艺术字样式后的图表标题效果如图 4-211 所示。

	6月	7月	8月	9月	10月	11月	12月
软件产品收入累计值	12959	14956.4	17437.3	20465	23176.9	25862.2	29030.2
信息技术服务收入累计值	36687.3	43021.7	50116.4	58335.4	64955.3	73243.1	81226.2
嵌入式系统软件收入累计值	4666.9	5549.3	6413	7388.7	8428.4	9431.5	10769.6
软件业务出口累计值	514.2	449.5	404.7	364	319.3	280.5	241.8

图 4-211　套用艺术字样式后的效果

4.8.4　复合图表的设计和应用

复合图表是指由不同图表类型的系列组成的图表。例如，可以让一个图表同时显示折线图和柱形图。创建一个复合图表只需简单地将一个或一个以上的数据系列转变为其他图表类型即可。

【例 4-24】　将"软件业务出口累计值"的数据系列改为柱形图。

Step1：单击"图表工具"选项卡的"更改类型"按钮，在弹出的"更改图标类型"对话框中选择"组合图"，如图 4-212 所示。

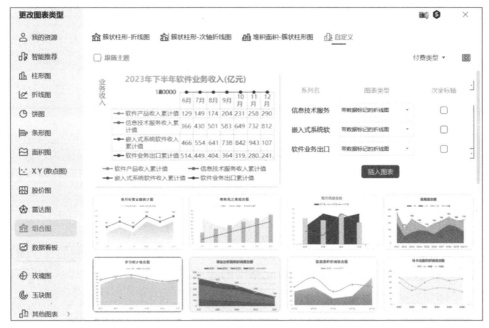

图 4-212 "更改图标类型"对话框

Step2：在"软件业务出口"处选择"簇状柱形图"，勾选"次坐标轴"复选框，单击"插入图标"按钮。效果如图 4-213 所示。

	6月	7月	8月	9月	10月	11月	12月
软件业务出口累计值	514.2	449.5	404.7	364	319.3	280.5	241.8
软件产品收入累计值	12959	14956.4	17437.3	20465	23176.9	25862.2	29030.2
信息技术服务收入累计值	36687.3	43021.7	50116.4	58335.4	64955.3	73243.1	81226.2
嵌入式系统软件收入累计值	4666.9	5549.3	6413	7388.7	8428.4	9431.5	10769.6

图 4-213 创建复合图表

4.8.5 迷你图

迷你图是工作表单元格中的一个微型图表，用于显示数值系列中的趋势，可以直观地表示数据。

【例 4-25】 数据源如图 4-214 所示，在单元格 I3:I7 中创建迷你图，以显示每项收入半年内的数据变化。

Step1：选中 I3 单元格，选择"插入"选项卡的"迷你图"组中的一个图表类型，此处选择"折线图"，如图 4-215 所示。

	2023年下半年软件业务收入(亿元)							
时间	6月	7月	8月	9月	10月	11月	12月	迷你图
软件产品收入累计值	12959	14956.4	17437.3	20465	23176.9	25862.2	29030.2	
信息技术服务收入累计值	36687.3	43021.7	50116.4	58335.4	64955.3	73243.1	81226.2	
信息安全收入累计值	856.4	1042.8	1211.3	1421.2	1630.5	1910.2	2232.2	
嵌入式系统软件收入累计值	4666.9	5549.3	6413	7388.7	8428.4	9431.5	10769.6	
软件业务出口累计值	514.2	449.5	404.7	364	319.3	280.5	241.8	
数据来源: 国家统计局								

图 4-214　创建复合图表

Step2：在弹出的"创建迷你图"对话框中单击"数据范围"文本框右侧的"压缩对话框"按钮，然后选择单元格区域 B3:H3（I3 单元格中的迷你图从单元格区域 B3:H3 中获取数据），如图 4-216 所示。

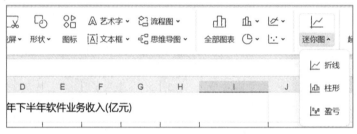

图 4-215　选择"迷你图"组中的"折线图"　　　　　图 4-216　"创建迷你图"对话框

Step3：选中单元格区域 I4:I7，重复上述步骤。图表类型可选择折线图或柱形图。创建结果如图 4-217 所示。

	2023年下半年软件业务收入(亿元)							
时间	6月	7月	8月	9月	10月	11月	12月	迷你图
软件产品收入累计值	12959	14956.4	17437.3	20465	23176.9	25862.2	29030.2	
信息技术服务收入累计值	36687.3	43021.7	50116.4	58335.4	64955.3	73243.1	81226.2	
信息安全收入累计值	856.4	1042.8	1211.3	1421.2	1630.5	1910.2	2232.2	
嵌入式系统软件收入累计值	4666.9	5549.3	6413	7388.7	8428.4	9431.5	10769.6	
软件业务出口累计值	514.2	449.5	404.7	364	319.3	280.5	241.8	
数据来源: 国家统计局								

图 4-217　创建迷你图

单击创建了迷你图的单元格，在功能区中会出现"迷你图工具"选项卡，从中可以对创建的迷你图进行其他设置。

4.9 进一步学习 WPS 表格

4.9.1 使用数据透视表分析数据

如果数据量很大且需要对数据进行多种复杂的比较，需要制作出复杂的分类汇总表格，用前面介绍的排序、分类汇总的方法操作起来很麻烦，可以通过数据透视表来快速汇总大量数据。

数据透视表是一种可以快速汇总大量数据的交互式方法。使用数据透视表可以深入分析数值数据，并且可以回答一些预计不到的数据问题。如果要分析相关的汇总值，尤其是在要合计较大的数字列表并对每个数字进行多种比较时，通常使用数据透视表。

【例 4-26】 如图 4-218 所示的数据为各系的工资情况表。创建一个数据透视表，以便了解各系各专业男、女在基本工资、岗位工资、补贴、房租、实发工资四项平均值之间的差异。

	A	B	C	D	E	F	G	H
1	姓名	性别	系	基本工资	岗位工资	补贴	房租	实发工资
2	陈琦	女	通信	4000	3700	1300	500	5800
3	伍小敏	男	通信	3500	3500	1250	500	5050
4	钟俊伟	男	通信	4000	3600	1300	500	5700
5	刘达	男	管理	3800	3600	1260	500	5460
6	区丽婷	女	管理	3800	3500	1280	500	5380
7	欧洋	男	管理	3500	3500	1270	500	5070
8	罗伊利	女	管理	4000	3700	1300	500	5800
9	莫军歌	男	经济	3950	3700	1250	500	5700
10	伍志敏	男	经济	4000	3800	1300	500	5900
11	刘林丽	女	经济	3700	3600	1260	500	5360

图 4-218　工资情况表

Step1：单击数据清单中的任一单元格，单击"数据"选项卡的"数据透视表"按钮，弹出"创建数据透视表"对话框，设置数据源区域及放置数据透视表的位置，如图 4-219 所示。

Step2：单击"确定"按钮，效果如图 4-220 所示。

Step3：在数据透视表中添加字段。将系、性别字段拖动到"行"处，将基本工资、岗位工资、补贴、房租、实发工资字段拖动到"Σ数值"处，如图 4-221 所示。

Step4：在"Σ数值"处单击第一项按钮，在弹出的级联菜单中选择"值字段设置"命令，弹出"值字段设置"对话框，在"汇总方式"选项卡中选择值汇总方式为"平均值"，如图 4-222 所示。其他项同样设置。最后的结果如图 4-223 所示。

可以在"行"和"列"中任意拖动，改变各字段的顺序，以显示不同的汇总结果。

4.9.2 数据安全

1. 对单元格和表数据的写保护

1）对单元格的输入信息进行有效性检测

见 4.4.6 节的内容。

2）设置单元格的锁定属性，以保护存入单元格的内容不能被改写

Step1：选定需要锁定的单元格或单元格集合。

Step2：单击"审阅"选项卡下的"保护工作表"按钮。

图 4-219 创建数据透视表相关设置

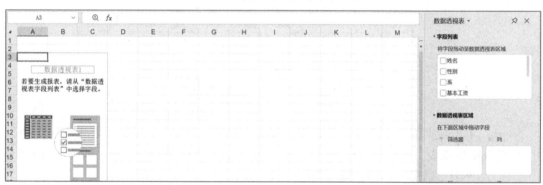

图 4-220 待添加字段的数据透视表

图 4-221 更改字段的汇总方式

图 4-222 设置汇总方式为"平均值"

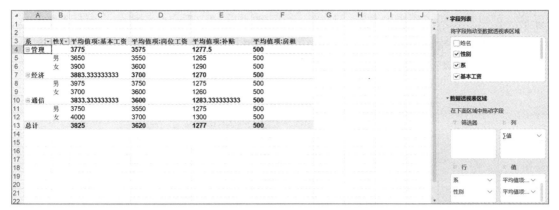

系	性别	平均值项:基本工资	平均值项:岗位工资	平均值项:补贴	平均值项:房租
管理		3775	3575	1277.5	500
	男	3650	3550	1265	500
	女	3900	3600	1290	500
经济		3883.333333333	3700	1270	500
	男	3975	3750	1275	500
	女	3700	3650	1260	500
通信		3833.333333333	3600	1283.333333333	500
	男	3750	3550	1275	500
	女	4000	3700	1300	500
总计		3825	3620	1277	500

图 4-223　创建的数据透视表的最后结果

Step3：在"密码（可选）"框中输入密码，并单击"确定"按钮。

Step4：再次在"确认密码"框中输入 Step3 中的密码，并单击"确定"按钮。完成对单元格的锁定设置。

Step5：当对被锁定的数据进行编辑时，便会发出警告，如图 4-224 所示。

图 4-224　单元格的锁定

2．保护工作簿数据

可以设置工作簿的修改权限、设置以密码打开工作簿等方法来保护工作簿。

1）设置工作簿的修改权限

Step1：在"审阅"选项卡中单击"保护工作簿"按钮。

Step2：在"密码（可选）"框中输入密码，并单击"确定"按钮。

Step3：再次在"确认密码"框中输入 Step2 中的密码，并单击"确定"按钮。完成对单元格的锁定设置。在"确认密码"框中再次输入并单击"确定"按钮，此时完成了对工作簿结构的保护。可以禁止对工作表的删除、移动、隐藏/取消隐藏、重命名等操作，而且不能插入新的工作表。选中"窗口"复选框，则保护工作簿的窗口不被移动、缩放、隐藏/取消隐藏或关闭，如图4-225所示。

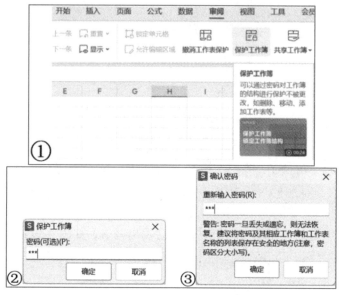

图 4-225　工作簿修改权限设置

2）设置以密码方式打开工作簿

Step1：打开需要设置密码的工作簿。

Step2：选择"文件 → 另存为"命令，弹出"另存为"对话框，单击"左下角"按钮下的"加密"。

Step3：在弹出的对话框中设置"打开权限"和"编辑权限"的密码，如图4-226所示。

Step4：单击"确定"按钮即可。

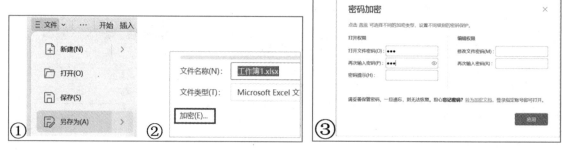

图 4-226　工作簿打开、修改权限的设置

4.10　WPS 表格 AI

WPS 表格 AI 是 WPS Office 的一项智能功能，利用人工智能和大数据技术，帮助用户更高效地处理表格数据。WPS 表格 AI 提供快速生成函数公式和设置条件格式的功能，对于需要使用公式或设置条件格式的单元格，WPS 表格 AI 可以自动填充公式或设置条件格式，减

少用户的手动操作量，提高工作效率。

1．AI写公式

WPS表格的AI写公式通过简单的指令或描述，理解用户的需求并生成相应的公式，从而大大简化了公式的创建过程，提高工作效率。

【例4-27】 如图4-227所示的数据为中国近5年货物进出口总额。利用AI写公式计算历年的"进出口总额""进出口差额""出口总额""进口总额""进出口总额""进出口差额"的最大值。

指标(人民币)(亿元)	2023年	2022年	2021年	2020年	2019年	最大值
中国近5年货物进出口总额						
出口总额	237725.9	237411.5	214255.2	179278.8	172373.6	
进口总额	179842.4	180600.1	173159.4	142936.4	143253.7	
进出口总额						
进出口差额						
注：1.进出口数据来源于海关总署。1978年为外贸业务统计数，1980年起为海关进出口统计数。						
2.货物进出口差额负数为逆差。						
数据来源：国家统计局						

图4-227　中国近5年货物进出口总额数据表

1）计算"进出口总额"

Step1：选中B5单元格，单击菜单栏的"WPS AI"，在弹出的列表中选择"AI写公式"。

Step2：在弹出的对话框的搜索栏中输入"计算B3和B4的和"，如图4-228所示。

图4-228　输入公式描述

Step3：单击▶按钮，在弹出的对话框中单击"完成"按钮，即可在B5单元格中得到B3和B4单元格的数值的和，如图4-229所示。若不使用AI生成的公式，则单击"弃用"按钮；若需要再次提问，则单击"重新提问"按钮。

同样，可以得到2019年至2022年"进出口总额"的值。

2）计算"进出口差额"

Step1：选中B6单元格，启动"AI写公式"。

2023年	2022年	2021年	2020年	201
237725.9	237411.5	214255.2	179278.8	1723
179842.4	180600.1	173159.4	142936.4	1432
417568.3				

提问：计算B3和B4的和

=SUM(B3,B4)

▶ fx 对公式的解释   ↻   ▷ 函数教学视频

AI生成信息仅供参考，请注意甄别信息准确性

图 4-229　选择结果

Step2：在弹出的对话框的搜索栏中输入"计算 B3 和 B4 的差"。

Step3：单击▶按钮，在弹出的对话框中单击"完成"按钮，即可在 B6 单元格中得到 B3 和 B4 单元格的数值的差，如图 4-230 所示。若不使用 AI 生成的公式，则单击"弃用"按钮；若需要再次提问，则单击"重新提问"按钮。

2023年	2022年	2021年	2020年	2019
237725.9	237411.5	214255.2	179278.8	1723
179842.4	180600.1	173159.4	142936.4	1432
417568.3				
57883.5				

提问：计算B3和B4的差

=ABS(B3-B4)

▶ fx 对公式的解释   ↻   ▷ 函数教学视频

AI生成信息仅供参考，请注意甄别信息准确性

图 4-230　选择结果（一）

同样，可以得到 2019 年至 2022 年"进出口差额"的值。

3）计算出口总额、进口总额、进出口总额、进出口差额的最大值

Step1：选中 G6 单元格，启动"AI 写公式"。

Step2：在弹出的对话框的搜索栏中输入"计算 B3:F3 的最大值"。

Step3：单击▶按钮，在弹出的对话框中单击"完成"按钮，即可在 G3 单元格中得到"出口总额"的最大值，如图 4-231 所示。若不使用 AI 生成的公式，则单击"弃用"按钮；若需要再次提问，则单击"重新提问"按钮。

同样，可以得到"进口总额""进出口总额""进出口差额"的最大值。

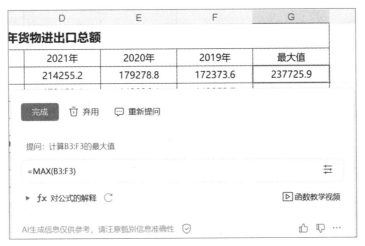

图 4-231　选择结果（二）

2. AI 条件格式

WPS 表格的 AI 条件格式功能可以通过简单的指令或描述，理解用户的需求自动应用格式，从而大大简化条件格式的设置过程，提高工作效率。

【例 4-28】 对于如图 4-232 所示的表格，利用 AI 条件格式为“进出口总额”设置数据条格式，为“进出口差额”的最小值标记颜色。

	A	B	C	D	E	F	G
1	中国近5年货物进出口总额						
2	指标(人民币)(亿元)	2023年	2022年	2021年	2020年	2019年	最大值
3	出口总额	237725.9	237411.5	214255.2	179278.8	172373.6	237725.9
4	进口总额	179842.4	180600.1	173159.4	142936.4	143253.7	180600.1
5	进出口总额	417568.3	418011.6	387414.6	322215.2	315627.3	418011.6
6	进出口差额	57883.5	56811.4	41095.8	36342.4	29119.9	57883.5
7	注：1.进出口数据来源于海关总署。1978年为外贸业务统计数，1980年起为海关进出口统计数。						
8	2.货物进出口差额负数为逆差。						
9	数据来源：国家统计局						

图 4-232　原始表格

1）为“进出口总额”设置数据条格式

Step1：单击菜单栏的“WPS AI”，然后选择“AI 条件格式”。

Step2：在弹出的对话框的搜索栏中输入“为 B5:F5 设置数据条”，如图 4-233 所示。

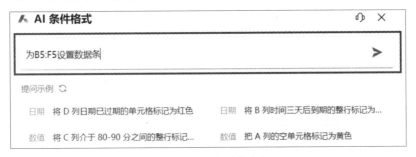

图 4-233　输入条件格式描述

Step3：单击➤按钮，弹出“AI 条件格式”对话框，确认设置区域和选择数据条颜色，如

图 4-234 所示。

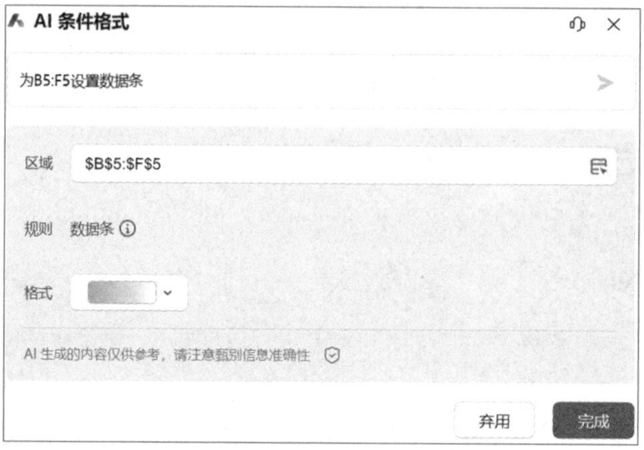

图 4-234　确认设置区域和选择数据条颜色

Step4：单击"完成"按钮，即可在 B5:F5 单元格区域中显示数据条，如图 4-235 所示。

	A	B	C	D	E	F	G
1		中国近5年货物进出口总额					
2	指标(人民币)(亿元)	2023年	2022年	2021年	2020年	2019年	最大值
3	出口总额	237725.9	237411.5	214255.2	179278.8	172373.6	237725.9
4	进口总额	179842.4	180600.1	173159.4	142936.4	143253.7	180600.1
5	进出口总额	417568.3	418011.6	387414.6	322215.2	315627.3	418011.6
6	进出口差额	57883.5	56811.4	41095.8	36342.4	29119.9	57883.5
7	注：1.进出口数据来源于海关总署。1978年为外贸业务统计数，1980年起为海关进出口统计数。						
8	2.货物进出口差额负数为逆差。						
9	数据来源：国家统计局						

图 4-235　设置数据条效果

2）为"进出口差额"的最小值标记颜色

Step1：启动"AI 条件格式"。

Step2：在弹出的对话框的搜索栏中输入"为 B6:F6 的最小值标记为黄色"。

Step3：单击 ➤ 按钮，弹出"AI 条件格式"对话框，从中确认设置区域、规则和格式等，如图 4-236 所示。

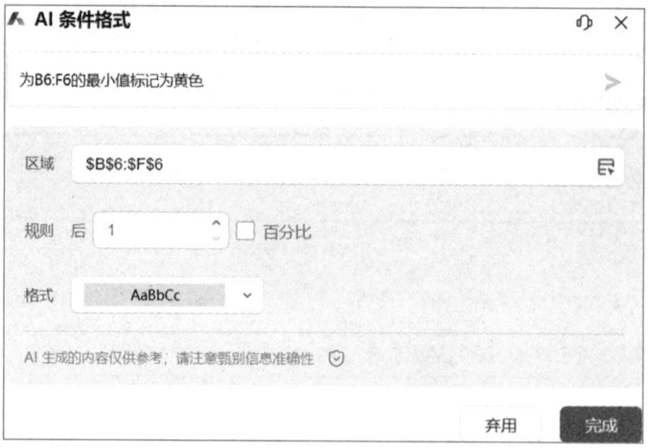

图 4-236　确认设置区域、规则和格式

Step4：单击"完成"按钮，则"进出口差额"的最小值标记为黄色，如图 4-237 所示。

▲	A	B	C	D	E	F	G
1	中国近5年货物进出口总额						
2	指标(人民币)(亿元)	2023年	2022年	2021年	2020年	2019年	最大值
3	出口总额	237725.9	237411.5	214255.2	179278.8	172373.6	237725.9
4	进口总额	179842.4	180600.1	173159.4	142936.4	143253.7	180600.1
5	进出口总额	417568.3	418011.6	387414.6	322215.2	315627.3	418011.6
6	进出口差额	57883.5	56811.4	41095.8	36342.4	29119.9	57883.5
7	注：1.进出口数据来源于海关总署。1978年为外贸业务统计数，1980年起为海关进出口统计数。						
8	2.货物进出口差额负数为逆差。						
9	数据来源：国家统计局						

图 4-237 标记颜色效果

本章小结

WPS 表格适合用于处理大量的数据，用户不仅可以轻松处理大量的数据，还能通过数据表生成各种具有直观效果的图表。

本章介绍了 WPS 表格的主要功能，包括：WPS 表格的基本操作、数据的输入与编辑、工作表的管理与美化、数据的筛选与排序、数据的汇总与分级显示、常用的公式及函数的使用、图表的创建与编辑、WPS 表格高级功能（如数据透视表、数据安全），以及 WPS 表格 AI。

通过本章学习，读者可以利用 WPS 表格对数据进行有效处理。

第 5 章

WPS 演示设计

WPS 演示是 WPS Office 工具软件包中的重要组件之一。WPS 演示是一款用于制作和演示幻灯片的软件，可以快速地创建并制作出极具感染力的动态演示文稿。随着计算机的普及，演示文稿的用途越来越广泛，更多的用户能够使用 WPS 演示制作出精美的演示文稿，在各种演示中使用精美的演示文稿进行演示。本章介绍使用 WPS 演示制作演示文稿的基本知识，并通过相关实例，深入介绍在实际中的应用。

WPS 演示的用途十分广泛，其常见用途如下。

❖ 制作报告：使用 WPS 演示可以制作各种报告，如总结报告或项目报告等。

❖ 产品介绍：WPS 演示常用于制作产品介绍的演示文稿。

❖ 教学课件：在教育教学中，教师通过 WPS 演示制作教学课件进行演示或课堂讲解。

❖ 宣传活动：在商务展示会上，常常可以看到通过演示文稿进行的宣传。

❖ 会议简报：通过制作的演示文稿体现会议内容，这样更直观，更突出重点。

WPS 演示是制作和演示幻灯片的应用软件，将所要表达的信息组织在一组图文并茂的幻灯片中。利用 WPS 演示制作的文件叫演示文稿，在 WPS 演示中制作的演示文稿以 .pptx 为文件扩展名。演示文稿的每一张也叫幻灯片，每张幻灯片都是演示文稿中既相互独立又相互联系的内容。

5.1 WPS 演示的基础知识

5.1.1 WPS 演示的启动和退出

启动 WPS 演示的方法有多种，可以在"开始"菜单中选择"所有程序 → WPS Office 教育版 → WPS 演示"，或者双击桌面的 WPS Office 的快捷方式。相比而言，后者更方便、快捷。如果桌面上没有 WPS Office 的快捷方式，可以进行创建。

不需要使用 WPS 时，可以采用如下方法之一退出 WPS。

❖ 直接单击 WPS 窗口右上角的"关闭"按钮。

❖ 单击 WPS 窗口左上角的"文件"按钮，在弹出的菜单中单击"退出"按钮。

❖ 在 WPS 的标题栏上右击，在弹出的快捷菜单中选择"关闭"命令。

❖ 按组合键 Alt+F4。

5.1.2 WPS 演示的工作界面

WPS 演示的工作界面如图 5-1 所示。

① "文件"按钮：包含文档的新建、保存、输出等命令，包含打印、文档加密、选项等设置。

② 选项卡：单击相应的按钮，可打开相应的选项卡，不同的选项卡为用户提供了不同的操作设置选项。

③ 功能区：单击相应的按钮，可进行相应的操作。

④ 快速访问工具栏：集成了多个常用的按钮，在默认状态下包括"保存""撤销""恢复"按钮，用户可以自定义修改。

图 5-1　WPS 演示的工作界面

⑤ 视图按钮：单击需要显示的视图类型按钮，可切换到相应的视图方式下，对演示文稿进行查看。

⑥ 幻灯片浏览窗格：显示幻灯片或幻灯片文本的缩略图，从中可以对幻灯片进行预览、移动、添加、删除等操作。

⑦ 备注窗格：添加与幻灯片内容相关的备注，供演讲者演示文稿时参考使用。

⑧ 大纲/幻灯片窗格：显示当前幻灯片和大纲，用户可以从中对幻灯片内容进行编辑。

在 WPS 演示中，如果选中文稿中的某对象进行操作，功能区会自动激活相应的选项卡。如在某张幻灯片中输入文字，可以发现功能区的"绘图工具 → 格式"选项卡被激活，这时可以利用其中的相关按钮进行操作，如图 5-2 所示。

图 5-2　相关功能区的选项卡被激活

5.1.3　WPS 演示的视图方式

在 WPS 演示中，用户与计算机的交互工作环境称为"视图"，"视图"就是一种工作界面。为了便于演示文稿的编排，WPS 演示根据不同的操作提供了不同的视图方式，分别是普通视图、幻灯片浏览视图、备注页视图和阅读视图。选择"视图"选项卡，在"演示文稿视图"组中分别单击"普通""幻灯片浏览""备注页""阅读视图"，即可切换相应的视图方式，也可以使用 WPS 演示窗口右下角的功能按钮进行视图间的切换。

1．普通视图

普通视图是主要的编辑视图，可用于撰写或设计演示文稿。普通视图是 WPS 演示的默认视图，主要由幻灯片导航区、幻灯片编辑区和备注窗格等组成，如图 5-3 所示。

图 5-3　普通视图

① 幻灯片导航区：位于窗口左侧，包括幻灯片选项卡和大纲选项卡，可以方便地浏览演示文稿大纲和幻灯片缩略图，并观看更改的设计效果，在"幻灯片"选项卡中还可以快速地添加、删除、移动幻灯片。

② 幻灯片编辑区：位于窗口右侧区域，显示幻灯片的全貌，是 WPS 演示的工作区，从中完成对幻灯片的大多数编辑操作，如添加文本、插入图片、文本框、影音文件、超链接等。

③ 备注窗格：位于窗口底部，可以输入对当前幻灯片的备注说明，在放映演示文稿时将备注内容作为参考资料。备注也可以打印。

> 不要小看普通视图中的备注窗格，从中可以添加当前幻灯片的备注。此后，不仅可以使用备注页视图查看幻灯片和对应的备注内容，还可以在播放演示文稿时设置在计算机上显示幻灯片备注，而在投影仪上显示全屏的幻灯片，这样有助于演讲者轻松地完成演示。

2．幻灯片浏览视图

幻灯片浏览视图（如图 5-4 所示）是一个幻灯片整体展示环境，其中所有幻灯片以缩略图形式排列在屏幕上，包括幻灯片文字、图形等全部内容，便于用户在准备打印幻灯片时方便地对幻灯片的顺序进行排列和组织。在幻灯片浏览视图下可以完成以下操作。

❖ 更改幻灯片顺序：选择一个或多个幻灯片缩略图，用鼠标拖动至新位置。

❖ 删除幻灯片：选择待删除的一个或多个幻灯片缩略图，按 Delete 键。

❖ 复制幻灯片：选择要复制的幻灯片，单击"复制"和"粘贴"按钮，或者按住 Ctrl 键并拖动鼠标。

3．备注页视图

备注页视图是指在"备注"窗格中输入备注的视图，分为上、下两部分（如图 5-5 所示）。上半部分为幻灯片的缩略图，下半部分是备注页编辑区。备注页中既可以插入文本，也可以插入图片等其他对象信息。

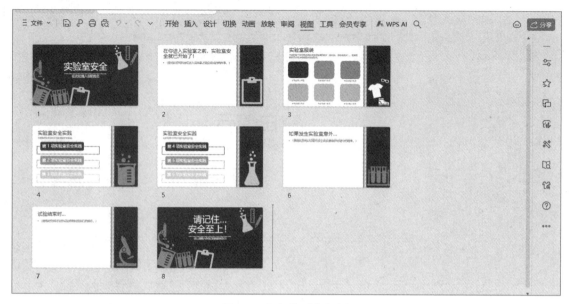

图 5-4　幻灯片浏览视图

图 5-5　备注页视图

4．阅读视图

阅读视图以全屏模式显示演示文稿，这有助于专注演示文稿的内容。

5.1.4　WPS 演示的辅助功能

在对幻灯片中的对象进行编辑时，WPS 演示提供了一系列可选的辅助功能，如标尺、网格线、参考线、颜色/灰度等，可以帮助用户更好地对幻灯片中的元素对象进行定位或对齐。

1．标尺

"标尺"功能可以用来控制和调整幻灯片中各元素的位置。如果在 WPS 演示窗口中没有显示标尺，可以在"视图"选项卡下勾选"显示"组中的"标尺"复选框，标尺将显示在程序窗口中。如果要隐藏标尺，取消勾选即可。

2．网格线和参考线

在 WPS 演示的幻灯片中，网格线和参考线可以辅助用户更精确地对齐对象。网格线和参考线可以选择显示和隐藏。参考线可以添加或删除，还可以进行拖动。当演示文稿进行演示时，网格线和参考线并不出现。显示/隐藏网格线的方法与标尺的类似，勾选"网格线"复选框即可（如图 5-6 所示）。

图 5-6　标尺、网格线和参考线

下面介绍设置网格线和参考线的方法：在视图选项卡单击"网格线和参考线"按钮，或者在"幻灯片"窗格中，右击幻灯片，在弹出的快捷菜单中选择"网格线和参考线"命令，打开"网格线和参考线"对话框（如图 5-7 所示）；在"网格设置"选项组中设置间距，并勾选"屏幕上显示网格"复选框和"屏幕上显示绘图参考线"复选框，最后单击"确定"按钮，此时幻灯片中即显示了网格线和参考线。

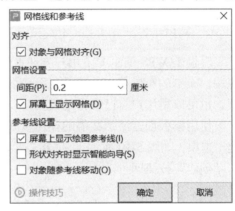

将鼠标置于水平（竖直）参考线上，上下（左右）拖动，即可调整参考线的位置。在拖动参考线时，会出现一个数字指示，使用户能够了解标尺的位置。如果在拖动参考线时按住 Ctrl 键（复制参考线），可以创建额外的参考线组。最多有 8 条水平和垂直参考线，全都显示于用户指定的位置上。显示/隐藏参考线的组合键是 Alt+F9。

图 5-7　"网格线和参考线"对话框

5.2　WPS 演示文稿的基本操作

下面介绍如何在 WPS 演示中创建演示文稿，如何打开、保存和关闭演示文稿。

5.2.1　创建演示文稿

演示文稿是由一系列幻灯片组成的，多张幻灯片就组成了一个完整的演示文稿。要制作演示文稿，先要创建演示文稿。WPS 演示提供了多种创建演示文稿的途径，根据不同的需要选取不同的途径，从而方便、快捷地制作出最满意的演示文稿。

1．创建空白演示文稿

在启动并进入 WPS 演示时，会自动新建一份空白的演示文稿。空白演示文稿是指没有使用过、没有任何信息和内容的演示文稿。这时幻灯片的编辑区提示"单击此处输入副标题"

（如图 5-8 所示），单击即可新建一张空白的幻灯片。

在 WPS 演示中创建空白演示文稿还有以下 2 种方法。

方法 1：在打开的 WPS 演示界面下，通过组合键创建。按 Ctrl+N 组合键，即可创建一个新的演示文稿。

方法 2：通过"首页"菜单创建。单击窗口左上角的"首页"按钮，然后选择左列"新建"选项，单击"新建空白演示"，即可创建一篇新的空白演示文稿，如图 5-9 所示。

图 5-8　空白演示页

图 5-9　创建空白演示文稿

2．利用模板创建演示文稿

模板是 WPS 演示为了用户方便地创建出统一风格（如对象的搭配、色彩的设置、主题的应用、文本的布局等）的演示文稿而设计的。WPS 演示提供了多种模板，可以是已安装的模板，也可以是用户自己设计的模板。

使用模板创建演示文稿的操作步骤如下：在"文件"菜单中选择"新建 → 从默认模板新建"选项（如图 5-10 所示），打开"默认模板新建"对话框，从中选择需要的模板类型，再单击"创建"按钮即可。

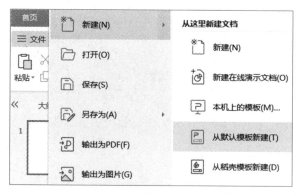

图 5-10　利用模板创建演示文稿

3．使用在线模板创建演示文稿

除了已经安装的模板和用户自定义的模板，WPS 演示还提供了在线模板。用户可以通过搜索框下载需要的模板，快速创建相应的演示文稿。

Step1：选择模板类型。在"文件"菜单中选择"新建"选项。

Step2：在搜索框中搜索"免费模板"，在搜索结果中选择任意一个。

Step3：下载模板。选择该模板后，可以预览效果（如图 5-11 所示），单击"立即登录下载"按钮即可。

图 5-11　下载选定模板

在实际操作中，如果需要直接在某指定文件夹中创建一个演示文稿，如何快速操作？打开需要创建演示文稿的文件夹，在空白处单击右键，在弹出的快捷菜单中选择"新建 → PPT 演示文稿"命令，即可从中创建一篇演示文稿，再进行文件的命名即可。

5.2.2　保存演示文稿

在 WPS 演示中，演示文稿临时存放在计算机的内存中。如果出现断电、计算机故障或其他意外，就会导致文件丢失。因此，创建演示文稿后，应及时将其保存。同时，保存演示文稿也方便以后使用。

在创建、编辑或修改了演示文稿后，必须手动保存演示文稿。WPS 演示不仅提供了保存功能，还提供了"另存为"功能。

1．保存新建的演示文稿

对于新建的演示文稿，保存步骤如下。

Step1：执行下列操作之一，打开"另存为"对话框：
❖ 单击快速访问工具栏的"保存"按钮。
❖ 在"文件"菜单中选择"保存"选项。
❖ 按 Ctrl+S 组合键。

Step2：在弹出的"另存为"对话框中选择要保存的位置，在"文件名称"中输入文件名，在"文件类型"中选择保存的类型，如图 5-12 所示，然后单击"保存"按钮。

在选择保存位置时，选择合适的保存路径有助于以后能快速找到演示文稿。另外，在 WPS 演示中进行保存时，"另存为"对话框中提供了多种文件类型，用户可根据实际需要选择。

图 5-12 保存新建的演示文稿

2. 保存打开并修改后的演示文稿

对于打开并修改后保存在原位置的演示文稿，按照保存新建的演示文稿的 Step1 后，不会再弹出"另存为"对话框，而是按照文件之前的位置、名称和类型保存。

如果对已有演示文稿进行修改后，希望原演示文稿内容不变，而另存为一篇新的演示文稿，就可执行以下步骤。

Step1：在"文件"菜单中选择"另存为"命令，打开"另存为"对话框。

Step2：根据需要，重新设置文件名称、文件类型或保存位置，然后单击"保存"按钮。

3. 设置文件访问密码

用户可以使用密码阻止其他人打开或者修改 WPS 演示文稿，使用密码保护可以仅让授权的审阅者才能查看和修改内容。保护演示文稿的方法有以下两种。

❖ 利用"加密文档"命令：选择"文件 → 文档加密 → 密码加密"菜单命令，弹出"密码加密"对话框（如图 5-13 所示），输入密码后单击"应用"按钮即可。

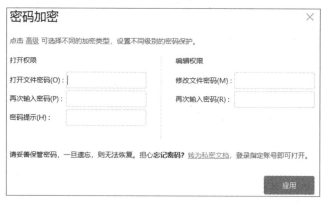

图 5-13 "密码加密"对话框

❖ 利用"另存为"命令：选择"文件 → 另存为"菜单命令，弹出"另存为"对话框，单击"加密"按钮，然后在弹出的"密码加密"对话框中设置即可。

5.2.3　打开和关闭演示文稿

1. 打开演示文稿

对于已经编辑好的演示文稿，可能需要对其中的内容进行查看或修改。在进行这些操作之前，需要先打开演示文稿，打开演示文稿的常见方法有以下 3 种：

- ❖ 找到要打开的演示文稿文件，双击文件图标，即可打开演示文稿。
- ❖ 通过 WPS 的"打开"对话框打开。选择"文件 → 打开"菜单命令（组合键 Ctrl+O ），在"打开"对话框的"查找范围"下拉列表中选择要打开演示文稿所在的位置，然后选择要打开的演示文稿，再单击"打开"按钮，即可打开演示文稿。
- ❖ 对于查看最近编辑过的演示文稿，选择"文件 → 最近所用文件"菜单命令，即可看到最近编辑过的文稿，单击之即可将其打开。

2. 关闭演示文稿

关闭演示文稿与退出 WPS Office 是有区别的，关闭演示文稿只是退出当前演示文稿的编辑状态，而不是退出 WPS Office 的程序。可以采用以下几种方法之一关闭演示文稿：

- ❖ 选择"文件 → 关闭"菜单命令（关闭演示文稿）。
- ❖ 在标题栏上单击右键，在弹出的快捷菜单中选择"关闭"命令（关闭演示文稿）。
- ❖ 单击窗口右上角的"关闭"按钮（直接退出 WPS Office ）。
- ❖ 按 Alt+F4 组合键，可以关闭当前的演示文稿窗口（直接退出 WPS Office ）。

如果没有保存而直接关闭演示文稿，WPS 演示会在关闭前弹出提示对话框，询问用户是否保存该演示文稿，单击"是"按钮，则保存后才关闭演示文稿；单击"否"按钮，则不保存修改内容，直接关闭该演示文稿；单击"取消"按钮，则取消关闭操作，返回演示文稿的编辑环境。

5.2.4　打印演示文稿

在 WPS 演示中创建的演示文稿既可以以幻灯片的形式放映，也可以直接在计算机上浏览。但在实际操作中，用户经常需要将演示文稿以黑白、灰度或者彩色的模式打印出来，方便其他用户使用，如打印幻灯片、备注页和讲义等。

1. 页面设置

幻灯片的页面设置决定了幻灯片、备注页、讲义及大纲在屏幕和打印纸上的尺寸和方向，用户可以改变这些设置。

Step1：打开要设置页面的演示文稿，单击"设计"选项卡的"页面设置"按钮，出现"页面设置"对话框（如图 5-14 所示）。

Step2：在"幻灯片大小"下拉列表中选择幻灯片的打印尺寸，如"宽屏""A4 纸张""35毫米幻灯片"等。若选择"自定义"，则在"宽度"和"高度"框中输入具体的数值。

Step3：在"幻灯片编号起始值"框中输入幻灯片编号的起始值，一般保留默认值 1。

Step4：分别设置幻灯片、备注、讲义和大纲的方向，然后单击"确定"按钮。

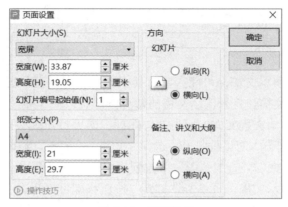

图 5-14　页面设置

2．打印预览

演示文稿在打印前可以预览。可以利用打印预览的设置，在预览状态下再次设置页面。选择"文件 → 打印 → 打印预览"菜单命令（或者单击快捷工具栏的"打印预览"按钮），出现"打印预览"对话框（如图 5-15 所示），在"打印设置"组中选择要打印的设置，可预览相关效果。如果预览后发现页面设置已经满足要求，可以直接单击"打印"按钮。

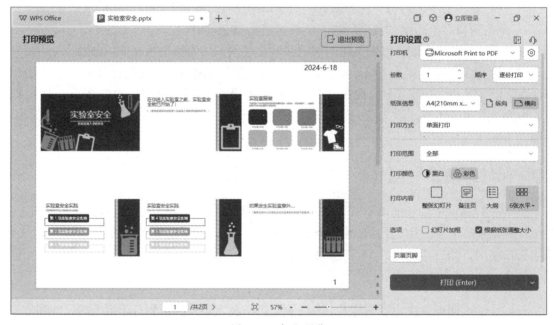

图 5-15　打印预览

3．进行打印

完成幻灯片的页面设置后，如果不需要再进行修改或预览，可以进行打印。

Step1：单击快捷工具栏"打印"按钮，即可打开"打印"对话框（如图 5-16 所示）。

Step2：在"打印机"栏下选择所需的打印机。

Step3：在"打印范围"组中可以选择"全部""当前幻灯片""选定幻灯片"。

Step4：单击"打印内容"列表框的下拉箭头，可以选择打印版式（如"幻灯片""讲义""备注页""大纲"），在"讲义"组中可以指定每页的幻灯片数和排列的顺序等。

图 5-16　打印设置

Step5：在"颜色"下拉列表中可以选择"颜色"或者"纯黑白"。

5.3　幻灯片的基本操作

演示文稿由一系列幻灯片组成，一份精美的演示文稿由一张张精美的幻灯片组合而成。幻灯片包含在演示文稿中，所有文本、图片、动画、多媒体等都在幻灯片中进行处理。幻灯片的基本操作包括选择幻灯片、新建幻灯片、复制幻灯片、移动幻灯片、删除幻灯片、隐藏幻灯片等。

5.3.1　选择幻灯片

在对幻灯片进行编辑和各种操作前需要先选择该幻灯片。选择幻灯片有以下 3 种方法。

❖ 选择一张幻灯片：单击要选择的幻灯片，即为选中。

❖ 选择多张连续的幻灯片：单击要选择的多张幻灯片的第一张，按住 Shift 键再单击最后一张，即可选择从第一张到最后一张中的所有幻灯片。

❖ 选择多张不连续的幻灯片：按住 Ctrl 键，单击不同的幻灯片，可选择多张连续或不连续的幻灯片。如果在选择的过程中错误地选择了某张幻灯片，在按住 Ctrl 键的同时单击此幻灯片即可取消选择。

5.3.2　新建幻灯片

启动 WPS 演示创建一个空白演示文稿时，会在该演示文稿中自动生成一张幻灯片，演示文稿一般包含多张幻灯片。在制作演示文稿时，可根据需要添加幻灯片。

新建幻灯片有以下几种方法。

1）通过菜单操作新建幻灯片

在"幻灯片"选项卡中选择需要添加幻灯片的位置，然后在功能区中选择"开始"选项卡的"幻灯片"组的"新建幻灯片"按钮，可以新建幻灯片。

"新建幻灯片"按钮有两种用法：

❖ 如果单击幻灯片图标所在的按钮的上部，会立即在"幻灯片"选项卡中所选幻灯片的下面添加一个新幻灯片。

❖ 如果单击该按钮的下部，将获得幻灯片版式库（如图 5-17 所示）。选择一个版式后，将插入该版式的幻灯片。

图 5-17　新建幻灯片

2）在幻灯片选项卡中添加幻灯片

在幻灯片窗格中找到需要新建幻灯片的位置，出现闪烁的直线后，单击右键，在弹出的快捷菜单中选择"新建幻灯片"命令，即插入一张新的幻灯片。也可以按 Enter 键来实现添加幻灯片的效果。

5.3.3　复制幻灯片

编辑演示文稿时，有时需要制作相同的一些幻灯片，此时用户可以进行幻灯片的复制操作，提高幻灯片的编辑速度。

如果需要对演示文稿中的幻灯片进行复制操作，可以单击"开始"选项卡的"复制"和"粘贴"按钮进行操作。用户还可以使用其他方法进行幻灯片的复制操作，如利用右键单击弹出的快捷菜单的"复制"和"粘贴"命令。

Step1：右击要复制的幻灯片，在弹出的快捷菜单中选择"复制"命令。

Step2：右击幻灯片要复制到的位置，在弹出的快捷菜单中选择"粘贴"命令。

用户可以在同一文稿中复制幻灯片，也可在不同演示文稿之间复制幻灯片。

> 在幻灯片窗格中选择准备复制的幻灯片，按组合键 Ctrl+C，可以快速复制所选择的幻灯片。在准备粘贴的位置按组合键 Ctrl+V，可以快速粘贴所复制的幻灯片。

在默认情况下，将幻灯片粘贴到演示文稿中的新位置时，会继承前面的幻灯片的主题。但是，如果从使用不同主题的其他演示文稿复制幻灯片，当用户将该幻灯片粘贴到其他演示文稿中时，就可以保留该主题。要更改此格式设置，使粘贴的幻灯片不继承它前面的幻灯片的主题，可以选择"开始 → 匹配当前格式"按钮，如图 5-18 所示。

图 5-18　粘贴幻灯片

在将幻灯片粘贴到演示文稿中的新位置时，"粘贴选项"按钮在"普通"视图中通常显示在"大纲"或"幻灯片"选项卡上粘贴的幻灯片旁边，或显示在"幻灯片"窗格中。用户可以使用"粘贴选项"按钮控制内容在粘贴后的显示方式（也称为粘贴恢复）。

如果粘贴幻灯片后看不到"粘贴选项"按钮，可能是因为以下原因之一：

❖ 通过"选择性粘贴"（位于"开始"选项卡的"剪贴板"部分）进行粘贴。为了查看粘贴选项，必须使用"剪切"或"复制"和"粘贴"命令，或者通过剪贴板进行复制和粘贴。

❖ 粘贴了一组来自其他程序的对象。所粘贴幻灯片的源格式与目标格式之间没有差异。

5.3.4　移动幻灯片

在制作演示文稿的过程中，如果发现某位置的幻灯片需要根据设计的内容进行位置的调整时，可以将幻灯片进行移动到合适位置。

Step1：在幻灯片缩略图上单击要移动的幻灯片，按住鼠标左键，将幻灯片拖动到合适的位置。

Step2：释放鼠标左键完成操作，原位置幻灯片消失，被移动到新位置，如图 5-19 所示。

图 5-19　移动幻灯片

另外，"剪切"选项可以实现幻灯片的移动。在需要移动的幻灯片上单击右键，在弹出的快捷菜单中选择"剪切"命令，或通过 Ctrl+X 组合键将该幻灯片进行剪切处理，然后在新位置单击右键，在弹出的快捷菜单中选择"粘贴"命令或通过 Ctrl+V 组合键进行粘贴，也实现了幻灯片的移动。

上述操作过程在普通视图和幻灯片浏览视图下都可以使用，而且可以同时选中多张幻灯片进行移动。

5.3.5　删除幻灯片

在进行演示文稿的编辑整理时，若发现一些不满意或不必要的幻灯片，则需要将这些幻灯片删除。删除幻灯片有以下两种方法：

❖ 右击要删除的幻灯片，从弹出的快捷菜单中选择"删除幻灯片"命令。

❖ 选择要删除的幻灯片，按 Delete 键。

5.3.6　隐藏幻灯片

在幻灯片编辑的过程中，如果需要将一张幻灯片放在演示文稿中，却不希望它在幻灯片放映时出现，就可以隐藏该幻灯片。如果向演示文稿中添加了为同一个主题提供不同详细程度的内容的幻灯片（可能面向不同的观众），用户可以将这些幻灯片标记为隐藏，以便它们不显示在主幻灯片放映中，但仍可以在需要时访问它们。

例如，某位观众可能要求演讲者更详细地解释某项目的内容，演讲者可以显示包含相关详细信息的隐藏幻灯片。但是，如果时间有限并且观众能够领会演讲者讲述的概念，演讲者可以将包含这些辅助信息的幻灯片隐藏起来，以便继续演示，而不让观众感觉跳过了这些幻灯片。

> 隐藏的幻灯片是仍然留在文件中的，用户可以对演示文稿中的任何幻灯片分别打开或关闭"隐藏幻灯片"选项。

要隐藏幻灯片，可以右击要隐藏的幻灯片，在弹出的快捷菜单中选择"隐藏幻灯片"命令，这样隐藏幻灯片图标就显示在隐藏的幻灯片的左上方，图标内部有幻灯片编号。要显示以前隐藏的幻灯片，则右击要显示的幻灯片，然后选择"隐藏幻灯片"命令即可。

除了上述方法，还可以在"幻灯片放映"选项卡的"设置"组中单击"隐藏幻灯片"按钮，实现对幻灯片进行隐藏或显示操作，如图 5-20 所示。

如果正在查看幻灯片放映视图，并且决定要显示以前隐藏的幻灯片，就可以右击当前幻灯片，然后在弹出的快捷菜单中选择"定位至幻灯片"命令，再单击要放映的幻灯片。

5.3.7　重用幻灯片

在 WPS 演示中，可以在当前演示文稿中插入另一个演示文稿的部分或全部幻灯片。

Step1：打开要向其中添加幻灯片的演示文稿，在左侧选择"幻灯片"窗格，然后单击需要添加幻灯片的位置。

Step2：在"开始"选项卡的"幻灯片"组中单击"新建幻灯片"，然后选择"重用幻灯片"，窗口的右侧出现"重用幻灯片"任务窗格（如图 5-21 所示）。

图 5-20　隐藏/显示幻灯片

图 5-21　重用幻灯片

Step3：单击"请选择文件"按钮，弹出"选择文件"对话框。

Step4：找到并单击包含所需幻灯片的演示文稿文件，然后单击"打开"按钮。

Step5："重用幻灯片"窗格中将显示来自所选演示文稿的幻灯片的缩略图，将指针停留在缩略图上，可以预览其效果。如果希望向目标演示文档中添加的幻灯片保留原始演示文稿的格式，可在将该幻灯片添加至目标演示文稿之前勾选"带格式粘贴"复选框。

Step6：如果添加单张幻灯片，直接单击，即可将幻灯片插入指定的位置。如果添加所有幻灯片，那么右击任意幻灯片，然后在弹出的快捷菜单中选择"插入所有幻灯片"命令。

5.4 幻灯片的编辑

5.4.1 在幻灯片中添加文本内容

文本内容是幻灯片的重要组成部分，清楚表达幻灯片的主要内容。幻灯片中的文本可以来自其他应用程序，也可以利用 WPS 演示自带的文本编辑功能输入文本。在幻灯片中添加文本的内容区域包括占位符、形状和文本框。

1．在占位符中添加文本

当用户建立一个空白演示文稿时，会自动插入一张标题幻灯片。该标题幻灯片中有两个虚线框，这两个虚线框被称为占位符。占位符是一种带有虚线或阴影线边缘的方框。在占位符中可以放置标题、正文等文本对象。在占位符中添加文本是最简单的方式。

如图 5-22 所示的幻灯片中有标题占位符，其中标有"单击此处编辑标题"和"单击此处编辑副标题"，这是 WPS 演示中非常方便的一种文本添加方式。用户只需单击占位符内部，将占位符切换至文本编辑状态，就可以在其中输入标题和副标题。

除了标题占位符，幻灯片中还有文本占位符。文本占位符内提示"单击此处添加文本"（如图 5-23 所示），单击后将其切换至文本编辑状态，便可以从中输入文本。

图 5-22　占位符

图 5-23　文本占位符

文本占位符中有 4 个图标，每个图标实际代表添加的一种对象，包括：插入表格、插入图表、插入图片和插入视频文件（见图 5-23）。单击相应图标会激活相应的插入命令。对象的插入方法将在后面讲解，这里只是提醒在单击文本占位符添加文本时不要单击这些图标。

2．在文本框中添加文字

在幻灯片中，如果需要在已有的占位符外某个位置添加文本，就需要使用文本框。文本框是可移动、可调整大小的文字或图形的容器，使用文本框可将文本放置在幻灯片任何位置，在一页幻灯片中可以放置多个文本框。

Step1：选择文本框。切换至"插入"选项卡，单击"文本框"下拉按钮，打开如图 5-24 所示的面板，在"默认文本框"中可以选择"横向"或"竖向"文本框样式。

图 5-24　选择文本框

Step2：绘制文本框。此时鼠标指针呈十字形，在幻灯片中指定文本框的位置，拖动鼠标绘制文本框。释放鼠标后，即可在其中输入文字内容。

文本框和文本占位符是有区别的，具体表现在以下几方面：

❖ 文本框通常是根据需要人为添加的，并可以拖动到任何地方放置。

❖ 文本占位符是在添加新幻灯片时，由于选择版式的不同而由系统自动添加的，其数量和位置只与幻灯片的版式有关，通常不能直接在幻灯片中添加新的占位符。

❖ 文本框中的内容在大纲视图中无法显示，而文本占位符的内容可以显示。

3．在形状中添加文本

在演示文稿中，为了使文字更具显示效果，可以将文本添加到形状中。在形状中添加文本后，文本会随形状一起移动或旋转。

例如，在"插入"选项卡中选择"形状 → 星与旗帜 → 爆炸形 1"（如图 5-25 所示），然后按住鼠标左键进行拖放，就可以绘制图形，再单击右键，在弹出的快捷菜单中选择"编辑文字"命令，形状将会切换至文字编辑状态。

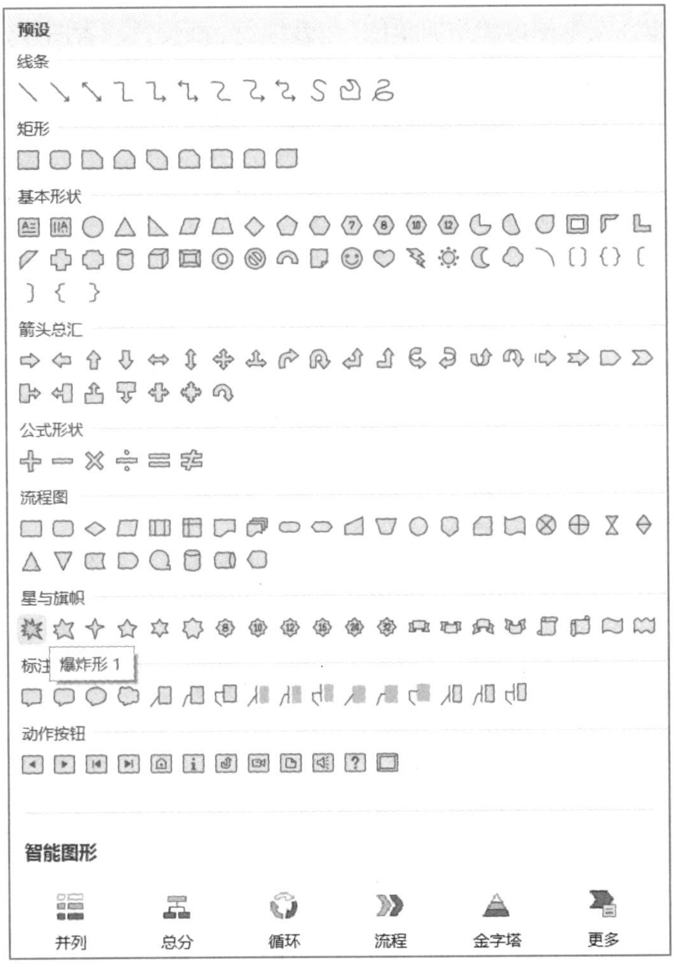

图 5-25　添加形状

5.4.2　文本框的线条、填充和效果

在 WPS 演示中，文本添加最常见的是在文本框中添加文本，文本框的线条、填充和效果功能也很重要，因为涉及幻灯片的美观设置和信息可视化体现的功能。在默认情况下，演示的文本框线条、填充和效果均是无色的。在实际操作中，我们可以根据自己的需要，对文本框的线条、填充和效果进行设置。

1．文本框的线条

文本框线条又称为文本框轮廓，其设置包括线条的颜色、线型和线宽设置。下面以"计算

基础"文本框为例进行介绍。本例中，"计算机基础"文本框的线条是没有的，不过 WPS 演

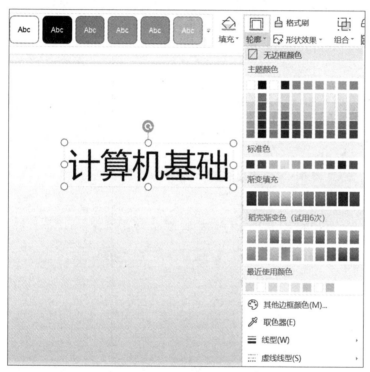

示中提供了文本框线条的编辑功能。要进入编辑状态，需双击"计算机基础"文本框，激活"绘图工具"，单击"轮廓"来设置文本框的轮廓，如线条样式（如图 5-26 所示）、线条宽度、线条颜色等（如图 5-27 所示）。把鼠标放在不同的选项上，可以直接预览效果。

图 5-26 文本框的线条样式

2．文本框填充

文本框填充是指在文本框内部添加颜色，包括纯色、渐变色或者图片，填充的范围仅为文本框边框内部。"填充"包括"主题颜色""标准色""渐变填充""其他填充颜色""图片或纹理"等（如图 5-28 所示），可以直接选择填充颜色，也可以单击"其他填充颜色"，弹出"颜色"对话框，从中选择更多的颜色进行填充。

图 5-27 文本框的线条颜色　　　　　　　　　　图 5-28 文本框填充

在文本框中同样可以添加图片，以图片作为文本框的背景。选择"绘图工具 → 填充 → 图片或纹理"，可以打开"插入图片"对话框，选择合适的图片后，单击"插入"按钮，即可完成图片填充。

渐变是指颜色和阴影的一种渐变过程，通常从一种颜色向另一种颜色或从同一种颜色的一种深浅到另一种深浅渐变。如果在文本框中进行渐变填充，可以选择"填充 → 渐变渐变"（需要登录 WPS 账号），可以选择基本的渐变样式；也可以单击"更多设置"（不需登录 WPS 账号），弹出"对象属性"对话框（如图 5-29 所示），从中选择更多的渐变填充样式。

要对文本框进行纹理填充，可以通过"填充"中的"纹理或图片"进行设置。"纹理或图片"提供了一系列的纹理样式，我们可以直接选择这些纹理样式作为文本框的填充背景，如果不满意系统提供的纹理样式，可以选择"更多设置"选项，打开"形状选项"面板进行设置

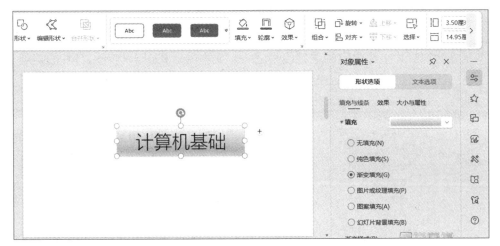

图 5-29　设置渐变填充

（如图 5-30 所示），与设置渐变填充方法相似。

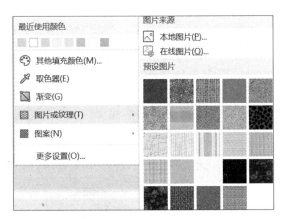

图 5-30　设置纹理填充

3．文本框效果

图 5-31　形状效果

WPS 演示提供了专门的"形状效果"，其中效果编辑样式提供了需要的设置，如图 5-31 所示。

- ❖ 阴影：用于设置文本框阴影效果。
- ❖ 倒影：用于设置文本框倒影效果。
- ❖ 发光：用于设置文本框四周发光的颜色。
- ❖ 柔化边缘：用于设置文本框边缘的柔和程度。
- ❖ 三维旋转：控制文本框在空间内的方向。

5.4.3　幻灯片中文本的编辑

文本是表达幻灯片主题内容的关键因素之一，文本的形式也影响着幻灯片的美观。

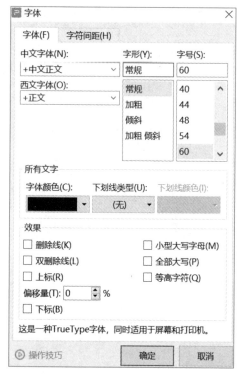

图 5-32　字体设置

1．选择文本

在对文本进行编辑之前，首先要选择文本，然后才能对选取的文本进行格式设置等操作。选取文本时可进行如下快捷操作：

❖　要选取的是单词，直接双击即可选中。

❖　用鼠标连续 3 次单击要选取段落中的任何位置，即可选取该段落及其所有附属文本。

❖　将光标插入点置于占位符，按组合键 Ctrl+A，可快速选取该占位符中的所有文本。

2．设置文本格式

1）字体格式的设置

在 WPS 演示中，对文本字体格式设置的操作包括字体、字号、字体颜色和字符底纹等，均可在"开始"选项卡下完成。也可单击"字体"组右下角的对话框启动器，弹出如图 5-32 所示的对话框，从中可以进行设置。

WPS 演示同样提供了一种实时的快捷文本编辑工具，当选中文本后，文本旁边就会出现快捷文本编辑工具（如图 5-33 所示），从中可以快捷设置。

在进行文本编辑时，若对文字字体格式所做的修改不恰当，则需要重新设置，可以通过"开始"选项卡中的"清除格式"按钮（如图 5-34 所示）将文本的格式清除，再进行设置。

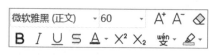

图 5-33　快捷文本编辑工具

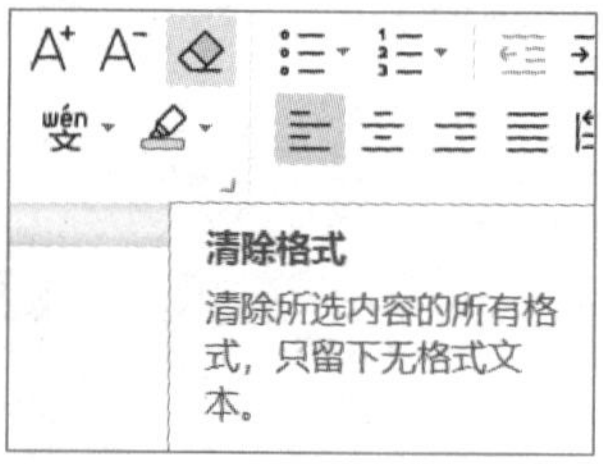

图 5-34　清除格式按钮

2）段落格式的设置

在进行幻灯片文本编辑时，文本的段落格式设置也是相当重要的。文本的段落格式主要包括项目符号、编号、缩进量、对齐方式和行距等。在 WPS 演示中，段落格式设置既可以通过弹出的快捷文本编辑工具栏进行，也可以通过"开始"选项卡的段落格式快捷按钮完成（如图 5-35 所示）。

3．查找和替换文本

如果要在一份比较长的演示文稿中查找或替换某个单词或短语，采用人工一次阅读查找相当麻烦，可以利用"开始"选项卡的"查找"和"替换"功能来轻松完成。

1）查找文本

打开"查找"对话框（如图 5-36 所示）有以下两种方法：选择"开始"选项卡，单击"查找"；或者按组合键 Ctrl+F。例如，查找某演示文稿中"Computer"所在的位置，步骤如下。

图 5-35　段落格式快捷按钮　　　　　　　　　　图 5-36　"查找"对话框

Step1：在"查找内容"文本框中输入需要查找的内容"Computer"。

Step2：对其下的三个复选框进行选择设置。

Step3：完成设置后，单击"查找下一个"按钮，即可从演示文稿的第一页到最后一页依次开始查询。

Step4：完成查找操作后，单击"关闭"按钮或按 Esc 键，退出"查找"对话框。

查找对话框的三个复选框的含义如下。

❖ 区分大小写：表现在进行查找时要区分单词中字母的大小写，通常用于英文单词或字母的查询。勾选此框，可以找出与输入内容大小写精确匹配的对象。

❖ 全字匹配：用于查询特定的单词或短语，并忽略该单词作为其他单词或短语的一部分的情况。例如，查找内容为"news"，勾选后将忽略"newspaper"之类的单词。

❖ 区分全/半角：用于查找的对象要严格区分输入的全角和半角状态。

2）替换文本

替换文本与查找文本的方法基本相同：按组合键 Ctrl+H；或者，在对话框中单击"替换"按钮，打开"替换"对话框（如图 5-37 所示），在"替换为"文本框中输入需要修改成为的对象，单击"替换"按钮即可；要替换整个文档中的这个对象，则单击"全部替换"按钮。完成后，系统会弹出提示窗口。

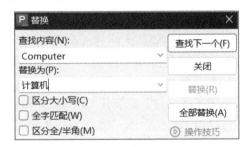

图 5-37　"替换"对话框

5.4.4　幻灯片中艺术字的使用

为了增强演示文稿的可读性和美观性，经常需要将演示文稿中的字体进行美化处理。WPS 演示为用户提供了强大的文本装饰工具——艺术字。艺术字是一个文字样式库，集中了很多文本样式，用户可以根据自己的需要选择合适的样式。

1．插入艺术字

在 WPS 演示中，插入艺术字的主要工具是"插入"选项卡的"艺术字"；进行艺术字编辑的主要工具在"文本工具"选项卡中（如图 5-38 所示）。

在 WPS 演示中，插入艺术字的步骤如下：在"插入"选项卡中单击"艺术字"按钮（如

图 5-39 所示），选择所需的艺术字样式，然后在插入艺术字文本编辑区中输入文字内容。

图 5-38　文本工具

图 5-39　"艺术字"按钮

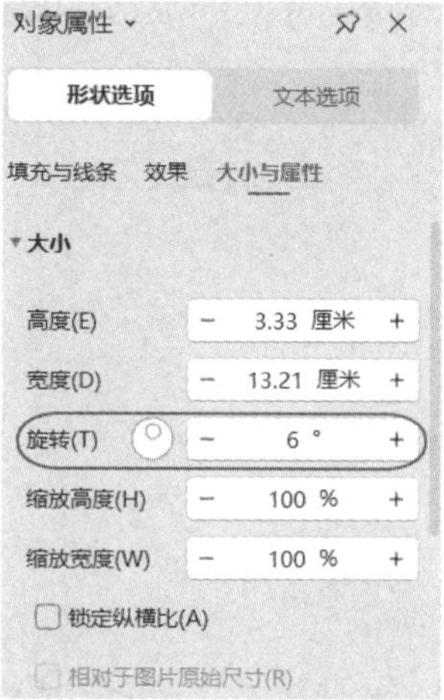

图 5-40　艺术字旋转

2．艺术字的调整

1）艺术字旋转

在幻灯片中，如果要旋转艺术字，可以单击"形状选项"的"大小与属性"，在"旋转"数值框中输入旋转角度（如图 5-40 所示），单击"关闭"按钮，即可完成旋转。

2）艺术字文本效果设置

WPS 演示为艺术字提供了一系列丰富多彩的效果，这些效果增强了幻灯片的艺术效果，更美观了幻灯片，艺术字文本效果的设置方法与文本框效果的设置方法类似，在此不再赘述。

5.4.5　幻灯片中图片的使用

图片是增强美观和提高阅读性的重要组成部分，能使演示文稿更加生动，丰富演示文稿的内容，更清楚地表达主题。图片还可以被设置为幻灯片背景，以增强美观性。

1．插入图片

在进行幻灯片设计时，很多时候需要通过插入图片的方法将需要的图片插入幻灯片。

Step1：单击要插入图片的位置。

Step2：在"插入"选项卡中单击"图片"按钮。

Step3：弹出"插入图片"对话框，选择图片保存的位置，选择图片后单击"插入"按钮。如果添加多张图片，在按住 Ctrl 键的同时单击要插入的图片，然后单击"插入"按钮。同样，可以通过正文占位符的"插入来自文件的图片"图标打开"插入图片"对话框。

2．编辑图片

图片的编辑包括图片大小、位置、亮度、灰度及颜色等参数的设置和调整，还有图片形状、边框、图片效果及外观样式等设置。在 WPS 演示中，进行图片编辑的主要工具集中在"图片工具"选项卡中（如图 5-41 所示）。

图 5-41　"图片工具"选项卡

1）设置图片大小

通过拖动图片边缘上的控制点可以完成图片大小的调整。如果需要对图片的高度和宽度进行精确的调整，可以在"图片工具"选项卡中设置完成。

还可以通过对图片进行裁剪来改变图片大小。裁剪是通过删除图片的垂直或水平边缘来减少图片的大小，常用于隐藏或修剪图片的一部分，目的是突出主要部分或删除不需要的部分。剪裁图片也分为模糊裁剪和精确裁剪。模糊裁剪是指利用"裁剪"按钮拖动图片的裁剪控制点进行调整，精确裁剪是指利用"图片工具"对话框按指定的精确数据进行裁剪。

即使已将部分图片裁剪，裁剪部分仍将作为图片文件的一部分保留。如果要删除裁剪掉的部分，可以通过压缩图片的方法。

2）设置图片对齐

设置图片对齐的方法如下：在"图片工具"选项卡中单击"对齐"下拉按钮，然后选择图片的对齐方式（如图 5-42 所示）。

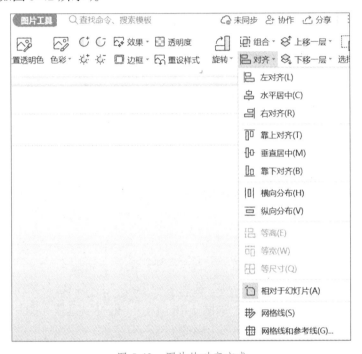

图 5-42　图片的对齐方式

3）设置图片形状

WPS 演示中提供了一系列的基本形状，如直线、矩形框、椭圆、三角形和箭头等。幻灯片中的图片可以转换成具有一定形状的图形。选中需要更改形状的图片，单击"图片工具"选项卡的"剪裁"按钮，打开如图 5-43 所示的面板，从中选择需要的样式。

4）设置图片的叠放次序

如果在一张幻灯片中插入几张图片，这些图片之间有重合部分，我们如何根据实际需要显示被遮挡的图片部分呢？下面以图 5-44 所示的幻灯片为例进行介绍。

此幻灯片中有两幅图片，叠放次序为人在上，云朵在下。如果显示被云朵挡住的人，可以采取如下两种方法：

❖ 选中有云朵的图片，在"图片工具"选项卡中单击"下移一层"按钮的下拉按钮，在打开的菜单中选择"置于底层"（如图 5-45 所示），也可以直接在图片上单击右键，在弹出的快捷菜单中选择"置于底层"命令。

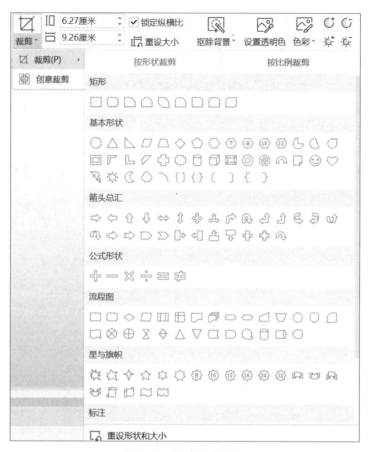

图 5-43　更改图片形状

❖ 选中有人的图片，在"图片工具"选项卡中单击"上移一层"按钮的下拉按钮，在打开的菜单中选择"置于顶层"（如图 5-46 所示），也可以直接在图片上单击右键，在弹出的快捷菜单中选择"置于顶层"命令。

图 5-44　幻灯片实例

图 5-45　置于底层

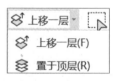

图 5-46　置于顶层

5）压缩图片

当演示文稿中插入较多大的图片时，会使演示文稿体积变大。我们可以根据图片中使用的颜色数量，减少图像的颜色格式，以使其文件大小变得更小。图片压缩是将较大的图片按照特定比例进行压缩，以减少图片的大小、尺寸或像素值。选择适当的压缩比例不会降低图片质量，如果选择较大的压缩比，有可能导致图片失真。压缩图片的操作步骤如下。

Step1：单击要压缩的图片。

Step2：单击"图片工具"的"压缩图片"按钮，弹出"图片压缩"对话框（如图 5-47 所示）。

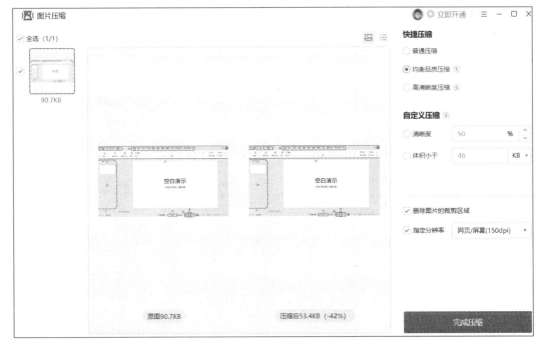

图 5-47　压缩图片设置

Step3：若要仅压缩文档中选定的图片而非所有图片，则勾选选定的图片。"删除图片的裁剪区域"复选框是指将从图片文件中删除裁剪部分，被勾选后，将删除文档中选定图片的裁剪部分，以减少文件大小。

Step4：在"自定义压缩"中设置清晰度、体积，指定分辨率，单击"完成压缩"按钮。

5.4.6　形状的使用

在 WPS 演示中，除了可以使用系统自带或者来自文件的图片，还可以根据系统提供的基本形状自行绘制图形。WPS 演示提供了一系列的形状，包括线条、矩形、基本形状、箭头总汇、公式形状、流程图、星与旗帜、标注和动作按钮等。

1．绘制形状

Step1：选择需要绘制形状的幻灯片。

Step2：在"插入"选项卡中选择"形状"，出现如图 5-48 所示的面板。

Step3：单击所需形状，接着单击文档中的任意位置，然后拖动鼠标以放置形状。要创建规范的正方形或圆形（或限制其他形状的尺寸），在拖动的同时按住 Shift 键。

2．编辑形状

使用上述方法绘制的形状的颜色和样式比较单一。我们可以在幻灯片内编辑这些形状，选中需要编辑的形状，单击右键，在弹出的快捷菜单（如图 5-49 所示）中选择相应的命令进行设置。

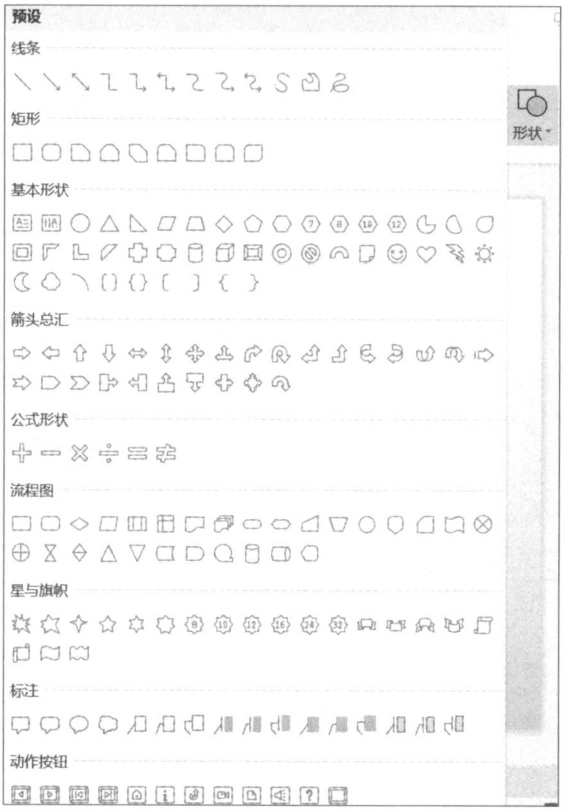

复制(C)		Ctrl+C
剪切(T)		Ctrl+X
粘贴(P)		
删除(D)		
更改形状(N)		▸
编辑顶点(E)		
填充图片(J)		▸
另存为图片(S)...		
上传至稻壳资源中心(Q)		
编辑文字(X)		
字体(F)...		
段落(P)...		
项目符号和编号(B)...		

图 5-48　形状　　　　　　　　　　　　　图 5-49　快捷菜单

3．组合形状

同一张幻灯片中如果有多个形状，分别对各形状进行设置后，可以将这些对象组合成一个对象。通过组合，用户可以同时翻转、旋转、移动所有形状或对象，或者同时调整它们的大

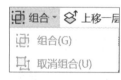

图 5-50　组合形状

小，就好像它们是一个形状或对象一样。用户还可以同时更改组合中所有形状的属性，如更改填充颜色或添加阴影，从而更改组合中所有形状的相应属性。组合形状的操作步骤如下：选择要组合的形状或其他对象，在"绘图工具"选项卡中选择"组合"（如图 5-50 所示）。用户可以随时取消组合，以后再重新组合它们。

5.4.7　图表的使用

在 WPS 演示中绘制图表有多种方法，不过在 WPS 演示文稿中绘制图表主要还是创建链接到 WPS 表格中的图表，也就是说，在 WPS 演示中绘制图表很大程度上需要 WPS 表格的图表功能。第 4 章详细介绍了 WPS 表格的图表功能，这里不再详细说明。

WPS 演示包含很多不同类型的图表和图形，它们可用来向观众传达有关信息。要维护与 WPS 演示中的图表关联的数据时，可执行下面的操作。

Step1：在 WPS 演示中单击要包含图表的占位符。

Step2：在"插入"选项卡中单击"图表"，弹出"插入图表"对话框。

Step3：单击某个图表，然后单击"确定"按钮。这时 WPS 表格将在一个分开的窗口中打开，并在一个工作表中显示示例数据。

Step4：在 WPS 表格中，若要更换示例数据，则单击工作表上的单元格，然后输入所需的数据。最后关闭 WPS 表格。

5.5　幻灯片的静态效果设置

5.5.1　设置版式

版式是指幻灯片上标题和副标题、文本、列表、图片、表格、图表、自选图形和视频等元素的排列方式（如图 5-51 所示）。版式是定义幻灯片上，待显示内容的位置信息的幻灯片母版的组成部分。版式本身只定义了幻灯片上要显示内容的位置和格式设置信息。

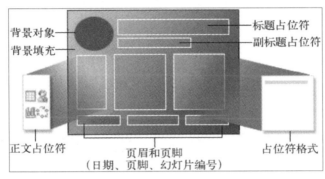

图 5-51　幻灯片中包含的版式元素

演示文稿创建人员可以使用内置版式或自定义版式来创建演示文稿。在"普通视图"下，在缩略图窗格中单击要应用版式的幻灯片，然后在"开始"选项卡中单击"版式"按钮，选择一种版式。

WPS 演示提供了添加版式的功能，如果找不到适合需求的标准版式，可以添加和自定义新的版式。添加特定于文本和特定于对象的占位符，然后将演示文稿保存为模板文件。

Step1：在"视图"选项卡中，单击"幻灯片母版"按钮，开启"幻灯片母版"选项卡。

Step2：在包含幻灯片母版和版式的左侧窗格中单击母版下方要添加新版式的位置。

Step3：在"幻灯片母版"选项卡中单击"插入版式"按钮（如图 5-52 所示）。

图 5-52　插入版式

Step4：如果要删除不需要的默认占位符，可以单击该占位符的边框，然后按 Delete 键；如果要添加占位符，那么双击幻灯片，拖动鼠标绘制占位符即可。

Step5：设置完成后，自定义添加的版式会出现在标准的内置版式的列表中，在"开始"选项卡中单击"版式"按钮，可以查看预览（如图 5-53 所示）。

设置完成后，选择"另存为"选项，在打开的"另存为"对话框中选择保存类型，将其保存为 WPS 演示模板文件。

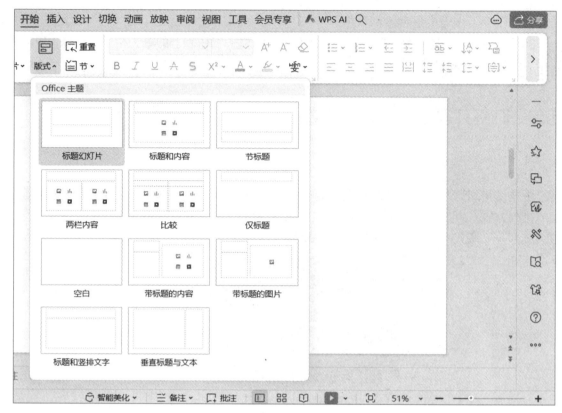

图 5-53　版式

5.5.2　设置主题

主题是主题颜色、主题字体和主题效果三者的组合。作为一套独立的选择方案，主题可以应用于文件中。WPS 演示提供了一些预先设置的主题，用户可以直接使用这些主题设置演示文稿，还可以自定义主题。

1．使用系统预设主题

WPS 演示自带多种预设主题，用户可以直接使用这些主题创建演示文稿。

Step1：选择"文件 → 新建"命令，打开"新建"对话框，其中列出了已安装的主题（如图 5-54 所示），单击后可以预览。

Step2：选择要使用的主题，单击"创建"按钮，即可依照该主题创建演示文稿。

2．更改当前主题

如果要更改当前幻灯片的主题，可以按照如下步骤操作。

Step1：在"设计"选项卡中选择一个自带的精选主题，或者单击"更多主题"按钮，弹出"主题方案"对话框（如图 5-55 所示）。

Step2：选择要使用的主题，即可更改当前幻灯片的主题。

3．自定义主题

如果 WPS 演示自带的主题不能满足用户的要求，或者用户喜欢使用自己设计的主题，那

图 5-54　使用主题创建演示文稿

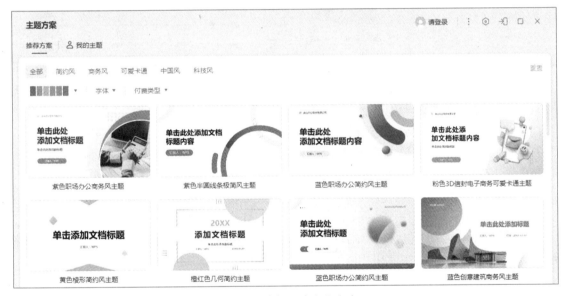

图 5-55　选择更多主题方案

么可以通过"统一字体"和"配色方案"选项来自定义主题。"配色方案"选项除了内置颜色，还提供了"自定义颜色"设置（如图 5-56 所示），从中可以自定义主题颜色。"统一字体"选项除了内置字体，还提供了"自定义字体"设置（如图 5-57 所示），从中可以自定义字体。

5.5.3　设置背景

背景样式是来自当前文档"主题"中主题颜色和背景亮度的组合的背景填充变体。当更改文档主题时，背景样式会随之更新，以反映新的主题颜色和背景。如果用户希望只更改演示文稿的背景，应选择其他背景样式。更改文档主题时，更改的不只是背景，同时会更改颜色、标题和正文字体、线条和填充样式、主题效果的集合。

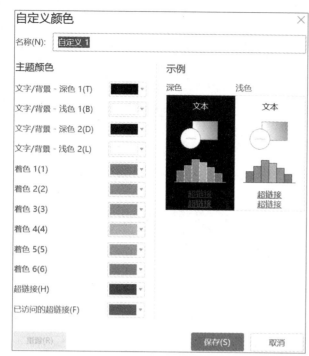

图 5-56　自定义主题颜色

图 5-57　自定义主题字体

　　背景样式在"背景样式"库中显示为缩略图。将鼠标指针置于某背景样式缩略图上时，可以预览该背景样式对演示文稿的影响。如果希望应用该背景样式，单击之即可。向演示文稿中添加背景样式的操作步骤如下。

　　Step1：单击要向其添加背景样式的幻灯片。要选择多个幻灯片，则单击第一个幻灯片，然后在按住 Ctrl 键的同时单击其他幻灯片。

　　Step2：在"设计"选项卡中单击"背景"按钮的下拉按钮，出现背景样式的面板。

　　❖ 要将该背景样式应用于所选幻灯片，选择"应用于所选幻灯片"。

　　❖ 要将该背景样式应用于演示文稿中的所有幻灯片，选择"全部应用"。

　　另外，在演示文稿中包含多个幻灯片母版时，还会有"应用于相应幻灯片"选项，表示替换所选幻灯片和演示文稿中使用相同幻灯片母版的任何其他幻灯片的背景样式。

　　自定义演示文稿的背景样式的操作步骤如下：

　　Step1：单击要向其添加背景样式的幻灯片。

　　Step2：选择需要的多个幻灯片。

　　Step3：在"设计"选项卡中单击"背景"，可以选择"渐变填充""背景填充"等（如图 5-58 所示）。

　　Step4：或者选择"对象属性"对话框（如图 5-59 所示），进行设置。

　　在进行幻灯片背景设置时，为了便于演示文稿讲义的阅读，可以选择隐藏背景图形，操作步骤如下：单击"背景"，在弹出的对话框中勾选"隐藏背景图形"即可。

5.5.4　设置母版

　　母版用于演示文稿中所有幻灯片或页面格式的幻灯片视图或页面，直接影响着整个演示

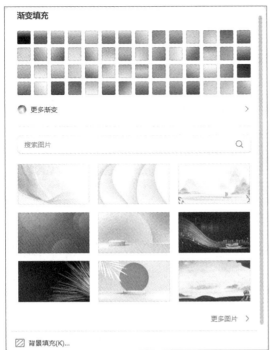

图 5-58　背景样式　　　　　　　　　　图 5-59　自定义演示文稿的背景样式

文稿幻灯片的版式和格式。母版包含所有幻灯片具有的公共属性，如文本和对象在幻灯片中的放置位置、文本和占位符的大小、文本样式、背景、颜色主题、效果和动画等。

WPS 演示包括 3 种母版：幻灯片母版、讲义母版和备注母版。对母版的任何编辑都将直接应用于所有应用于该母版的幻灯片，因此可以用母版来制作统一背景的内容和格式。

1. 幻灯片母版

通常，一套完整的演示文稿包括标题幻灯片和普通幻灯片，因此幻灯片母版也包括标题幻灯片母版和普通幻灯片母版两类。标题幻灯片所应用的设计母版样式与普通幻灯片不同。

1）幻灯片母版

幻灯片母版决定着幻灯片的整体外观，设置幻灯片母版的操作步骤如下。

Step1：选中应用相同主题幻灯片组中的任意一张幻灯片。

Step2：在"视图"选项卡中单击"幻灯片母版"按钮，可以打开母版视图（如图 5-60 所示）。将鼠标置于幻灯片版式附近时，可以查看该版式有哪几张幻灯片在使用。

在母版编辑状态下，幻灯片提供了各种功能的占位符（如图 5-61 所示）。

幻灯片母版各部分功能如表 5-1 所示。

2）设置母版

母版设置包括对母版主题、背景和方向等的设置，可以使内容具有统一的风格，界面更美观。下面以设置母版主题和背景为例，介绍设置母版的方法。

Step1：选择主题。选中准备设置的母版，在"幻灯片母版"选项卡中单击"主题"按钮，然后在列表中选择准备应用的主题样式。

Step2：关闭幻灯片母版。单击"背景"按钮，在出现的列表中选择要应用的背景样式（见图 5-58）。

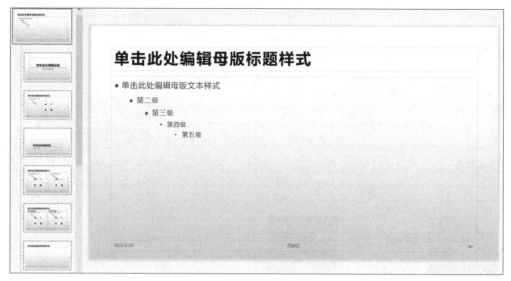

图 5-60　幻灯片中母版的版式

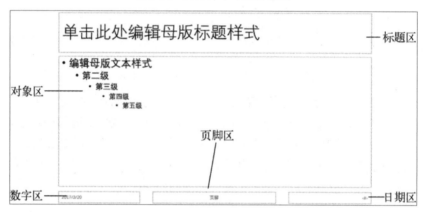

图 5-61　幻灯片母版视图

表 5-1　幻灯片母版各部分功能

区　域	功　　能
标题区	设置演示文稿的所有幻灯片标题的文字格式、位置和大小
对象区	设置所有幻灯片所有对象的文字格式、位置和大小，以及项目符号的风格
日期区	为演示文稿的所有幻灯片添加日期，并决定日期的位置、文字大小和字体
页脚区	为演示文稿的所有幻灯片添加页脚，并决定页脚的位置、文字大小和字体
数字区	为演示文稿的所有幻灯片添加序号，并决定序号的位置、文字大小和字体

图 5-62　幻灯片大小设置

Step3：在"设计"选项卡中选择"幻灯片大小 → 标准（4：3）"，即可设置幻灯片大小比例（如图 5-62 所示）。

Step4：选中准备设置背景的母版，单击"背景"按钮，弹出"设置背景格式"对话框（见图 5-59），在"填充"选项卡的"填充"区域中选中"渐变填充"；单击"预设颜色"按钮，在弹出的列表中选择准备应用的样式；单击"关闭"按钮，完成母版背景设置。

3）编辑母版内容

编辑母版内容包括插入、删除和重命名幻灯片母版等。

插入幻灯片母版的方法包括两种：在"幻灯片母版"选项卡中单击"插入母版"，或者按组合键 Ctrl+M。

删除幻灯片母版的方法：选中准备删除的幻灯片母版，选择"编辑母版"后单击"删除"按钮。

4）保护母版

在某些情况下，当删除所有遵循某幻灯片母版的幻灯片，或将另一个设计母版应用于所有遵循该母版的幻灯片时，WPS 演示会自动删除该母版，用户可以使用幻灯片母版的保留功能来防止被自动删除。

在打开的演示文稿中，选择"幻灯片母版"选项卡，单击"保护母版"按钮，使幻灯片母版处于被保护状态。如果不想保护该母版，再次单击"保护母版"按钮即可。

2．讲义母版

讲义母版是为了设置讲义的格式。讲义一般用来打印，所以讲义母版的设置与打印页面有关。

1）关于讲义

用户可以按照讲义的格式打印演示文稿，用户可以在每个打印的页面设置幻灯片的个数，每个页面可以包含 1、2、3、4、6 或者 9 张幻灯片。如果要更改讲义的版式，可以在"打印预览"窗口中进行更改，也可以在打印讲义时直接选择讲义版式。在"打印预览"视图模式下设置的方法如下。

Step1：选择"文件 → 打印 → 打印预览"命令，出现"打印预览"窗口。

Step2：单击"打印内容"，从中可选择要预览讲义的版式（如图 5-63 所示）。

图 5-63　预览讲义母版

2）编辑讲义母版

对讲义母版所做的更改一般包括重新定位、调整大小或设置页眉和页脚等，对讲义母版做的任何更改都会在打印大纲的时候显示出来。编辑讲义母版的操作步骤如下。

Step1：在"视图"选项卡中单击"讲义母版"，切换到讲义母版视图（如图 5-64 所示）。

图 5-64　讲义母版视图

Step2：在"讲义母版"组中设置幻灯片大小、讲义方向、每页幻灯片数量。

Step3：在页眉和页脚区域输入页眉和页脚内容，方法与在幻灯片中设置的方法类似。

Step4：设置讲义颜色、字体、效果等。

Step5：讲义母版设置完成后，单击"关闭"按钮，退出讲义母版视图模式。对讲义母版所做的修改即可应用到演示文稿的讲义中。

3. 备注母版

前面已经在备注页视图中讲述过备注页的作用。用户不仅可以使用备注页视图查看幻灯片和对应的备注内容，还可以在播放演示文稿时设置 WPS 演示在计算机上显示幻灯片备注，在投影仪上则只显示全屏的幻灯片，这样有助于演讲者轻松完成演示。

编辑备注母版的操作步骤如下。

Step1：在"视图"选项卡中，单击"备注母版"，切换到"备注母版"选项卡（如图 5-65 所示）。

图 5-65　备注母版视图

Step2：设置幻灯片大小、备注页方向。

Step3：设置页眉和页脚、幻灯片图像、日期、正文、页码等内容；在"颜色""字体""效果"中设置主题的颜色、字体和效果。设置方法与幻灯片母版、讲义母版类似。

Step4：单击"关闭"按钮，返回到普通视图中。

5.6　幻灯片的动态效果设置

5.6.1　设置切换效果

幻灯片切换效果是在幻灯片放映视图中从一个幻灯片移到下一个幻灯片时出现的类似动画的效果。可以控制每个幻灯片切换效果的速度，还可以添加声音。在进行演示文稿设计时，可以向所有幻灯片添加相同的幻灯片的切换效果，也可以为每页幻灯片添加不同的切换效果。

1. 添加幻灯片切换效果

根据制作需要可以为每张幻灯片添加切换效果，从而增强演示文稿的放映效果。下面以在演示文稿中的一张幻灯片添加"推出"效果为例，介绍添加幻灯片切换效果的操作步骤。

Step1：打开演示文稿，在普通视图窗口中选择需设置的幻灯片。

Step2：在"切换"选项卡中单击下拉按钮▼，在更多切换效果中选择应用于该幻灯片的"推出"切换效果（如图 5-66 所示）。

通过上述操作即可为演示文稿中的该张幻灯片添加"推出"效果。在幻灯片浏览视图中，该幻灯片缩略图序号下方显示已添加幻灯片切换效果的图标。若要更改切换效果，可进行重新选择。如果对所选择切换效果的默认设置不太满意，可单击"效果选项"来更改播放效果。如在下拉列表中选择"向左"，可以让幻灯片的切换顺序变为从左侧开始（如图 5-67 所示）。

在 WPS 演示中，可以为演示文稿的全部幻灯片应用同样的切换效果。为演示文稿中的一张幻灯片添加切换效果后，单击"全部应用"按钮即可。

2. 设置幻灯片切换的声音效果

幻灯片切换声音效果是指在演示文稿播放时，由一张幻灯片过渡到另一张幻灯片时播放

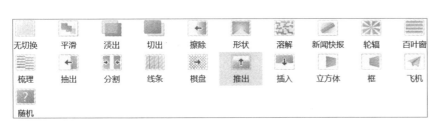

图 5-66 幻灯片切换效果　　　　　　　　　　　　　　　　图 5-67 幻灯片切换

的声音。下面以在演示文稿中的一张幻灯片设置"风铃"声音效果为例，介绍设置幻灯片切换效果的操作方法，操作步骤如下。

Step1：在普通视图窗口中，单击选择要向其添加声音的幻灯片。

Step2：在"切换"选项卡的"声音"中选择所需的声音"风铃"（如图 5-68 所示）。若添加列表中没有的声音，则单击"来自文件"，找到要添加的声音文件，然后单击"确定"按钮。选择"播放下一段声音前一直循环"，可循环播放该声音直到开始播放下一段声音。

3．设置切换效果的计时

幻灯片切换效果的计时是指在播放演示文稿时，由一张幻灯片过渡到另一张幻灯片时的持续时间，操作步骤如下。

Step1：打开演示文稿，在普通视图中选择需设置的幻灯片。

Step2：在"切换"选项卡中单击"自动换片"旁的时间框，输入或选择所需的速度（如图 5-69 所示）。还可以指定当前幻灯片在多长时间后切换到下一张幻灯片：

❖ 要在单击鼠标时切换幻灯片，在"切换"选项卡中勾选"单击鼠标时换片"复选框。

❖ 要在经过指定时间后切换幻灯片，在"切换"选项卡中勾选"自动换片"并在框中输入所需的秒数。

图 5-68　声音效果选项　　　　　　　　　　图 5-69　计时选项

4.删除幻灯片切换效果

如果不准备在幻灯片的放映过程中应用幻灯片切换效果,可以删除幻灯片切换效果。操作步骤如下:在普通视图的左侧窗格中单击"幻灯片",在"切换"选项卡中单击"无"。如果删除所有幻灯片的幻灯片切换效果,重复上面步骤,然后在"切换"选项卡中单击"全部应用"即可。

5.6.2　设置动画效果

在幻灯片中完成添加切换效果的操作后,还可以根据制作需要设置动画效果。动画效果是指对幻灯片中的对象设置进入、强调或退出等动态效果,使幻灯中的对象"动"起来。

演示文稿中的文本、图片、形状、表格、智能图形和其他对象可以制作成动画,赋予进入、退出、改变大小或颜色甚至移动等视觉效果。动画效果有以下4种。

❖ 进入:使对象逐渐淡入焦点、从边缘飞入幻灯片或者跳入视图。

❖ 退出:使对象飞出幻灯片、从视图中消失或者从幻灯片中旋出。

❖ 强调:使对象缩小或放大、更改颜色或沿着其中心旋转。

❖ 动作路径:使对象上下移动、左右移动或者沿着星形或圆形图案移动(与其他效果一起)。可以单独使用任何一种动画,也可以将多种效果组合在一起。

1.对象"进入"动画

对象的进入效果指设置在幻灯片放映过程中,对象进入放映界面时的动画效果。

Step1:在普通视图下选择需设置的幻灯片,然后选择需要设置动画的对象。

Step2:在"动画"选项卡中直接单击下拉按钮 ⌄ 显示更多动画效果(如图5-70所示)。在设置完动画效果后,还有一系列设置可以完善和改进动画效果。

① 设置动画开始时间:添加动画效果后,可以选择"单击时""与上一动画同时""在上一动画之后"选项(如图5-71所示)。"单击时"表示该动画效果在单击鼠标时才开始播放;

图 5-70　选择动画效果

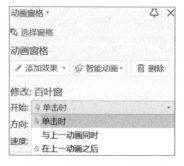

图 5-71　设置动画开始时间

如果开始时间设置为"与上一动画同时",那么该动画与上一动画同时进行;如果开始时间设置为"上一动画之后",那么前一个动画结束之后才开始进行。

② 设置动画方向:在"动画"选项卡中单击"动画窗格",动画窗格弹出框中提供了"方向"列表。例如,"百叶窗"效果的方向列表中有"水平"和"垂直"选项(如图 5-72 所示)。

③ 设置动画速度:用于控制动画过场的播放时间。单击"持续时间"框,可以直接填入数字(以秒为单位),如图 5-73 所示。

④ 设置动画的效果选项:在"动画窗格"中选择列表框中的动画效果选项,单击右侧的下拉按钮,在展开的下列列表中选择"效果选项"选项(如图 5-74 所示)。

图 5-72　动画方向　　　　　图 5-73　动画持续时间　　　　图 5-74　效果选项

对话框名称和个别设置因动画效果而有所差别,"百叶窗"效果的对话框,可以通过下拉列表框设置动画的声音和动画播放后的效果(如图 5-75 所示),以及动画文本的设置。

在"计时"中(如图 5-76 所示),"延迟"选项可以设置动画的延迟时间,如设置延迟 5 秒,表示上一动画结束后 5 秒,该动画开始播放。除了"非常慢(5 秒)""慢速(3 秒)""中速(2 秒)""快速(1 秒)""非常快(0.5 秒)"常规选项,还允许直接输入时间,如输入数字"10"后按 Enter 键,表示设置的速度为 10 秒。用户可以根据实际需要设置具体的时间。

如果希望循环播放动画,可以单击"重复"列表中的选项(如图 5-77 所示)。用户可以根据实际需要选择或输入具体的数字,也可以选择"直到下一次单击"或"直到幻灯片末尾"。

2．对象"强调"动画

用户在进行幻灯片放映时,如果需要对某对象进行强调,可以利用对象的强调效果来增加对象的表现力度。设置对象的强调效果与设置对象的进入或退出的效果相似,在此不再详细讲述。

图 5-75　百叶窗效果选项

图 5-76　百叶窗计时

图 5-77　重复效果设置

3．删除、更改和重新排序动画效果

为幻灯片的对象设置了某种动画效果后，若对现有动画效果不满意，可以将其更改为其他动画效果；如果想取消某动画效果，可以将其删除；还可以调整动画效果的先后顺序。

❖ 更改动画效果：单击"动画窗格"，在打开的动画窗格弹出框中选中需要更改的动画效果，在下拉列表中选择新的动画效果即可；若要删除动画效果，则选中动画效果选项，单击右键，在弹出的快捷菜单中选择"删除"命令，或按 Delete 键删除。

❖ 调整动画的顺序：在动画任务窗格列表框中，选中需要调整顺序的动画效果，然后选择动画效果，按住鼠标左键，拖动到需要的位置松开鼠标，可实现动画顺序的调整。

图 5-78　调整动画顺序

在动画任务窗格的动画效果列表框中，选中需要调整顺序的动画效果，单击"重新排序"的向前移动按钮（如图 5-78 所示），即可向上移动一个位置，再次单击，可再次向上移动。单击向后移动按钮，可向下移动动画效果。

4．利用动作路径设置对象的动画

除了提供进入、退出、强调三类动画效果，WPS 演示还提供了动作路径功能，可以为对象指定运动路径。应用动作路径后会出现动作路径的控制线轨迹。用户可以通过控制线来调整动作路径的方向、尺寸和位置。预设了多种动作路径，分为基本、直线和曲线、特殊三种。

1）添加动作路径

Step1：在幻灯片中选中要添加动作路径的对象。

Step2：在"动画"选项卡的"动画"组中单击右侧的下拉按钮▾，打开更多动画选项。

Step3：任务窗格中的第四组中显示了常见的几种动作路径（如图 5-79 所示），选择一种需要的动作路径效果即可。如果在列表中没有合适的动作路径效果，可以在下方选择绘制自定义路径，然后单击"确定"按钮。

图 5-79　动画动作路径

Step4：将动作路径应用到当前幻灯片的对象后，会出现一条路径控制线，被添加动作路径的对象将按这条控制线轨迹来运动。

Step5：按住鼠标左键，拖动路径控制线的句柄可以调整它的大小，拖动控制线的中间部位可以移动它的位置。

2）编辑动作路径

动作路径可以通过调整编辑顶点来改变它的移动路线。

Step1：打开需要编辑动作路径对象的幻灯片。

Step2：选中需要编辑顶点的动作路径控制线，单击右键，在弹出的快捷菜单中选择"编辑顶点"命令（如图 5-80 所示）。

Step3：将鼠标指向某编辑顶点，按住鼠标左键，将其拖动到合适的位置释放鼠标。如果要添加编辑顶点，就将鼠标指向控制线，然后单击右键，在弹出的快捷菜单中选择"添加顶点"命令（如图 5-81 所示）。

图 5-80　动作路径控制线快捷菜单

图 5-81　添加顶点的快捷菜单

Step4：编辑完成后，在控制线之外的任意位置单击鼠标，即可退出路径编辑状态。如果想让路径动画向原来相反的方向运动，那么在路径控制线上单击右键，从弹出的快捷菜单中选择"反转路径方向"命令（见图 5-80）。

5．高级日程表的应用

除了使用"计时"设置动画的时间效果，还可以使用高级日程表功能（如图 5-82 所示），通过选择"显示高级日程表"列表框中的效果，可以更方便地调整动画的开始、延迟、播放或结束的时间。在高级日程表中，每个动画操作的时间显示区可以显示以幻灯片时间轴为基准的动画开始时间和结束时间（如图 5-83 所示）。

图 5-82　高级日程表

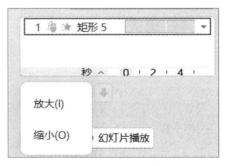

图 5-83　时间轴

利用高级日程表对幻灯片中的各动画操作进行时间的安排，就可以做出复杂的动画。

❖ 调整动画延迟时间：将鼠标指针置于浅蓝色的时间条上，向后拖动表示增加延迟时间，向前拖动表示减少延迟时间。

❖ 调整时间尺度：单击时间标尺左侧的"秒"按钮，在下拉列表中选择"放大"或"缩小"选项，可调整时间尺度。另外，在浅蓝色时间条的最左端和最右端，按住鼠标进行拖动，也可调整延迟时间和时间尺度。

5.6.3　设置幻灯片放映

制作演示文稿的目的是放映和演示。演示文稿是由一系列幻灯片组合而成的，怎样通过幻灯片的放映达到演示的目的？如何在幻灯片放映的时候使用各项放映效果？本节主要介绍如何设置演示文稿的放映方式、如何为幻灯片添加旁白及排练计时等。

1. 幻灯片放映方式

放映方式是指演示文稿放映时的方式。演示文稿的放映方式有两种：演讲者放映方式和展台自动循环放映方式。

演讲者放映方式的特点是全屏放映演示文稿，演讲者可以控制放映进程，是常用的放映方式，适合演讲、教学、会议等。

展台自动循环放映方式的特点是：全屏、自动放映演示文稿，并循环放映；鼠标等大多数控制命令不可用，按 Esc 键退出放映。展台自动循环放映方式适合展览会场的场景。

用户可以根据不同的情况选择不同的放映方式，操作步骤如下。

Step1：打开需要设置的演示文稿，选择"放映"选项卡，单击"放映设置"按钮，打开"设置放映方式"对话框（如图 5-84 所示）。

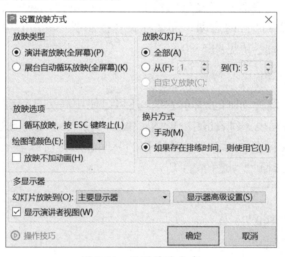

图 5-84　设置放映方式

Step2：设置放映类型。在"放映类型"组中选择适合的放映方式。

Step3：选择放映的幻灯片。如果要放映全部幻灯片，就选中"全部"；如果放映演示文稿中特定的一组幻灯片，就选择从第几张开始到第几张结束，在"从"数值框中输入要放映的第一张幻灯片的编号，在"到"数值框中输入要放映的最后一张幻灯片的编号。

Step4：设置放映选项。在"放映选项"组中根据需要勾选相关选项。如果连续播放演示文稿，就勾选"循环放映，按 ESC 键终止"复选框；如果放映演示文稿时不播放动画，就勾选"放映时不加动画"复选框。

Step5：设置换片方式。在"换片方式"栏中可以进行设置换片方式，若要在演示过程中手动前进到每张幻灯片中，则选中"手动"；若要在演示过程中使用幻灯片排练时间前进到每张幻灯片，则选中"如果存在排练时间，则使用它"。

Step6：设置绘图笔颜色。单击"绘图笔颜色"下拉列表，在展开的颜色列表框中选择需要的颜色，设置完成后单击"确定"按钮。

2．录制幻灯片演示

屏幕录制可以记录幻灯片的放映时间。录好的幻灯片可以脱离讲演者来放映。

在"放映"选项卡中单击"屏幕录制"，需要用户根据实际需要选择。单击"开始录制"按钮，开始放映幻灯片，幻灯片放映完成后结束即可。

3．排练计时

在制作自动放映的演示文稿时，幻灯片切换时间常常较难控制。排练计时功能能够方便地设置在每张幻灯片在屏幕上的停留时间。用户可以使用其预先排练放映演示文稿，系统会自动记录每张幻灯片的放映时间和整个演示文稿的播放时间，然后在向实际观众演示时使用记录的时间自动播放幻灯片。

对演示文稿的播放进行排练和计时的操作步骤如下。

Step1：设置排练计时。在"放映"选项卡中单击"排练计时"按钮。

Step2：开始设置幻灯片放映时间。此时进入幻灯片放映视图，并显示"预演"工具栏（如图 5-85 所示），并且幻灯片放映时间框开始对演示文稿计时。

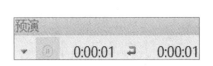

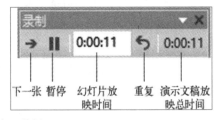

图 5-85　预演工具栏

Step3：在对演示文稿计时时，在"预演"工具栏上可以执行以下一项或多项操作：

❖ 要移动到下一张幻灯片，单击"下一张"按钮。

❖ 要临时停止记录时间，单击"暂停"按钮。

❖ 要在暂停后重新开始记录时间，单击"暂停"按钮。

❖ 要重新开始记录当前幻灯片的时间，单击"重复"按钮。

Step4：设置最后一张幻灯片的时间后，将出现一个消息框（如图 5-86 所示），其中显示演示文稿的总时间并提示是否保存幻灯片排练时间，要保存记录的幻灯片排练时间，单击"是"按钮；要放弃记录的幻灯片排练时间，单击"否"按钮。此时将打开"幻灯片浏览"视图，并显示演示文稿中每张幻灯片的时间。

图 5-86　是否保留排练时间

5.6.4　幻灯片链接

对于拥有多张幻灯片的演示文稿，想实现查找或直接指向某一张幻灯片是一件很烦琐的事，甚至可能影响幻灯片的放映进程。超链接能实现幻灯片的跳转。超链接是从一张幻灯片到同一演示文稿中的另一张幻灯片的连接，或从一张幻灯片到不同演示文稿中的另一张幻灯片、电子邮件地址、网页或文件的链接。可以选择文本或一个对象（如图片、图形、形状或艺术字等）创建链接。

1. 创建链接到相同演示文稿中的幻灯片的超链接

创建链接到相同演示文稿中幻灯片的超链接主要用于同一演示文稿内各幻灯片之间的交互作用，方便地从一张幻灯片跳转到目标幻灯片中。

Step1：在"普通"视图中，选择要用于超链接的文本或对象。

Step2：在"插入"选项卡中单击"超链接"按钮。

Step3：在"链接到"下单击"本文档中的位置"。

Step4：在"请选择文档中的位置"下单击要用于超链接目标的幻灯片（如图 5-87 所示）。

如果要链接到当前演示文稿中的自定义放映，在"请选择文档中的位置"列表框中选择要用于超链接目标的自定义放映，勾选"显示并返回"复选框，单击"确定"按钮，完成超链接设置。

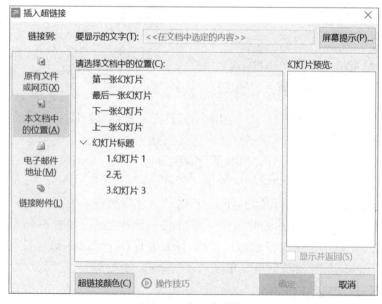

图 5-87　插入超链接

2．创建链接到不同演示文稿中的幻灯片的超链接

有时我们需要在不同演示文稿之间创建链接，操作步骤如下。

Step1：在"普通"视图中，选择要用于超链接的文本或对象。

Step2：在"插入"选项卡中单击"超链接"，在"链接到"下单击"原有文件或网页"。

Step3：找到包含要链接到的幻灯片的演示文稿。

Step4：单击要链接到的幻灯片的标题，单击"确定"即可。

3．创建链接到电子邮件地址的超链接

Step1：在"普通"视图中，选择要用于超链接的文本或对象。

Step2：在"插入"选项卡中单击"超链接"。

Step3：单击"链接到"的"电子邮件地址"，在"电子邮件地址"框中输入要链接到的电子邮件地址，或在"最近用过的电子邮件地址"框中单击电子邮件地址。

Step4：在"主题"框中输入电子邮件的主题。

4．创建链接到网站上的页面或文件的超链接

我们可以将幻灯片链接到丰富多彩的网站页面或者其他文件，操作步骤如下。

Step1：在"普通"视图中，选择要用于超链接的文本或对象。

Step2：在"插入"选项卡中单击"超链接"。

Step3：单击"链接到"的"原有文件或网页"，在"地址"栏输入网页地址。

Step4：然后单击"确定"即可。

5．编辑超链接

如果对已设置的超链接不满意，还可对它进行修改。右击带有超链接的文本或对象，在弹出的快捷菜单中选择"编辑超链接"命令，打开"编辑超链接"对话框，重新设置链接对象（如图 5-88 所示）。

图 5-88　取消超链接

6．取消超链接

方法 1：选中带有超链接功能的文字或图片，在"插入"选项卡中单击"超链接"，然后选择"删除链接"。

方法 2：右击带有超链接的文本或对象，在弹出的快捷菜单中选择"取消超链接"命令（见图 5-88）。

7．动作按钮

动作按钮是一个现成的按钮，可将其插入演示文稿，也可以为其定义超链接。WPS 演示提供了一组现成的动作按钮，如"前一项""下一项""播放声音"等，在幻灯片放映时单击这些动作按钮，就能激活另一个程序。添加动作按钮的操作步骤如下。

Step1：选择动作按钮。在"插入"选项卡的"插图"组中单击"形状"，从下拉列表的"动作按钮"中单击要添加的按钮。

Step2：绘制动作按钮。单击幻灯片上的一个位置，然后通过拖动为该按钮绘制形状。

Step3：设置超链接信息。绘制好动作按钮后，弹出"动作设置"对话框（如图 5-89 所示）。若要选择鼠标移过时动作按钮的行为，则单击"鼠标移过"选项；若要选择单击鼠标动作按钮时所发生的操作，则单击"鼠标单击"选项，可进行如下选择：

❖ 如果不想进行任何操作，选中"无动作"。

❖ 要创建超链接，选中"超链接到"，然后选择超链接的目标。

❖ 要运行程序，单击"运行程序 → 浏览"，然后找到要运行的程序。

❖ 要播放声音，勾选"播放声音"复选框，然后选择要播放的声音。

Step4：设置完成后单击"确定"按钮。进入幻灯片放映视图时，将鼠标指针置于动作按钮上，鼠标指针将呈手形，单击该动作按钮，可以跳转至超链接设置的幻灯片或其他设置。

图 5-89　动作设置

5.7　幻灯片中多媒体的使用

在幻灯片中，除了可以添加图片、文本、表格、图表等静态对象，还可以插入美妙的音乐和趣味的影片，使幻灯片更具动感和吸引力，从而达到很好的视听效果。

5.7.1　在幻灯片中添加音频

为了增强演示文稿的效果，可以添加声音，以达到强调或实现特殊效果的目的。在 WPS 演示中，用户既可以添加来自文件、剪贴画中的音频，还可以自己录制音频并将其添加到演示文稿中。幻灯片上插入声音时，将显示一个表示所插入声音文件的图标。若要在进行演示时播放声音，则可以将声音设置为在显示幻灯片时自动开始播放、在单击鼠标时开始播放、在一定的时间延迟后自动开始播放或作为动画序列的一部分播放。WPS 演示兼容的音频文件格式如表 5-2 所示。

表 5-2　WPS 兼容的一些音频文件格式

文件格式	扩展名	说　　明
AIFF 音频文件	.aiff	最初用于 Apple 和 Silicon Graphics 计算机，不能压缩，因此文件很大
AU 音频文件	.au	为 UNIX 计算机或网站创建的音频文件
MIDI 音频文件	.mid/.midi	用于乐器、合成器与计算机之间交换音乐信息的文件格式
MP3 音频文件	.mp3	使用 MPEG Audio Layer 3 编码/解码器进行压缩/解压缩的音频文件
Windows 音频文件	.wav	将音频以波形存储
Windows Media Audio 文件	.wma	使用 Windows Media Audio 编码/解码器进行压缩/解压缩的音频文件

1．添加声音

Step1：单击要添加声音的幻灯片，在"插入"选项卡中单击"音频"，弹出下拉列表，如图5-90所示。

Step2：选择声音来源。如果从硬盘中选择需要的声音文件，可以单击"嵌入音频"，找到需要添加的文件。

Step3：播放音频。插入音频文件后，可以播放该音频文件以试听效果。播放音频的方法有以下两种：

❖ 选中插入的音频文件后，单击音频文件图标下的"播放"按钮，即可播放音频。另外，可以单击"向前/向后移动"按钮调整播放的速度，也可以使用按钮来调整声音的大小（如图5-91所示）。

❖ 在"音频工具"下（如图5-92所示）单击"播放"按钮。

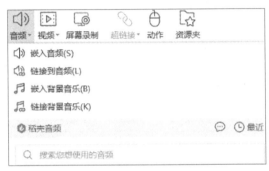

图5-90 "音频"的下拉列表

图5-91 音频播放控制

图5-92 "音频工具"选项卡

如果在演示文稿中添加了多个音频，音频图标会叠放在一起，音频会按照添加顺序依次播放。如果希望每个音频都在单击时播放，可以在插入音频后拖动音频图标，将它们分开。

2．播放设置

在添加音频后，可以设置音频的播放方式，可以设置为在显示幻灯片时自动开始播放、在单击音频图标时播放，还可以设置音频在几张幻灯片直接播放，即跨幻灯片播放，甚至可以循环连续播放，直到停止。

Step1：单击"插入"选项卡，选择"音频 → 嵌入音频"，打开"嵌入音频"对话框，选择背景音乐，单击▮图标，或选择"播放"/"预览"，然后单击"播放"按钮。

Step2：选择"音频工具"选项卡，勾选"放映时隐藏"和"循环播放，直到停止"复选框，选中"跨幻灯片播放"（见图5-92）。

3．音频编辑

插入音频文件后，可以在每个音频箭头的开头和结尾处对音频进行修剪。

Step1：选择幻灯片中要进行剪裁的音频文件，在"音频工具"选项卡中单击"裁剪音频"（如图5-93所示），弹出"裁剪音频"对话框，其中显示了音频文件的持续时间、开始时间和

图 5-93　音频编辑（一）

结束时间等，如图 5-94 所示。

Stcp2：单击音频的起点（最左侧的绿标记），当鼠标指针显示为双向箭头时，将箭头拖动到所需的音频剪辑起始位置处释放，即可裁剪音频文件的开头部分；单击音频的终点（最右侧的红色标记），当鼠标将箭头拖动到所需的音频剪辑结束位置处释放，即可裁剪音频文件的结尾部分。也可以在"开始时间"微调框和"结束时间"微调框中输入精确的数值来裁剪音频文件（如图 5-95 所示）。

图 5-94　音频编辑（二）

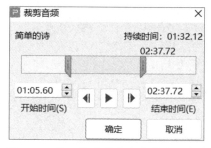

图 5-95　输入精确数值来裁剪音频文件

Step3：单击"播放"按钮，可以试听调整效果。单击"确定"按钮，完成音频的剪裁。

4．添加淡入淡出效果

在演示文稿中添加音频文件后，除了可以设置播放选项，还可以在音频工具中为音频文件添加淡入和淡出的效果。在"淡化持续时间"区域的"淡入"文本框中输入数值，可以设置在音频剪辑开始的几秒钟内使用淡入效果；在"淡出"文本框中输入数值，可以设置在音频剪辑结束的几秒钟内使用淡出效果（如图 5-96 所示）。

图 5-96　添加淡入淡出效果

5.7.2　在幻灯片中添加视频

除了音频，在幻灯片中还可以添加视频。**WPS 演示支持多种视频格式**（如表 5-3 所示）。

表 5-3　WPS 演示支持的视频格式

文件格式	扩展名	说　　明
Adobe Flash Media	.swf	使用 Adobe Flash Player 通过互联网传输
Windows Media 文件	.asf	经过同步的多媒体数据，可用于网络上以流的方式传输音频、视频、图像和脚本
Windows Media Video 文件	.wmv	使用 Windows Media Video 压缩的音频和视频格式，压缩率很大
Windows 视频文件	.avi	存储格式为 Microsoft 资源交换文件格式（RIFF）的音频和视频
电影文件	.mpg / .mpeg	MPEG 开发的音频和视频格式，与 Video-CD 和 CD-i 一起使用

Step1：打开添加视频对话框。在"普通"视图中单击要添加视频的幻灯片，在"插入"选项卡中单击"视频"。

Step2：选择影片文件。如果要添加文件中的视频，单击"嵌入视频"（如图 5-97 所示），找到包含所需文件的文件夹，然后双击要添加的文件；如果要添加来自网站的视频，单击"链接到视频"。

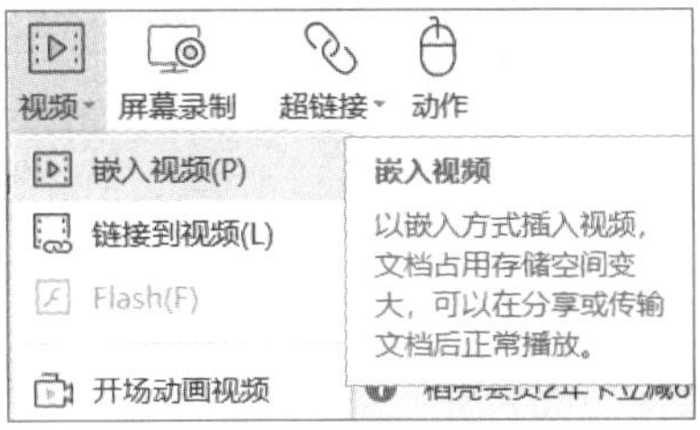

Step3：设置影片播放方式。在视频工具中单击"开始"按钮，选择播放视频方式："自动"或"单击时"。

Step4：调整视频的大小和位置。选中幻灯片中的视频图标，在图标四周出现控制点，拖动鼠标可以调整视频的大小，在视频区域中按住鼠标左键移动可调整视频的位置。

图 5-97　嵌入视频

在幻灯片中添加视频后，可以播放该视频文件以查看效果。播放视频的方法有以下 3 种：

❖ 选中插入的视频文件，在"播放"选项卡中单击"播放"按钮。

❖ 选中插入的视频文件，在"格式"选项卡中单击"播放"按钮。

❖ 选中插入的视频文件，单击视频文件左下方的"播放"按钮。

视频播放的控制方法与音频播放的控制方法相似，在此不再赘述。

5.8　智能图形

在制作演示文稿时，为了便于理解，常常采用图片或图形来表达相关信息。但是创建合适的、具有专业水准的图片比较困难，于是 WPS 演示增加了智能图形功能，可以创建出具有设计师水准的插图。智能图形是信息和观点的视觉表示形式，可以通过从多种布局中进行选择来创建智能图形，从而轻松、准确、有效地表达信息。

5.8.1　初识智能图形

WPS 演示中的智能图形分为列表、并列、总分、时间轴、关系、循环、流程、层次结构、金字塔、图片、矩阵、对比等（注：部分功能需要登录 WPS 账号或者购买会员）。

利用这些图形模板，用户可以设计出各式各样的专业图形，快速地为幻灯片的特定对象或者所有对象设置多种动画效果，而且能够即时预览（如图 5-98 所示）。

在创建智能图形前，对那些最适合显示数据的类型和布局进行可视化。在创建前最好思考下面几个问题：希望通过智能图形传达哪些内容？是否要求特定的外观？由于用户可以快速轻松地切换布局，因此可以尝试不同类型的不同布局，找到一个最适合对信息进行图解的布局（如表 5-4 所示）。还要考虑文字量，因为文字量通常决定了所用布局以及布局中所需的形状个数。通常，在形状个数和文字量仅限于表示要点时，智能图形最有效。如果文字量较大，就会分散智能图形的视觉吸引力，难以直观地传达用户的信息。但某些布局（如"列表"类型中的"梯形列表"）适用于文字量较大的情况。

某些智能图形布局包含的形状个数是固定的。例如，"关系"类型中的"平衡箭头"布局用于显示两个对立的观点或概念，只有两个形状可以包含文字，并且不能将该布局改为显示多个观点或概念。

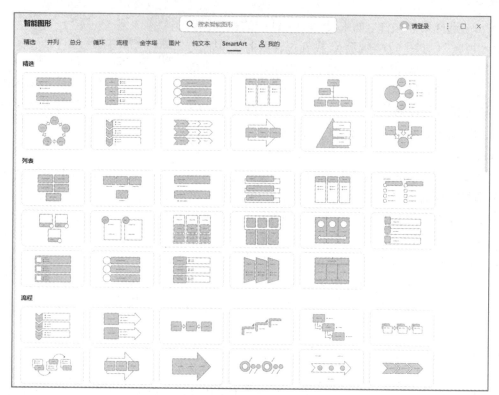

图 5-98 智能图形种类

表 5-4 信息图解布局

图形的类型	图形的用途	图形的类型	图形的用途
列表	显示无序信息或分组信息	总分	总的概括,再逐条展开写分论点,逻辑清晰
流程	在流程或日程表中显示步骤	时间轴	以时间轴为划分标准,反映事物发展历程
循环	显示连续、环环相扣、相互影响的流程	关系	反映事物及其特性直接相互联系
并列	显示并排齐列,位置不分前后、主次的流程	层次结构	显示决策树、创建组织结构图
矩阵	显示各部分如何与整体关联	对比	显示同一事物相反的两方面
图片	主要应用于包含图片的信息列表	/	

如果需要传达多个观点,可以切换到另一个布局,其中包含多个文字的形状。更改布局或类型会改变信息的含义。例如,带有右向箭头的布局(如"流程"类型中的"基本流程"),其含义不同于带有环形箭头的智能图形布局(如"循环"类型中的"连续循环")。

5.8.2 创建智能图形

1. 创建智能图形

Step1:在"插入"选项卡中单击"智能图形"按钮。

Step2:选择智能图形的类型。在出现的"智能图形"对话框中选择所需的类型和布局,如选择"流程"选项的"步骤下移流程"。

Step3:输入文本。此时在幻灯片中插入了指定类型的智能图形,在默认的智能图形上方显示了文本,单击即可激活文本框,从中输入需要的文本。

Step4：更改颜色。选中插入的智能图形，在"设计"选项卡中单击"更改颜色"按钮，在展开的下拉列表中更改颜色，如图 5-99 所示。

Step5：应用智能图形样式。单击"样式"组的"其他"按钮，在展开的样式库中"选择文档的最佳匹配对象"，设置完成后即可查看应用智能图形样式后的效果。

2．将文本转换为智能图形

将文本转换为智能图形是一种将现有幻灯片转换为专业设计的插图的快速方法。例如，通过一次单击，可以将文本幻灯片转换为智能图形，从许多内置布局中进行选择，以有效传达消息，如图 5-100 所示。

Step1：单击包含要转换的幻灯片文本的占位符。

Step2：在"开始"选项卡中单击"转换为智能图形"按钮。

Step3：在打开的智能图形布局库中选择需要的布局样式。若要查看完整的布局列表，则选择"其他智能图形"选项。

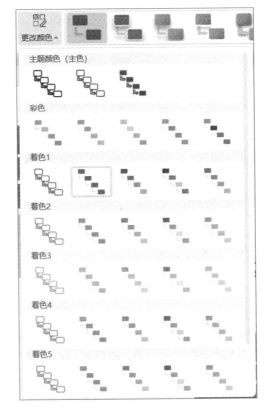

图 5-99　更改智能图形颜色

例如，图 5-100 的幻灯片选择的是"流程"类型的"步骤下移流程"样式。

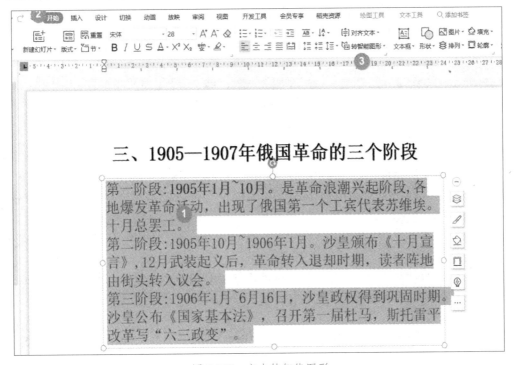

图 5-100　文本转智能图形

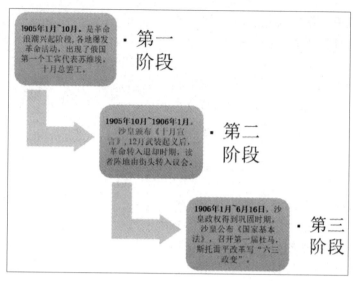

图 5-100　文本转智能图形（续）

5.8.3　编辑智能图形

创建好智能图形后，用户还可以根据实际需要，对创建的图形的布局、结构、样式等进行编辑。

1．形状的添加和删除

在插入智能图形时，如果系统默认的形状个数不足，可以添加形状；如果形状个数冗余，可以删除多余的形状。

Step1：选中智能图形中的形状，在"设计"选项卡中单击"添加项目"按钮，在下拉列表中选择合适的选项（如图 5-101 所示），即可在相应位置添加形状。

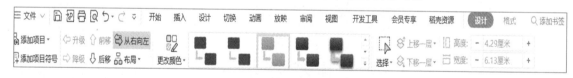

图 5-101　添加形状

Step2：如果更改图形的布局，单击"从右向左"按钮；如果改变图形中某部分的级别，单击"布局"，在下拉菜单中可以单击"升级"按钮升级，单击"降级"按钮进行降级。

Step3：如果在创建的智能图形中有多余的形状，可以选中该形状，按 Delete 键或者 Backspace 键，将其删除。

2．更改智能图形的布局

如果对现有的智能图形不满意，可以直接将其切换到另一个布局，在切换的过程中不需要重新设置智能图形的样式。

Step1：选中需要更改的智能图形。

Step2：选择布局样式。在"设计"选项卡中单击"布局"，如选择"标准"（如图 5-102 所示），则效果如图 5-103 所示，各项目都是横向排列的。

图 5-102　布局

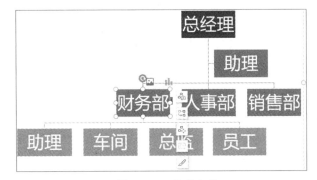

图 5-103　标准布局

3．设置智能图形的样式

如果对提供的智能图形样式不满意，还可以对智能图形中的形状进行单独的形状更改、形状填充、形状轮廓、形状效果、艺术字等设置。用户可以利用"绘图工具"选项卡进行自定义智能图形样式（如图 5-104 所示）。

图 5-104　自定义智能图形样式

Step1：选中需要更改的形状，如智能图形中的箭头形状（如图 5-105 所示）。

Step2：更改形状。在"绘图工具"选项卡中单击"编辑形状 → 更改形状"，在展开的形状样式库中选择"心形"，效果如图 5-106 所示。

Step3：更改其他形状。使用相同方法，将该智能图形中的其他形状均改为心形，效果如图 5-107 所示。

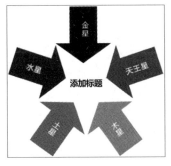

图 5-105　原始智能图形

图 5-106　更改形状（一）

图 5-107　更改形状（二）

还可以在右侧对话框的"关系图处理"中单击"更改样式"。

Step1：选中需要更改的形状，弹出如图 5-108 所示的对话框，在"关系图处理"中选择"更改样式"。

Step2：在列出的图片中选择想要的样式，就可将原有样式变为其他样式，得到如图 5-109 所示的效果。

图 5-108 更改样式

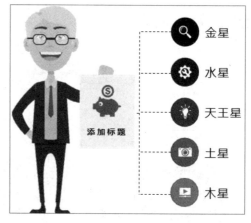

图 5-109 更改后的图形

5.9 WPS 演示 AI

WPS AI 是金山办公旗下 WPS Office 产品的一个功能，结合了人工智能（AI）技术，为演示文档的创建和编辑提供了智能化的辅助。WPS 演示主要的 AI 功能包括：AI 生成 PPT、文档生成 PPT。

1. AI 生成 PPT

WPS AI 生成 PPT 功能旨在帮助用户快速将文字内容、文档或其他形式的信息转化为专业的 PPT 演示文稿。通过智能识别和分析，WPS AI 能够生成结构清晰、内容丰富的 PPT，大大节省了用户的时间和精力。

Step1：新建一个空白演示文稿，在 WPS 演示的选项卡中选择"WPS AI"，然后单击"AI 生成 PPT"，如图 5-110 所示。

Step2：弹出的对话框中有"输入内容""上传文档""粘贴大纲"三个选项，如图 5-111 所示。在"输入内容"中输入主题，如"如何利用 WPS AI 提高制作幻灯片的效率"，单击"开始生成"按钮。

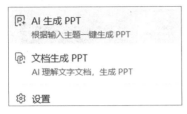

图 5-110　WPS 演示 AI

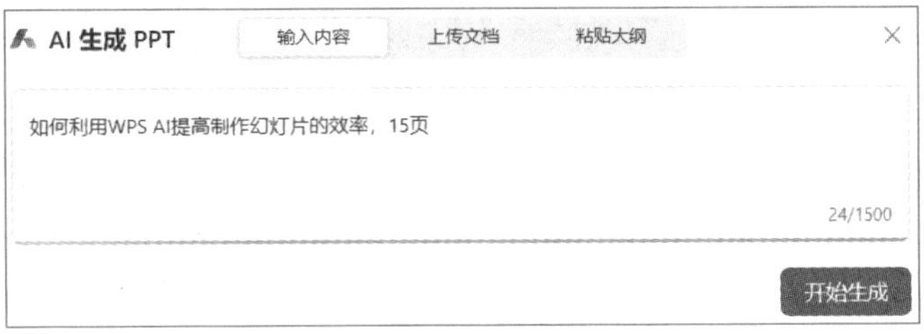

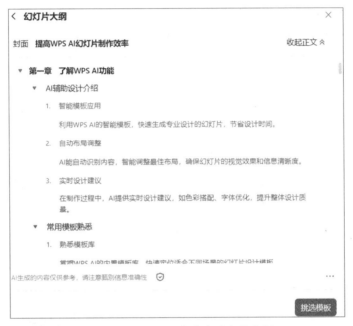

图 5-111　利用 WPS AI 生成演示文稿

Step3：生成一份大纲，如图 5-112 所示。单击"挑选模板"按钮。

图 5-112　WPS AI 生成演示文稿大纲

Step4：出现如图 5-113 所示的窗口，选择一款合适模板并单击"创建幻灯片"按钮，WPS AI 会自动生成演示文稿，如图 5-114 所示。

2．文档生成 PPT

WPS AI 文档生成 PPT 功能允许用户通过输入文档内容或上传已有文档，由系统自动识别并生成对应的 PPT 大纲和幻灯片。这个功能极大地提高了制作 PPT 的效率，尤其适用于需要快速准备演示文稿的场合。

Step1：新建一个空白演示文稿，在 WPS 演示的选项卡区选择"WPS AI"，然后选择"文档生成 PPT"（见图 5-110）。

Step2：在图 5-115 所示的对话框的"上传文档"中单击"选择文档"，选择提前准备好的文档"如何利用 WPS AI 提高制作幻灯片的效率.docx"，弹出"选择大纲生成方式"对话框，如图 5-116 所示，可以选择"智能改写"或"贴近原文"两种大纲生成方式，然后单击"生成大纲"按钮。

Step3：与 AI 生成 PPT 一样，WPS AI 会根据输入文档生成一份大纲；选择一款合适模板并单击"创建幻灯片"按钮，会自动生成演示文稿，如图 5-117 所示。

图 5-113　选择演示文稿模板

图 5-114　生成演示文稿效果

图 5-115　利用 WPS AI 生成演示文稿

图 5-116 选择大纲生成方式

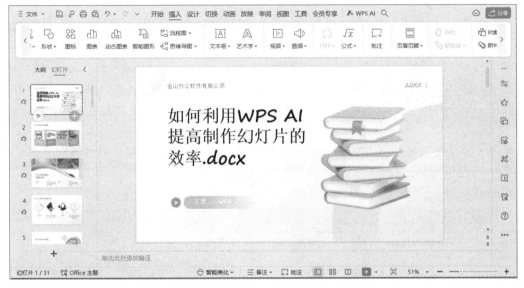

图 5-117 根据文档生成 PPT

5.10 进一步学习 WPS 演示

5.10.1 优秀演示文稿设计的若干原则

随着计算机的普及，演示文稿的应用也变得越来越广泛。作为一种互动的交流工具，演示文稿提供了一种互动的交流途径。演示文稿根据分类标准的不同，从整个风格设计到对象设计都有着较大的差别。因此，在制作演示文稿之前应先确定其用途。

一般，当演示文稿呈现为课件或者方案时，经常会有两种用途：演示和阅读。有时我们制作演示文稿是为了理清思路，在讲课或者讲解方案时做演示之用；更多的时候则是为了提交给别人阅读，而无须讲解。

演示用的演示文稿和阅读用的演示文稿的做法存在着很多区别。比如，演示用的幻灯片中文字不宜过多，一般只要提纲挈领即可，细节部分主要靠演讲者来发挥，如果文字过多，观众会把注意力从演讲人身上转移到演示文稿，得不偿失。另外，由于演示文稿一般采用投影的方式进行播放，因此文档中的字体不能太小，除了一些不想让听众仔细阅读的文字，其他文字最好不要小于 18 号；如果担心投影机的亮度不够，就不要在演示中把文字和背景的字体颜色设置得过于接近。相对地，阅读用的演示文稿则可以尽量细致，排版布局也可以做得更美观，从而给阅读者留下好的印象。

演示文稿是由文字、图片、图标、表格等多种类型的对象组成的。如果一直重复使用相似的幻灯片，就无法把观众的注意力集中在演示文稿上，因此必须有效地结合使用多种对象。

1．使用文字的原则

文字是演示文稿中使用得最为基本的手段。在排版设计中，文字不局限于传达信息，已经提升到启迪性和宣传性的视角。文字根据字体、大小和间距的不同有着不同的传达效果。演示文稿中使用的文字有许多限制。

1）文字的字号

字号是表示字体大小的术语。计算机字体的大小通常采用号数制、点数制等。如常用的三号字、小五号字等就是号数制的表示形式。点数制是世界流行计算字体的标准制度。"点"也称为磅（pt）。因为幻灯片的版面大小有限制，字号应根据文字的内容和长度调整。如果一张幻灯片有过多内容，就会显得复杂，字号过小读者也会看不清楚。不同文本类型的字号也不一样，如表 5-5 所示。如果字号太大，可能有人抱怨；如果字号太小，所有人都会抱怨。

2）字体

演示文稿中的文本易采用较为厚重的字体，这样能提高文本的可读性和视觉效果。代表性的字体如表 5-6 所示。

表 5-5　字号建议

文本类型	字号建议
封面标题文本	44pt 以上
目录、简页文本	36pt 以上
幻灯片标题文本	28pt 以上
幻灯片副标题文本	20pt 以上
幻灯片内容文本	18pt 以上

表 5-6　代表性的字体

字　体	特　点	示　例
宋体	客观、雅致、大气、多适用于正文内容	宋体
黑体	字形严肃、庄重、有力、富于时代感，使用在主标题与副标题上	**黑体**
楷体	清秀、平和、可认性高，用于通常的说明文字	楷体
微软雅黑	字形饱满圆润，富有独特的亲和力与现代感	**微软雅黑**

3）风格

在风格不同的演示文稿中所使用的字体也各有特色，如党政风（如图 5-118 所示）和中国风（如图 5-119 所示），常见风格如表 5-7 所示。

4）调整行距

如果行距太小，就会显得拥挤沉闷；如果行距太大，就会显得空洞。在演示文稿设计中，

图 5-118　党政风

图 5-119　中国风

表 5-7　常见风格

风　格	搭配一	搭配二	搭配三
商务风	思源黑体 Heavy &思源黑体 Regular	阿里巴巴普惠体 H&阿里巴巴普惠体 R	OPPOSansH &OPPOSansR
学术风	华康俪金黑&黑体	微软雅黑&微软雅黑	思源宋体 Heavy&思源宋体 Medium
党政风	思源宋体 Heavy&思源宋体 Medium	汉仪新人文宋 75W&汉仪新人文宋 55W	汉仪雅酷黑 95W&汉仪雅酷黑 55W
科技风	优设标题黑&阿里巴巴普惠体 R	庞门正道标题体&微软雅黑	演示钥魂行楷&阿里巴巴普惠体 R
中国风	方正清刻本悦宋&华文中宋	思源宋体 Heavy &思源黑体 Regular	演示新手书&方正宋刻本秀楷简
可爱风	华康海报体 W12&浪漫雅园	汉仪糯米团简&汉仪橄榄体简	庞门正道轻松体&优设好身体

一般将行距调整在 1.2 行或以上，如果行距在 1.2 行以下，就会使上下行之间显得狭窄，文字的可读性也会随之下降。

5）批量修改字体

在 WPS 演示中，可以方便地一次性进行统一，设置路径是选择"设计 → 统一字体 → 批量设置字体"，如图 5-120 所示。

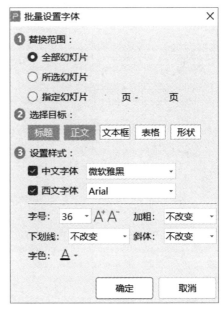

图 5-120　批量修改字体（一）

第二种方式是选择"设计 → 统一字体 → 更多"，然后选择需要的字体（如图 5-121 所示）。

然后在"全文美化"弹出框中单击"统一字体"，再选择需要的字体（如图 5-122 所示）。

2．演示文稿的色彩选择

一个丰富的演示文稿由文字、图形、图像、音频、视频等多媒体元素组成，用户在组合多种元素的时候，可以利用 WPS 演示丰富的色彩进行搭配。但色彩的使用并非越多越好，在进行色彩选择时还要注意若干事项。

图 5-121　批量修改字体（二）

图 5-122　批量修改字体（三）

1）关于色彩的直觉理解

色彩作为信息表达的有效工具，可以表达信息并增强文稿的效果，所选择的颜色及使用方式可以有效地感染观众的情绪。色彩直觉是指色彩给人的直观感知。根据人们的心理和视觉判断，颜色可分为冷色（如蓝、绿等）和暖色（如橙、红）两类，冷色最适合作背景色，因为它们不会引起我们的注意；暖色最适合显著位置的主题（如文本），因为可造成扑面而来的效果。

2）色彩搭配

在制作演示文稿时，要注意色彩的搭配。同一个演示文稿中的主要色调要统一，虽然丰富的色彩能增强视觉效果，但是如果使用色彩过多，反而显得杂乱，也突出不了重点，因此制演示文稿时要注意色彩的搭配。

色彩搭配的建议如下：① 采用与基本色彩相近的颜色进行补充；② 决定一个强调色彩，即能突出对比度的色彩。例如，在演示文稿中采用了冷色的背景色，强调色最好采用暖色。

3）批量修改颜色风格

Step1：在"设计"选项卡中单击"配色方案"按钮，在弹出的对话框中出现分别按色系、颜色、风格选择的方案。如想选择贴合中国风的颜色风格，单击"按风格"，在"中国风"下选择配色方案（如图 5-123 所示）。

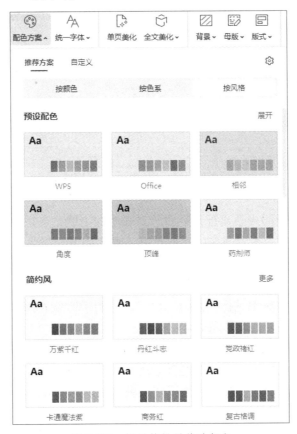

图 5-123　按风格批量修改颜色

Step2：单击"更多"，进入"全文美化"对话框，此时出现更多关于中国风的配色主题（如图 5-124 所示），选择一种方案，单击"预览配色效果"，然后在右侧窗格中预览，通过勾选每页的复选框自定义应用此方案幻灯片的数量，最后单击"应用美化"按钮。

3．演示文稿的版式设计

5.5 节讲述过演示文稿的版式，包括占位符、智能图形、表格、图表、形状、图片等对象。版式设计就是在版面（幻灯片）上将幻灯片上的对象进行次序排列，个性化地表现。在演示文稿中设计版式时，需要遵循一定的原则，概括起来有以下 5 方面。

图 5-124　在全文美化中批量修改颜色

1）形式与内容统一

版式设计追求的表现形式必须符合版面所要表达的主题，这是版式设计的前提。只讲完美的表现形式而脱离内容，或者只讲内容而没有艺术的体现，都会失去版式设计的意义。

2）主题鲜明突出

版式设计的目的之一是使版面有清晰的条理性，能够更好地突出主题，达到最佳的表达效果。将幻灯片中的多种对象进行整体编排设计，有助于增强读者对版面的注意，增进对内容的理解，同时有助于主要内容形象的建立。

3）强化整体布局

文字、图片与色彩是版式设计中最经常处理与编排的三大构成要素，这三者之间的关系必须进行一致性考虑。如何获得版面的整体性，可以从以下两方面考虑：

❖ 加强整体的组织结构和方向秩序，如水平结构、曲线结构、垂直结构等。

❖ 加强对象的集合性，将幻灯片中的对象进行有序组合，使版面更具条理性。

4）突出美感

在版式设计的艺术形式上，突出美感是非常重要的一条原则，即用各种手段营造出一种与内容相适应的气氛，满足读者的审美心理要求，使读者在轻松愉快的心情下进行阅读。

5）最佳视域

在人们注意版面时，版面的上部比下部的注目价值高，左侧比右侧的注目价值高。因此，版面的左上侧位置最引人注目，这一位置也成为幻灯片主要内容在版面中安排的最佳位置，可使幻灯片主次分明、一目了然。图 5-125 为版式的不同位置的注目程度百分比。

演示文稿的基本色彩即演示文稿的主题色调（背景色）。

6）全文换肤

通过"智能美化"找模板。在 WPS 演示功能区的"设计"选项卡中单机"全文美化"按钮（如图 5-126 所示），可通过"全文换肤"寻找简单的演示文稿模板（如图 5-127 所示）。

4．动画——互动的核心

用户可以方便地使用对象或幻灯片转换中所需的动画效果是演示文稿的最大优点之一。但是动画应该符合观众的要求，而不是以满足发表者或演讲人的方便为目的。动画效果的优点和缺点如表 5-8 所示。

60%	56%	40%
40%		

33%	28%	17%
		44%
23%	16%	28%
		17%

图 5-125　版式的注目程度

图 5-126　智能美化

图 5-127　寻找简单的演示文稿模板

表 5-8　动画效果的优点和缺点

优　点	缺　点
可以吸引观众视线	无节制的动画效果会成为观众理解的障碍
可以强调表现内容	有可能打断演示文稿的整体流程
可以防止演示文稿枯燥乏味	过分的重复也会导致乏味
帮助观众记忆	如果动画效果时间过长，也会影响演讲时间

使用动画的原则如下。

❖ 顺序：指文字、图形元素柔和出现的方式。屏幕的文字通常都是归纳的条理层次分明，为了保持一定的悬念和吸引观众的注意力，而不致让观众一览无余，有时候需要一条一条显示，在显示的过程中要使用大家熟悉和易于理解的顺序。

❖ 强调：用合适的方式让强调的重点内容"动"起来，这样容易吸引注意力。

❖ 简明：动画可以将复杂的内容简单化，但是不要滥用，尽量简单明了。

5．幻灯片的若干设计原则

制作演示文稿时，幻灯片的设计原则对优秀幻灯片的设计有着巨大而积极的影响。常见的幻灯片的设计原则有以下几项。

1）KISS 原则

KISS 是计算机编程中的一个很有名的原则，是 Keep It Simple and Stupid 的简写，可以翻译为"保持简单并一目了然"。KISS 原则同样适用于幻灯片的制作。用户在制作幻灯片时最好保持幻灯片的简洁。以图 5-128 所示幻灯片为例，左侧的幻灯片列出了一系列文字信息，内容很重要，还是要忍痛割爱，因为观众的一次性关注能力有限。把内容提炼再提炼、缩减再缩减，保留精华部分，其余的用语言向观众解释。观众记住关键词，也就记住了演示。如果幻灯片中的文字实在简化不了怎么办呢？我们可以采取把原来一次呈现出来的信息，通过多个页面放送的方法，变成多次呈现少量的信息，这样也能达到"保持简单"的效果。

图 5-128　KISS 原则的利用

2）一个中心

同一时刻，只让一个点吸引所有观众的注意，其余都是点缀。人在同一时刻关注一个焦点，这样才容易理解、容易记忆，也便于进行深入交流。

3）Magic Seven 原则

每张幻灯片传达 5 个概念效果最好，7 个概念人脑恰恰好可以处理，超过 9 个概念负担太重，必须重新对幻灯片内容进行组织。

4）对比原则

对比原则是指：如果两项不完全相同，就应当使之不同，而且应当是截然不同。换句话说，对比一定要强烈，不要畏畏缩缩。不管是有意无意，新手很少用到对比原则，反而常常在这个问题上犯下错误。如果对比不强烈（如三号字体和四号字体），就不能算作对比，而会成为冲突，在观众看来，这种设计更像是一个失误。在幻灯片设计中，对比可以通过很多方法实现，如字号、字体、字体颜色、文本框底色和艺术字特效等。通常，我们需要使用以上多种方式来实现对比。

5）对齐原则

对齐原则是指：任何元素都不能在页面上随意安放，都应该与页面上某内容存在某种视觉联系。而且很多情况下用到的可能是居中对齐，但是左右对齐给人的视觉效果更为强烈。在有配图的情况下，文字边缘与图片偏远对齐往往有更好的效果。

6）信噪比原则

信噪比（SNR）是一个常用于电子通信领域的术语。但信噪比蕴含的理念几乎可以被应用于每个领域，包括幻灯片设计。对于幻灯片设计，信噪比等同于幻灯片上相关内容与无关内容的比率，而我们的目标是使该比率达到最大值。过多的内容往往会造成认知上的理解困难。虽然我们拥有高效处理新事物或新信息的能力，但这种能力毕竟是有限的。追求更高的信噪比意味着减轻人们在认知上的负担，使他们感到更加轻松自如。在很多情况下，就算没有过多非实质性内容的视觉轰炸，要使观众真正理解幻灯片也不是件容易的事情。

为确保幻灯片中相关内容与无关内容的比率达到最大值，幻灯片的内容应力求清晰明了，还应尽可能避免使用削弱主题的内容。造成主题削弱的原因有很多，如选择使用了不恰当的图表和模棱两可的标记，或错误地强调了线条、造型或符号标记等对主题起不到烘托作用的元素等。换言之，如果去掉幻灯片上的某些元素后不会妨碍人们理解，那么我们可以考虑把它们最小化，或者干脆不使用。以图 5-129 为例，左边是原始的幻灯片中的图表，右边是剔除了无关内容后的图表，通过比较，右边图表的信噪比大大提升了。

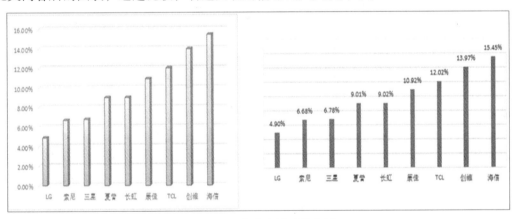

图 5-129　信噪比原则的应用

7）视觉化

幻灯片中的绝大部分内容都是用文字和图片表达出来的。经验告诉我们，演示文稿要做到图文并茂才能吸引读者。视觉化原则（Visual 原则）如下（如图 5-130 所示）：

❖ Visual（可视性）：采用的字体要够大，让观众或读者能清晰看到。

❖ Interest（兴趣）：使用图表、图案、色彩等方式增强幻灯片的趣味性。

❖ Simple（简单）：内容简单明了，突出关键信息。

❖ Use（实用）：帮助演讲者和听众保持介绍的。

❖ Accurate（准确）：演示文稿和听众使用材料内容吻合。

❖ Long（持久）：让人们对演示内容产生深刻的记忆。

图 5-130　视觉化的应用

6．其他技巧

1）在演示文稿中复制幻灯片

要复制演示文稿中的幻灯片，请先在普通视图的"大纲"或"幻灯片"选项卡中，选择要复制的幻灯片。若希望按顺序选取多张幻灯片，则在单击时按住 Shift 键；若不按顺序选取幻灯片，则在单击时按住 Ctrl 键。然后选择"插入 → 新建幻灯片 → 复制选定幻灯片"，或者按组合键 Ctrl+Shift+D，则选中的幻灯片将直接以插入方式复制到选定的幻灯片之后。

2）让幻灯片自动播放

要让幻灯片自动播放，只需右击这个文稿，然后在弹出的快捷菜单中选择"显示"命令即可，或者在打开文稿前将该文件的扩展名从 pptx 改为 ppsx 后，再双击它即可。这样就避免了每次都要先打开这个文件才能进行播放所带来的不便和烦琐。

3）快速定位幻灯片

在播放演示文稿时，如果要快进到或退回到第 5 张幻灯片，可以这样实现：按数字 5 键，再按 Enter 键。若要从任意位置返回到第 1 张幻灯片，还有一种方法：同时按下鼠标左右键并停留 2 秒钟以上。

4）快速调节文字大小

如果在幻灯片中输入的文字大小不合乎要求或者看起来效果不好，一般是通过选择字体和字号加以解决，其实有一个更简洁的方法：选中文字后，按组合键 Ctrl+]是放大文字，按组合键 Ctrl+[是缩小文字。

5）编辑放映两不误

能不能一边播放幻灯片，一边对照着演示结果对幻灯片进行编辑呢？答案是肯定的，只需按住 Ctrl 键不放，单击"幻灯片放映"选项卡的"开始放映幻灯片组"就可以了，此时幻灯片将演示窗口缩小至屏幕左上角。修改幻灯片时，演示窗口会最小化，修改完成后再切换到演示窗口，就可看到相应的效果了。

6）将演示文稿保存为图片

保存幻灯片时通过将保存类型选择为"Web 页"，可以保存幻灯片中的所有图片，如果想把所有的幻灯片以图片的形式保存下来，该如何操作呢？打开要保存为图片的演示文稿，选择"文件 → 另存为 → 浏览/此计算机"，在弹出的对话框中将"保存类型"选择为"JPEG 文件交换格式"，单击"保存"按钮，此时系统会询问用户"想导出演示文稿中的所有幻灯片还是仅导出当前的幻灯片？"，根据需要，单击其中的相应按钮就可以了。

7）图表也能用动画展示

WPS 演示中的图表是一个完整的图形，如何将图表中的各部分分别用动画展示出来了呢？其实只需右键单击图表，选择"组合 → 取消组合"，就可以将图表拆分开，接下来可以对图表中的每个部分分别设置动作。

8）隐藏重叠的图片

如果在幻灯片中插入很多精美的图片，在编辑的时候将不可避免地重叠在一起，妨碍我们工作，怎样让它们暂时消失呢？在"开始"选项卡的"编辑"组中单击"选择 → 选择窗格"，在工作区域的右侧会出现"选择和可见性"窗格，其中列出了所有当前幻灯片上的"形状"，并且在每个"形状"右侧都有一个"眼睛"的图标。单击想隐藏的"形状"右侧的"眼睛"图标，就可以把挡住视线的"形状"隐藏起来。

9）单页美化效果

一份好的演示文稿，除了言简意赅、通俗易懂的文本内容，还需要精美的配图和表格，让幻灯片更加易懂美观。WPS 演示推出了"单页美化"功能（如图 5-131 所示），可以通过人工智能技术，智能识别幻灯片的页面类型和内容，推荐匹配的模板，高效地完成幻灯片不同页面的美化。用户只需专注于内容创作，不必费心于选模板、调格式、美化页面等烦琐操作。

图 5-131　单页美化

"单页美化"功能还可以支持根据正文内容自动配图、智能拼图或轮播图片等。在"设计"选项卡中选择"单页美化 → 更多功能"，在"页面筛选"处可以选择"智能配图"，WPS 演示的人工智能技术可以根据文案的语义，自动匹配合适的图片。如图 5-132 可转变成图 5-133的智能配图效果。

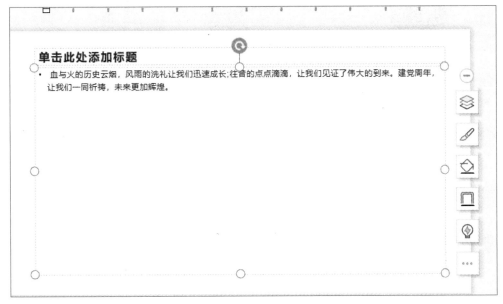

图 5-132　原始幻灯片

图 5-133　智能配图效果

图 5-134　导入模板

10）导入模板

Step1：在左上角的"WPS 演示"菜单上选择"另存为"命令，弹出"另存为"对话框。

Step2：在"保存类型"中选取"WPS 演示模板文件（*.dpt）"，会自动指向模板的存放路径，如保存在"Documents and Settings\您的用户名\ApplicationData\ kingsoft\office6\templates"。

Step3：在"设计"选项卡中单击"母版"按钮，然后选择"导入模板"选项，如图 5-134 所示。

7．组合键

1）幻灯片编辑的组合键

❖ Ctrl+T：弹出"字体"对话框（可修改字体大小样式颜色及其效果和字符间距）。

- ❖ Shift+F3：更改字母大小写。
- ❖ Ctrl+B：应用粗体格式。
- ❖ Ctrl+U：应用下划线。
- ❖ Ctrl+1：应用斜体格式。
- ❖ Ctrl+等号：应用下标格式（自动调整间距）。
- ❖ Ctrl+Shift+加号：应用上标格式（自动调整间距）。
- ❖ Ctrl+空格键：删除手动字符格式，如下标和上标。
- ❖ Ctrl+Shift+C：复制文本格式。
- ❖ Ctrl+Shift+V：粘贴文本格式。
- ❖ Ctrl+E：居中对齐段落。
- ❖ Ctrl+J：段落两端对齐。
- ❖ Ctrl+L：段落左对齐。
- ❖ Ctrl+R：段落右对齐。

2）幻灯片放映控制组合键

- ❖ N、Enter、Page Down、→、↓或空格键：执行下一个动画或切换到下一张幻灯片。
- ❖ P、Page Up、←、↑或 Backspace 键：执行上一个动画或切换到上一张幻灯片。
- ❖ 数字+Enter 键：跳转到该数字编号的幻灯片。
- ❖ B 键：黑屏或从黑屏返回幻灯片放映。
- ❖ W 或 , 键：白屏或从白屏返回幻灯片放映。
- ❖ Esc 或 Ctrl+Break：退出幻灯片放映。
- ❖ E：擦除屏幕上的注释。
- ❖ H：到下一张隐藏幻灯片。
- ❖ T：排练时设置新的时间。
- ❖ O：排练时使用原设置时间。
- ❖ M：排练时使用鼠标单击切换到下一张幻灯片，同时按下两个鼠标按钮几秒钟，则返回第一张幻灯片。
- ❖ Ctrl+P：重新显示隐藏的指针或将指针改变成绘图笔。
- ❖ Ctrl+A：重新显示隐藏的指针和将指针改变成箭头。
- ❖ Ctrl+H：立即隐藏指针和按钮。
- ❖ Ctrl+U：在 15 秒内隐藏指针和按钮。
- ❖ Shift+F10（相当于单击鼠标右键）：显示右键快捷菜单。
- ❖ Tab：转到幻灯片上的第一个或下一个超链接。
- ❖ Shift+Tab：转到幻灯片上的最后一个或上一个超链接。

5.10.2　WPS 文字、表格与演示的协同

前面讨论了 WPS 文字、WPS 表格、WPS 演示在学习和生活中的应用，其实在实际中的一些问题往往不是一个软件都能解决的。例如，我们要在 WPS 文档中使用一些在 WPS 表格中已经存在的数据，是否会在 WPS 文档中重新输入这些数据呢？当然不必要这样做。这样不但费时费力，而且可能增加数据出错的概率。

本节主要介绍在 WPS 中各软件之间数据的共享和相互引用，突出 WPS 集成办公特性与各组件之间的相互联系，不是把 WPS 文字、WPS 表格、WPS 演示等当成一个个的独立软件来对待，而是着眼于 WPS 是一个完整的办公系统。

1. WPS 文字与 WPS 表格的协同

在 WPS 文字和 WPS 表格之间可以交互数据和信息，WPS 文字中创建 WPS 表格工作表、在 WPS 文字中调用 WPS 表格文件、在 WPS 文字中调用 WPS 表格资源，在 WPS 表格中将 WPS 文字表格行列互换等。

2. WPS 文字与 WPS 演示的协同

将 WPS 演示转换为 WPS 文字文档。在 WPS 演示的"文件"菜单中选择"另存为 → 转为 WPS 文字文档"命令，在弹出的对话框中进行设置，如图 5-135 所示，单击"确定"按钮。

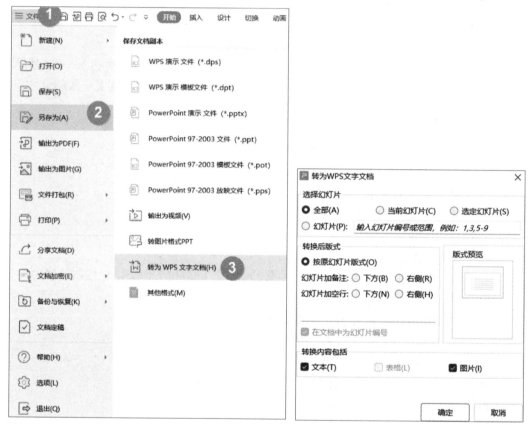

图 5-135　将 WPS 演示转换为 WPS 文字文档

将 WPS 文字文件转换为 WPS 演示文件。在 WPS 文字的"文件"菜单中选择"输出为 PPTX"，在弹出的对话框中进行设置，如图 5-136 所示，单击"导出 PPT"。

3. Microsoft 表格与 WPS 演示的协同

用 WPS 演示打开 Microsoft Excel 表格文件。在 WPS 演示"插入"选项卡中选择"对象 → Microsoft Excel Chart"，如图 5-137 所示，在弹出的对话框中设置后单击"确定"即可。

图 5-136　将 WPS 文字文件转换为 WPS 演示文稿

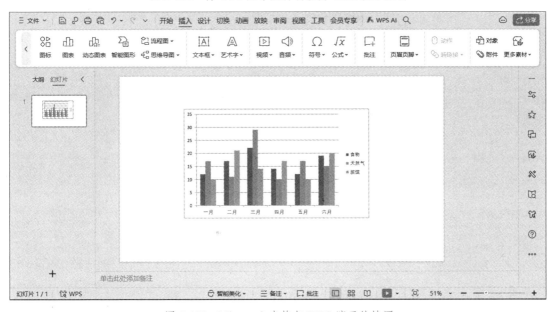

图 5-137　Microsoft 表格与 WPS 演示的协同

本章小结

本章详细介绍了 WPS 演示软件的使用。WPS 演示以幻灯片的形式提供了一种演示和演讲手段，可以制作图、文、音频、视频、动画等并茂的演讲稿。

本章主要内容包括认识 WPS 演示、如何设计好幻灯片、在幻灯片中使用文本、在幻灯片中使用图片、在幻灯片中使用智能图形、在幻灯片中插入表格和图表、在幻灯片中插入影音文件、编辑幻灯片母版、为幻灯片添加动画效果、幻灯片的放映和输出，以及幻灯片的高级应用等，以提高读者的综合应用能力。

第 6 章

网络与搜索

蒂姆·伯纳斯-李（Tim Berners-Lee） 1955 年 6 月 8 日出生于英国伦敦，"不列颠帝国勋章"佩戴者，英国皇家学会会员，万维网的发明人，被称为"万维网之父"，也是万维网联盟（World Wide Web Consortium）的发起人。1990 年，他在日内瓦的欧洲粒子物理实验室里开发出了世界上第一个网页浏览器。

随着人类社会的不断进步、经济的快速发展和计算机的广泛应用，特别是个人计算机（PC）的日益普及，人们对信息的需求也越来越强烈，而孤立的、单个的计算机功能有限，越来越不适应社会发展的需要，因此要求大型计算机的硬件和软件资源及它们所管理的信息资源能够被众多的微型计算机共享，以便充分利用这些资源。正是这些原因促使计算机向网络化发展，将分散的计算机连接成网络，组成计算机网络。

从 20 世纪 90 年代开始，随着 Internet 的兴起和快速发展，计算机网络已经成为人们生活中不可缺少的一部分。

6.1 计算机网络基础

1．计算机网络的定义

根据组成结构，计算机网络是通过外围设备和连线，将分布在不同区域的多台计算机连接在一起的集合；根据网络功能，计算机网络中的各台计算机之间可以进行信息交换，并可以访问网络中其他计算机中的共享资源。由此可以概括得出：所谓计算机网络，就是把分布在不同地理位置上具有独立功能的多台计算机连接起来，再通过相应的网络软件，以实现计算机相互通信和资源共享的系统。

2．计算机网络的形成和发展

计算机网络是计算机技术与通信技术紧密结合的产物，经历了一个从简单到复杂、从低级到高级的发展过程，总体来说可以分成 5 个阶段。

第 1 阶段：20 世纪 60 年代末到 70 年代初，计算机网络发展的萌芽阶段。其主要特征是：为了增加系统的计算能力和资源共享，把小型计算机连成实验性的网络。第一个远程分组交换网是 ARPANET，由美国国防部于 1969 年建成，第一次实现了由通信网络和资源网络复合构成的计算机网络系统。这标志计算机网络的真正产生，ARPANET 是该阶段的典型代表。该阶段是一个面向终端的计算机网络。

第 2 阶段：20 世纪 70 年代中后期，局域网发展的重要阶段。其主要特征为：局域网作为一种新型的计算机体系结构开始进入产业部门。局域网技术是从远程分组交换通信网络和 I/O 总线结构计算机系统派生的。1976 年，美国 Xerox 公司 Palo Alto 研究中心推出以太网（Ethernet），成功采用了夏威夷大学 ALOHA 无线电网络系统的基本原理，使之发展成第一个总线竞争式局域网。1974 年，英国剑桥大学计算机研究所开发了著名的剑桥环局域网（Cambridge Ring）。这些网络的成功实现，一方面标志着局域网络的产生，另一方面，它们形成的以太网及环网对以后局域网的发展起到了导航的作用。该阶段是计算机到计算机的简单网络。

第 3 阶段：20 世纪 80 年代，计算机局域网的发展阶段。其主要特征是：局域网完全从硬件上实现了国际标准化组织（International Organization for Standardization，ISO）的开放系统互连（Open System Interconnection，OSI）参考模式。计算机局域网及其互连产品集成使得局域网与局域网互连、局域网与各类主机互连、局域网与广域网互连的技术越来越成熟。综合业务数据通信网络（ISDN）和智能化网络（IN）的发展标志着局域网络的飞速发展。1980 年2 月，IEEE（美国电气和电子工程师学会）下属的 802 局域网络标准委员会宣告成立，并相继提出 IEEE 801.5 和 IEEE 802.6 等局域网络标准草案，其中绝大部分内容已被 ISO 正式认可。

作为局域网络的国际标准，它标志着局域网协议及其标准化的确定，为局域网的进一步发展奠定了基础。该阶段是开放式标准化普及和应用的时期。

第 4 阶段：从 20 世纪 90 年代初开始，计算机网络飞速发展的阶段。其主要特征是：计算机网络化，协同计算能力发展，以及国际互联网（Internet）的盛行。计算机的发展已经完全与网络融为一体，体现了"网络就是计算机"的口号。目前，计算机网络已经真正进入各行各业，虚拟网络 FDDI 及 ATM 技术的应用使网络技术蓬勃发展并迅速走向市场。

第 5 阶段：随着计算机网络技术的发展和应用，云计算和物联网技术深刻地影响着社会。

1）云计算（cloud computing）

云计算是分布式计算的一种，指的是通过网络"云"将巨大的数据计算处理程序分解成无数个小程序，由多台服务器组成的系统处理和分析这些小程序得到结果并返回给用户。云计算早期，简单地说，就是简单的分布式计算，进行任务分发和计算结果的合并。因而，云计算又被称为网格计算。云计算技术可以在很短的时间内（几秒钟）完成对数以万计的数据的处理，从而达到强大的网络服务。

现阶段的云计算已经不单单是一种分布式计算，而是分布式计算、效用计算、负载均衡、并行计算、网络存储、热备份冗杂和虚拟化等计算机技术混合演进并跃升的结果。云计算是继互联网、计算机后信息时代的又一种革新，未来的时代可能是云计算的时代。

2）物联网（Internet of Things，IoT）

物联网是指通过各种信息传感器、射频识别技术、全球定位系统、红外感应器、激光扫描器等装置，实时采集任何需要监控、连接、互动的物体或过程，采集其声、光、热、电、力学、化学、生物、位置等各种需要的信息，通过各类可能的网络接入，实现物与物、物与人的泛在连接，实现对物品和过程的智能化感知、识别和管理。物联网是一个基于互联网、传统电信网等的信息承载体，让所有能够被独立寻址的普通物理对象形成互连互通的网络。

计算机网已经进入一个高速发展阶段，以太网的传输速率从早期的 10 Mbps 到 100 Mbps 的普及，到现在的 Gbps 数量级，数据的传输速率得到了极大的提高。此外，计算机网络从早期传输字符信息，到现在图片、音频和影像等多媒体信息的传输，也对网络的传输速率（高带宽），延迟时间，时间抖动和服务质量等方面提出了更高要求。

随着平板电脑、智能手机的大量普及，高速无线网络的使用更普遍，今后在任何地点、时间都可以高速地接入网络，计算机网络将会有更广阔的发展前景。

3．计算机网络的分类

计算机网络的分类标准很多，从不同的角度和观点出发，可以被分为多种类型。

1）按地理范围分类

根据网络覆盖地范围的大小，计算机网络可以分为广域网、局域网和城域网。

广域网（Wide Area Network，WAN）又称为远程网，涉及的地区大、范围广，往往是一个城市、一个国家，甚至全球。为节省建网费用，广域网通常借用传统的公共通信网（如电话网），因此数据传输率较低，响应时间较长。国际互联网（Internet）就是广域网的一种，利用行政辖区的专用通信线路将多个广域网互连在一起。广域网的组成已非个人或团体的行为，而是一种跨地区、跨部门、跨行业、跨国的社会行为。

局域网（Load Area Network，LAN）又称为局部网，是指在有限的地理区域内建立的计算机网络。例如，把一个实验室、一座楼、一个大院、一个单位或部门的多台计算机连接成计算机网络。局域网通常采用专用电缆连接，有较高的数据传输率。局域网的覆盖范围一般不超过 10 km。

20 世纪 80 年代末开始，局域网和广域网趋向组合连接，即构成"结合网"。在结合网中，每个用户可以同时享用局域网内和广域网内的资源。

城域网（Metropolitan Area Network，MAN）是介于局域网与广域网之间的一种高速网络，一般覆盖一个地区或一座城市。例如，一所学校有多个分校，分布在城市的几个城区，每个分校都有自己的校园网，这些网络连接起来就形成了城域网。

2）按拓扑结构分类

网络的拓扑结构是指网络的物理连接形式。如果不考虑网络的地理位置，把网络中的计算机、外部设备及通信设备看成一个节点，把通信线路看成一根连线，这就可以抽象出计算机网络的拓扑结构。按网络的拓扑结构，计算机网络通常可以分为总线型、环型、星型、混合型，如图 6-1 所示。

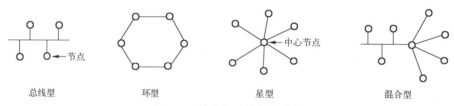

图 6-1　计算机网络拓扑结构

总线型结构：所有节点都连在一条主干电缆（称为总线）上，任何一个节点发出的信号均可被网络上的其他节点所接收。总线成了所有节点的公共通道。总线型网络的优点是：结构简单灵活，网络扩展性好，节点增删、位置变更方便，当某工作节点出现故障时，不会影响整个网络的工作，可靠性高。其缺点是：故障诊断困难，尤其是总线故障可能导致整个网络不能工作。在总线型结构中，总线的长度有一定的限制，一条总线只能连接一定数量的节点。

环型结构：各节点通过公共传输线形成闭合的环，信号在环中单向流动，可实现任意两点间的通信。环型网络的优点是：每个节点地位平等，每个节点可获得平行控制权，易实现高速及长距离传输。其缺点是：由于通信线路的自我闭合，扩充不方便，一旦环中某处出了故障，就可能导致整个网络不能工作。

星型结构：以中央节点为中心，网络的其他节点都与中央节点直接相连，各节点之间的通信都通过中央节点进行，中央节点通常为一台主控计算机或网络设备（如集线器、交换机等）。星型网络的优点是：外部节点发生故障时对整个网不产生影响，数据的传输不会在线路上产生碰撞。其缺点是：整个网络对中心节点的依赖性，当中央节点发生故障时，会导致整个网络瘫痪。

混合型结构：在实际使用中，网络的拓扑结构不一定是单一形式，往往是几种结构的组合（称为混合型拓扑结构），如总线型与星型混合连接、总线型与环型混合连接等。

3）按网络的工作模式分类

计算机网络通常采用两种不同工作模式：客户/服务器（Client/Server，C/S）模式和对等（Peer-to-Peer）模式。划分依据主要是看网络中有无服务器，无服务器的网络被称为对等网络，有服务器的网络被称为客户/服务器网络。

采用客户/服务器模式的网络也被称为基于服务器的网络。一台能够提供和管理可共享资源的计算机被称为服务器（Server），而能够使用服务器上可共享资源的计算机被称为客户机（Client）。通常，多台客户机连接到同一台服务器上，它们除了能运行自己的应用程序，还可以通过网络获得服务器的服务，如查看服务器的硬盘上的资料，把文件存储到服务器的硬盘上，以及通过服务器上的打印机进行打印等。

在这种以服务器为中心的网络中，一旦服务器出现故障或者被关闭，整个网络将无法正常运行。目前，大多数企业网采用客户/服务器模式，非常适合企业的信息管理需求，既适应企业内部机构的分散独立管理，又有利于公共信息的集中管理。

对等网络模式不使用服务器来管理网络共享资源，所有计算机处于平等地位，任何一台计算机既可以作为服务器，也可以作为客户机。例如，当用户从其他用户的硬盘上获取信息时，用户的计算机就成为网络客户机；如果是其他用户访问用户的计算机硬盘，那么用户的计算机就成为服务器；无论哪台计算机被关闭，都不会影响网络的运行。

4．计算机网络中的基本元素

1）网络硬件

网络硬件一般包括服务器、工作站、计算机外设、网卡、传输介质、网络互连设备等。

① 服务器和工作站。根据计算机在网络中担负的任务，计算机可以分为服务器和工作站（又称为客户机）两类。服务器在计算机网络中担任重要角色，为网络中的其他计算机和用户提供服务；工作站是用户实际操作的计算机，网络中的用户可以通过工作站访问网络上的各种信息资源。

② 计算机外设。计算机外设是指在网络中的一些共享设备，如打印机、扫描仪等。

③ 网卡。网卡又称为网络适配器或网络接口卡，是计算机与网络传输介质的物理接口，主要作用是接收和发送数据。网卡可以将计算机连接到网络中，实现网络中各计算机相互通信和资源共享的目的。

④ 传输介质。传输介质是指网络中数据传输的物理通路，根据传输介质的性质，可以分为有线传输介质和无线传输介质。有线传输介质包括双绞线、同轴电缆和光纤等，无线传输介质包括无线电、微波、红外线和卫星等。

⑤ 网络互连设备。网络互连设备通过传输介质连接网络中所有的计算机和服务器，以实现它们之间的相互通信。常见的网络互连设备有中继器、集线器、交换机、路由器和网关等。

中继器（Repeater）是局域网环境下用来延长网络距离的最简单、最廉价的互连设备，工作在 OSI 参考模型的物理层，作用是对传输介质上传输的信号接收后经过放大和整形，再送到其传输介质上，经过中继器连接的两段电缆上的工作站就像在一条加长的电缆上工作一样。

集线器（Hub）可以说是一种特殊的中继器，区别在于，集线器能够提供多端口服务，每个端口连接一条传输介质，也称为多端口中继器。集线器上的端口彼此相互独立，不会因某一端口的故障影响其他用户。用户可以用双绞线，通过 RJ-45 线连接到集线器上。

交换机发展迅猛，基本取代了集线器和网桥，并增强了路由选择功能。交换和路由的主要区别在于，交换发生在 OSI 参考模型的数据链路层，而路由发生在网络层。交换机的主要功能包括物理编址、错误校验、帧序列及流控制等，外观与集线器相似。从应用领域来分，交换机可以分为局域网交换机和广域网交换机；从应用规模来分，交换机可以分为企业级交换机、部门级交换机和工作组级交换机。

路由器（Router）是在网络层提供多个独立的子网间连接服务的一种存储/转发设备，工作在 OSI 参考模型的网络层，用路由器连接的网络可以使用在数据链路层和物理层协议完全不同的网络中。路由器提供的服务比网桥更完善。路由器可以根据传输费用、转接时延、网络拥塞或终点间的距离来选择最佳路径。

网关（Gateway），也被称为网间连接器或协议转换器，是网络互连中的关键设备，主要功能是在采用不同体系结构或协议的网络之间进行互通，提供协议转换、路由选择、数据交换等网络兼容功能。在复杂的网络环境中，网关充当翻译器的角色，使不同的系统之间能够进行有效的通信。

2）网络软件

网络软件的主要功能是控制和分配网络资源、实现网络中各种设备之间的通信、管理网络设备和实现网络应用等，主要包括网络操作系统、网络协议、网络应用软件和网络管理软件等。

① 网络操作系统。网络操作系统是向网络计算机提供网络通信和网络资源共享功能的操作系统，运行在服务器上，因此有时被称为服务器操作系统。常用的网络操作系统有 UNIX、Netware、Windows 2000/2003 Server 等。

② 网络协议。网络协议是指网络设备用于通信的一套规则、专门负责计算机之间的相互通信，并规定计算机信息交换中信息的格式和含义。常用的网络协议有 TCP/IP、IPX/SPX（网间数据包传送/顺序数据包交换）协议、NetBEUI 协议等。

TCP/IP（Transmission Control Protocol/Internet Protocol）即传输控制协议/网际协议，是实现 Internet 连接的基本规则，是目前最完整、最被普遍接受的通信协议标准，可以让使用不同硬件结构、不同操作系统的计算机之间相互通信。TCP/IP 是一种不属于任何国家和公司拥有和控制的协议标准，有独立的标准化组织支持改进，以适应飞速发展的网络的需要。

IPX/SPX（网间数据包传送/顺序数据包交换）协议是 Novell 公司开发的通信协议集，是 Novell NetWare 网络使用的一种传输协议，可以与 NetWare 服务器连接。IPX/SPX 协议在开始设计时就考虑了多网段的问题，具有强大的路由功能，在复杂环境下具有很强的适应性，适合大型网络的使用。

NetBEUI 协议是 Microsoft 网络的本地网络协议，常用于由 200 台计算机组成的局域网。NetBEUI 协议占用内存小、效率高、速度快，是专门为几台到百余台计算机所组成的单网段部门级小型局域网而设计的，因此不具有跨网段工作的功能，即无路由功能。

③ 网络应用软件。网络应用软件是指为网络用户提供服务并为网络用户解决实际问题的软件。常用的网络应用软件有网页浏览器、NetMeeting 等。

④ 网络管理软件。网络管理软件是指对网络资源进行管理和对网络进行维护的软件，如 SUN NetManager、IBM Tivoli NetView 等。

6.2 Internet 基础

Internet（国际互联网）是当今世界上最大的计算机网络，由多个不同的网络通过标准协议和网络互连设备连接而成的、遍及世界各地的、特定的一个大网络。Internet 具有资源共享的特性，使人们跨越时间和空间的限制，快速地获取各种信息。随着电子商业软件和工具软件的不断成熟，Internet 将成为世界贸易的公用平台。Internet 的发展将对社会、经济、科技和文化带来巨大的推动和冲击，如产业结构的重组，社会组织模式的变革，生产、工作及生活方式的改变，不同文化的碰撞等，其影响的广度和深度将是空前的。

6.2.1　IP 地址和域名系统

无论是从使用 Internet 的角度还是从运行 Internet 的角度，IP 地址和域名都是十分重要的概念。为了实现 Internet 上计算机之间的通信，每台计算机都必须有一个地址，就像每部电话都有一个电话号码一样，每个地址必须是唯一的。Internet 中有两种主要的地址识别系统，即 IP 地址和域名系统。

1. IP 地址

1）IP 地址的概念

Internet 中不同计算机的相互通信必须有相应的地址标志，这个地址标志称为 IP 地址。IP 地址是 IP（Internet Protocol，互联网协议）提供的一种统一格式的地址，为 Internet 上的每个网络和每台主机分配一个网络地址，以屏蔽物理地址的差异。每个 IP 地址在 Internet 上都是唯一的，是运行 TCP/IP 的唯一标志。

2）IP 地址的结构

传统的 IP 版本是 IPv4（IP 第 4 版本），规定了 IP 地址长度为 32 位。IP 地址是一个 32 位的二进制（4 字节）地址，通常用 4 个十进制来表示，十进制数之间用“.”分开，这种标志方法称为点分十进制。

【例 6-1】　IP 地址举例。

11001010	01110010	11001110	11001010
202	114	206	202

IP 地址是 Internet 主机的一种数字型标志，由两部分构成，一部分是网络标志（Netid），另一部分是主机标志（Hostid），如图 6-2 所示。

图 6-2　IP 地址一般格式

3）IP 地址的分类

通常，Internet 的 IP 地址可分为 5 类，即 A 类、B 类、C 类、D 类、E 类。前 3 类由各国互联网信息中心在全球范围内统一分配，后 2 类为特殊地址。每类网络中 IP 地址的结构即网络标志长度和主机标志长度都有所不同。

① A 类地址。网络标志占 1 字节，第 1 位为 0，允许有 126（2^7-2）个 A 类网络，每个网络大约允许有 1670（$2^{24}-2$）万台主机。A 类地址通常分配给国家级网络和大型的拥有大量主机的网络，如一些大公司（如 IBM 公司等）和因特网主干网络。

A 类地址格式：0　网络地址（7 位）　主机地址（24 位）

② B 类地址。网络标志占 2 字节，前 2 位为 10，前 2 字节表示网络类型和网络标志号，

后 2 字节为主机标志号，允许有 16382（$2^{14}-2$）个网络，每个网络大约允许有 65534（$2^{16}-2$）台主机。B 类地址适用于主机数量较大的中型网络，通常分配给节点比较多的网络，如区域网。

B 类地址格式：10　网络地址（14 位）　主机地址（16 位）

③ C 类地址。网络标志占 3 字节，前 3 位为 110，前 3 字节表示网络类型和网络标志号，最后 1 字节为主机标志号，允许有 200（$2^{21}-2$）万个网络，每个网络大约允许有 254（$2^{8}-2$）台主机。C 类地址适用于小型网络，通常分配给节点比较少的网络，如公司、院校等。一些大的校园网可以拥有多个 C 类地址。

C 类地址格式：110　网络地址（21 位）　主机地址（8 位）

④ D 类地址（特殊的 IP 地址）。D 类地址为组播地址，前 4 位为 1110，用于多址投递系统（组播）。目前使用的视频会议等应用系统都采用了组播技术进行传输。

⑤ E 类地址（特殊的 IP 地址）。E 类地址为地址预留，前 4 位为 1111，保留未用。

对上述 5 类 IP 地址进行归纳，可得出表 6-1。其中，网络号 127 作为循环测试用，不可他用。例如，发信息给 IP 地址 127.0.0.1，则此信息将传给本地机器，检验网卡是否连通。

表 6-1　IP 地址类型和应用

类　型	第 1 字节 IP 范围	网络类型
A 类	1～126	大型网络
B 类	128～191	中型网络
C 类	192～223	小型网络
D 类	224～239	组播寻址保留
E 类	240～254	实验应用保留

2．域名系统

IPv4 地址用 4 个十进制数字来表示，不便于人们的记忆和使用，为此，Internet 引入了一种字符型的主机命名机制—域名系统，用来表示主机的地址。当用户访问网络中的某个主机时，只需按名访问，不需关心它的 IP 地址。

【例 6-2】 www.sysu.edu.cn 是中山大学的 WWW 服务器主机名（对应的 IPv4 地址是202.116.64.9），用户只要使用 www.sysu.edu.cn 就可访问到该服务器。

1）域名地址的构成

一个完整的域名地址由若干部分组成，各部分之间由小数点隔开，每部分有一定的含义，且从右到左各部分之间大致上是上层与下层的包含关系，域名的级数通常不超过 5。其基本结构为：主机名.单位名.机构名.国家名。

【例 6-3】 域名地址 www.sysu.edu.cn。其中，顶级域名 cn 代表中国，子域名 edu 代表教育科研网，sysu 代表单位名中山大学，www 代表 Web 服务器。

为了表示主机所属的机构的性质，Internet 的管理机构 IAB 给出了 7 个顶级域名，美国之外的其他国家的互联网管理机构还使用 ISO 组织规定的国别代码作为域名后缀来表示主机所属的国家。大多数美国以外的域名地址中都有国别代码，美国的机构直接使用 7 个顶级域名。表 6-2 给出了 7 个顶级域名。

2）域名系统（Domain Name System，DNS）

域名系统主要由域名空间的划分、域名管理和地址转换三部分组成。

域名系统采用层次式的管理机制。如 cn 域代表中国，它由中国互联网信息中心（CNNIC）管理，其子域 edu.cn 由 CERNET 网络中心负责管理，edu.cn 的子域 sysu.edu.cn 由中山大学网

表 6-2　7 个顶级域名

域　名	含　义	域　名	含　义
com	商业机构	mil	军事机构
edu	教育机构	net	网络服务提供者
gov	政府机构	org	非营利组织
int	国际机构（主要指北约组织）	/	

络中心管理。域名系统采用层次结构的优点是：每个组织可以在它们的域内再划分域，只要保证组织内的域名唯一，就不用担心与其他组织内的域名冲突。

对用户来说，有了域名地址就不必去记 IP 地址了。但对于计算机来说，数据分组中只能是 IP 地址而不是域名地址，这就需要把域名地址转化为 IP 地址。一般来说，Internet 服务提供商（ISP）的网络中心中都会有一台专门完成域名地址到 IP 地址转化的计算机，这台计算机称为域名服务器。域名服务器上运行着一个数据库系统，数据库中保存的是域名地址与 IP 地址的对应。用户的主机在需要把域名地址转化为 IP 地址时向域名服务器提出查询请求，域名服务器根据用户主机提出的请求进行查询并把结果返回给用户主机。

3）IP 地址与域名服务器之间的对应关系

Internet 的 IP 地址是唯一的，一个 IP 地址对应着唯一的一台主机。相应地，给定一个域名地址也能找到一个唯一对应的 IP 地址。这是域名地址与 IP 地址之间的一对一的关系。有时用一台计算机提供多个服务，如既作为 WWW 服务器又作为邮件服务器，这时计算机的 IP 地址仍然是唯一的，但可以根据计算机所提供的多个服务给予不同的域名，这时 IP 地址与域名间可能是一对多关系。

6.2.2　子网掩码

子网掩码也是一个 32 位的二进制数，若它的某位为 1，表示该位对应的 IP 地址中的一位是网络地址部分中的一位；若某位为 0，表示它对应 IP 地址中的一位是主机地址部分中的一位。通过子网掩码与 IP 地址的逻辑"与"运算，可分离出网络地址。如果一个网络没有划分子网，子网掩码是网络号各位全为 1，主机号各位全为 0，这样得到的子网掩码为默认子网掩码。A 类网络的默认子网掩码为 255.0.0.0，B 类网络的默认子网掩码为 255.255.0.0，C 类网络的默认子网掩码为 255.255.255.0。

6.2.3　常用术语

1. URL

在 Internet 上，每个信息资源都有统一的且在网络上唯一的地址即统一资源定位器（Uniform Resources Locator，URL），用来表示网络资源的地址。其功能相当于日常使用的通信地址，因此也有人将 URL 称为网址。URL 由三部分组成：资源类型、存放资源的主机域名和资源文件名。例如，http://www.phei.com.cn/news1/index.htm，其中 http 表示该资源类型是超文本信息，www.phei.com.cn 是电子工业出版社的主机域名，news1 为存放新闻的目录，index.htm 为主页文件名。

2．HTTP

HTTP（HyperText Transfer Protocol，超文本传输协议）是 Internet 中浏览器和服务器之间的应用层通信协议，是标准的万维网传输协议，用于定义万维网的合法请求与应答。

3．WWW

WWW（World Wide Web，万维网）服务也称为 Web 服务，是 Internet 上最方便和最受欢迎的服务类型，其影响力已远远超出了专业技术的范畴，并且已进入广告、新闻、销售、电子商务与信息服务等领域。WWW 的出现是 Internet 发展中的一个里程碑，已经成为 Internet 的代名词。WWW 主要由遍布全球的 Web 服务器组成，每个 Web 服务器通常称为 WWW 站点或网站，每个网站既包括自己的信息，又提供指向其他 WWW 服务器信息的链接，由此构成了庞大的互相交织的全球信息网络。

4．电子邮件

通过通信网络（如局域网或广域网）进行发送和接收的电子信件被称为电子邮件。通常情况下所指的电子邮件是指在 Internet 上发送和接收的电子信件，常缩写为 E-mail。

邮件服务器包括 POP 服务器和 SMTP 服务器。SMTP 服务器指发送电子邮件的服务器，专门负责为其他用户发送电子邮件。POP 服务器指接收电子邮件的服务器，专门负责为其他用户接收电子邮件。与 POP 不同，IMAP（Interactive Mail Access Protocol，交互邮件访问协议）不把电子邮件复制到某台具体的计算机上，而是允许多台计算机访问这个邮箱，查看同一封邮件内容。

使用电子邮件要有一个电子邮件信箱，用户可向 Internet 服务提供商申请。邮件信箱实际上是在邮件服务器上为用户分配的一块存储空间，每个电子信箱都对应着一个信箱地址（或称为邮件地址），其格式形如"用户名@域名"。用户名是用户申请电子信箱时与 ISP 协商的一个字母与数字的组合。域名是 ISP 的邮件服务器。字符"@"是一个固定符号，发音为英文单词"at"。例如，hw@inner.cn 和 hwce@wx.public1.net.cn 是两个 E-mail 地址。

很多站点提供免费的电子信箱服务，登录这些站点，用户可以免费申请建立并使用自己的电子信箱。这些站点大多是基于 Web 页式的电子邮件，即用户要使用建立在这些站点上的电子信箱时，必须首先使用浏览器进入主页，登录后，在 Web 页上收发电子邮件，就是在线电子邮件收发。电子邮件也可以通过电子邮件程序收发，电子邮件程序有多种，如 Microsoft Outlook Express、Foxmail 等。

5．端口

在网络技术中，端口（Port）大致有两种意思：一是物理意义的端口，如 ADSL Modern、集线器、交换机、路由器及用于连接其他网络设备的接口，如 RJ-45 端口、SC 端口等；二是逻辑意义的端口，一般是指 TCP/IP 中的端口，端口号的范围为 0~65335，如用于浏览网页服务的 80 端口，用于 FTP 服务的 21 端口等。

6.2.4　IPv6

互联网面临的一个严峻问题是地址消耗，即没有足够的址来满足全球所需。由于 Internet

所用 IP 的当前版本是 IPv4，其地址是 32 位的，可用的地址十分有限。IPv6 中的 IP 地址格式要求使用 128 位地址，这就大大增加了地址空间。要使现行因特网使用的 IPv4 很快过渡到 IPv6 是不现实的。事实上，IPv6 被设计成与 IPv4 是兼容的。在相当长的时间内，IPv6 将会与 IPv4 共存。

IPv6 是 Internet Protocol Version 6 的缩写，即"互联网协议第 6 版"。IPv6 是 IETF（Internet Engineering Task Force，互联网工程任务组）设计的用于替代现行版本 IPv4 的下一代 IP。IPv4 的最大问题是网络地址资源有限，理论上，可以编址 1600 万个网络、40 亿台主机。但采用 A、B、C 三类编址方式后，可用的网络地址和主机地址的数目大打折扣，以致目前的 IP 地址近乎枯竭。其中北美占 3/4，约 30 亿个，而人口最多的亚洲只有不到 4 亿个，中国只有 3000 多万个，只相当于美国麻省理工学院的数量。地址不足严重制约了我国及其他国家（或地区）的互联网的应用和发展。

随着电子技术和网络技术的发展，计算机网络已经进入人们的日常生活，可能身边的每一样东西都需要接入全球互联网。在这样的环境下，IPv6 应运而生。规模上，IPv6 所拥有的地址容量是 IPv4 的约 8×10^{28} 倍，达到 $2^{128} - 1$ 个。这不但解决了网络地址资源数量的问题，而且为除计算机外的设备接入互联网在数量限制上扫清了障碍。如果说 IPv4 实现的是人机对话，那么 IPv6 扩展到任意事物之间的对话，不仅可以为人类服务，还将服务于众多硬件设备，如家用电器、传感器、远程照相机、汽车等。

6.3　Internet 的接入方式

Internet 的接入方式是指把计算机连接到 Internet 的方法，也就是日常所说的"上网"。一般来说，上网的途径有两种：通过局域网或个人单机上网。目前常见的接入方式有以下几种：ADSL 宽带上网、无线上网、专线上网、拨号上网和局域网接入方式，其中拨号上网方式现已很少用。

6.3.1　ADSL 宽带上网

ADSL 宽带上网是目前使用较广的上网方式。ADSL（Asymmetric Digital Subscriber Line）技术即非对称数字用户环路技术，是一种充分利用现有的电话铜质双绞线（普通电话线）来开发宽带业务的非对称民生的 Internet 接入技术，为用户提供上行、下行非对称的传输速率（带宽）。上行（从用户到网络）为低速的传输，可达 640 kbps；下行（从网络到用户）为高速传输，可达 8 Mbps。ADSL 的有效传输距离为 3～5 km。ADSL 最初主要是针对视频点播业务开发的，随着技术的发展，逐步成为一种较方便的宽带接入技术，为电信部门所重视。这种接入方式的特点是：上网与打电话互不干扰；电话线虽然同时传输语音和数据，但其数据并不通过电话交换机，因此用户不用拨号一直在线，不需交纳拨号上网的电话费；为用户提供上行、下行不对称的宽带传输。

使用 ADSL 宽带上网的用户，在申请 ADSL 上网业务并缴纳相应费用后，服务提供商将会派专员进行上门服务，主要是安装 ADSL 设备和进行相关网络参数配置。ADSL 设备通常按照使用说明书将相关电源线，网线连接即可，在这里主要介绍在 Windows 中的设置。

Step1：单击"任务栏"右侧的"网络"按钮，弹出"当前连接到"提示框。

Step2：单击"打开网络和共享中心"链接，弹出"网络和共享中心"窗口。

Step3：单击"设置新的连接或网络"项，弹出"设置连接或网络"对话框。

Step4：单击"连接到 internet"选项，再单击"下一步"按钮，弹出"您想如何连接"对话框。

Step5：选择"宽带 PPPoE"选项，弹出"键入您的 Internet 服务提供商 ISP 提供的信息"对话框，在"用户名"和"密码"框中输入网络服务商提供的用户名和密码，在"连接名称"框中输入相应名称。

Step6：单击"连接"按钮，弹出"正在连接到宽带连接…"对话框，稍等片刻后，连接成功即可上网。

6.3.2　无线上网

随着无线网络技术的发展，以及智能手机和平板电脑的普及，无线上网方式受到越来越多用户的青睐。这种上网方式打破了时间和空间的限制，使用户能随时随地应用 Internet 服务。通常所说的无线上网有两种方式。一种是：手机开通数据功能，计算机需要安装无线上网卡，通过中国电信的 EVDO、联通的 WCDMA、移动的 TD-SCDMA 实现无线上网，其优点是没有时间和地点限制，只要有手机信号就可以上网，缺点是上网速度不如宽带，且费用较为昂贵。另一种是：通过无线网络设备，以传统局域网为基础，以无线 AP 和无线网卡来构建的无线上网方式。更通俗地讲，就是将以前局域网所使用的路由器换成无线路由器，然后进行相关设置即可，其优点是上网速度快，费用低，在一定范围内可摆脱网线的限制，缺点是当超出无线网络覆盖范围时，将不能进行无线上网。

6.3.3　专线上网

专线上网适用于拥有局域网的大型单位或业务量较大的个人。这种上网方式需向 ISP 租用一条专线，并申请 IP 地址和注册域名。其特点是速度快、上网不受限制、专线 24 小时开通。像 ISDN、DDN 和 ATM 等被统称为专线上网。

ISDN（Integrated Service Digital Network，窄带综合数字业务数字网，俗称"一线通"）采用数字传输和数字交换技术，除了可以打电话，还可以提供诸如可视电话、数据通信、会议电视等多种业务，从而将电话、传真、数据、图像等多种业务综合在一个统一的数字网络中进行传输和处理。这种接入方式的特点是：综合的通信业务，利用一条用户线路，就可以在上网的同时拨打电话、收发传真，就像两条电话线一样；由于采用端到端的数字传输，传输质量明显提高；使用灵活方便，只需一个入网接口，使用一个统一的号码，就能从网络得到所需的各种业务；用户在这个接口上可以连接多个不同种类的终端，而且有多个终端可以同时通信；上网速率可达 128 kbps（相对于 ADSL 和 LAN 等接入方式来说，并不够快）。

DDN（Digital Data Network，数字数据网）是利用光纤、数字微波、卫星等数字信道，以传输数据信号为主的数字通信网络。DDN 利用数字信道提供永久性连接电路，可提供 2 Mbps 以内的全透明数据专线，并承载语音、传真、视频等多种业务。其特点是：传输速率高，在 DDN 内的数字交叉连接复用设备能提供 2 Mbps（或 $n \times 64 \text{ kbps} \leqslant 2 \text{ Mbps}$）速率的数字传输信道；传输质量较高，数字中继大量采用光纤传输系统，用户之间专有固定连接，网络时延小；协议简单，采用交叉连接技术和时分复用技术，由智能化程度较高的用户端设备来完成协议灵活的连接方式，可以支持数据、语音、图像传输等业务；不仅可以与用户终端设备进行连接，也可以与用户网络连接，为用户提供灵活的组网环境。用户若要租用 DDN 业务需要申请开户，此种业务费用较高，普通用户一般负担不起，因此主要面向集团公司用户。

6.3.4　局域网接入

如果本地的计算机较多而且有很多人同时需要使用 Internet，可以考虑把这些计算机连成一个以太网（如常用的 Novell 网），再把网络服务器连接到主机上。以太网技术是当前具有以太网布线的小区、小型企业、校园中用户实现 Internet 接入的首选技术。如局域网接入技术目前已比较成熟，是一种比较经济的多用户系统，而且局域网的多个用户可以共享一个 IP 地址。当然，给局域网中的每个主机分配一个 IP 地址也是可能的，但这种接入方式的特点是传输距离短，投资成本较高。

6.4　浏览器

计算机接入 Internet 后，就可以进入 Internet 世界。若要浏览网页，则需要使用浏览网页的工具—浏览器。浏览器是一种用于搜索、查找、查看和管理网络上的信息的带图形交互界面的应用软件。Windows 系统自带 Edge 浏览器。用户在上网的时候可以通过更改相关设置来满足自己的需要，以便更方便、更安全。

网页是存放在 Web 服务器上供大家浏览的页面。网页上是一些连续的数据片段，包含普通文字、图形、图像、声音、动画等多媒体信息，还包含指向其他网页的链接。主页是指 WWW 服务器上的第一个页面，引导用户访问本地或其他 Web 服务器上的页面。

除了 Edge 浏览器，还有很多浏览器，如 360 浏览器、Chrome 浏览器等。本章主要介绍 Windows 自带的浏览器 Edge。

1．设置浏览器主页

浏览器主页是指每次启动浏览器时默认访问的页面，如果希望在每次启动浏览器时都进入"搜狐"的页面，可以把该页设为主页。

Step1：单击浏览器左上角的…按钮，在弹出的下拉菜单中选择"设置"选项。

Step2：在"设置"窗格中，选择下方的"查看高级设置"按钮。

Step3：在打开的"高级设置"窗格中，启用"显示主页按钮"选项，然后在下方文本框中输入其网址（如图 6-3 所示），单击"保存"按钮。

2．收藏网页

用户在上网过程中经常会遇到自己十分喜欢的网站，为了方便以后能访问这个网站，通常采取记下该网站网址的方法，为此浏览器为用户提供了一个保存网址的工具——收藏夹。

Step1：打开一个需要保存的网页。

Step2：单击地址栏后方的"添加到收藏夹或阅读列表"按钮☆，在弹出的下拉列表中选择"收藏夹"选项卡，如图 6-4 所示。

图 6-3　设置主页

图 6-4　"添加到收藏夹"窗格

Step3：在"名称"文本框中修改网站的名称。注：浏览器默认把当前网页的标题作为收藏夹名称，单击"添加"按钮即可。

3．Web 笔记

Edge 浏览器具有"Web 笔记"的功能，意思是在浏览网页时，如果想保存当前网页的信息，可以通过"Web 笔记"的功能保存网页信息，操作步骤如下。

Step1：打开 Edge 浏览器，单击"Web 笔记"按钮，则进入浏览器做 Web 笔记环境，如图 6-5 所示。

图 6-5　Web 笔记环境

Step2：单击左上角的"笔"按钮，可以对页面做标记；单击"添加笔记"按钮，可以做笔记。

Step3：笔记做完之后，则可单击"剪辑"按钮，则进入剪辑状态。

Step4：按住鼠标左键，拖动鼠标可以复制想要复制的区域。

Step5：单击右上角的"保存"按钮，可以保存笔记。

6.5　局域网应用

局域网设置完成后，就可以访问网络中的共享资源，或者将用户的资源共享给网络的其他用户使用。网络中资源的共享包括文件/文件夹、磁盘和打印机的共享。用户可以将这些资源设置成共享资源，方便其他用户使用。

1．设置共享文件夹的方法

Step1：打开文件夹窗口，选中要共享的文件夹。

Step2：单击右键，在弹出的快捷菜单中选择"共享 → 特定用户"命令，弹出文件共享的对话框（如图 6-6 所示）。

图 6-6　共享文件夹的属性设置

Step3：在"文件共享"对话框中，单击"选择要与其共享的用户"的下拉列表框，可对用户进行选择，也可对用户的权限进行操作（用户指本机上的用户账户，权限是指读取、写入、删除操作，若选择 Everyone 用户，则网络上其他计算机访问该文件夹时不需用户名和密码）。

Step4：设置完成后，单击"共享"按钮，将弹出"共享项目"对话框，稍等片刻后，共享设置成功，单击"完成"按钮，即可将其设置为共享文件夹。

2．网络打印机的安装、设置

用户如果要使用网络上的共享打印机，就必须先在计算机上安装该打印机的驱动程序。

Step1：在"控制面板"中选择"设备和打印机"，打开"设备和打印机"窗口；右击目标打印机，在弹出的快捷菜单中选择"打印机属性"命令，弹出"目标打印机属性"对话框。

Step2：选择"共享"选项卡，勾选"共享这台打印机"复选框，则在"共享名"后会出现默认打印机名称。当然，用户也可以修改打印机名称。

Step3：单击"确定"按钮，完成网络打印机的共享操作。

3．查找网络上的计算机和共享文件资源

要查找网络上的计算机和共享文件资源，可通过以下操作来查找网上的共享资源。

Step1：右击"开始"按钮，在弹出的快捷菜单中选择"文件资源管理器"，在打开的"文件资源管理"窗口中单击左侧导航窗格中的"网络"，则在右侧窗口中可显示当前网络中存在的共享资源的计算机。

Step2：双击要访问的计算机图标，在输入正确的用户名和密码后，就可以看到该计算机中所设定的共享资源。

6.6　文件传输操作

一般，人们要在网络上下载资料，都是从网络上获取迅雷、网络蚂蚁、网际快车等专用的工具软件，来实现资料的下载。关于下载文件的方法，依据所使用的工具可以分为两大类：用浏览器下载文件和使用专门工具下载文件。

1．使用浏览器传输文件

Step1：打开要下载的网页（前提：能正常浏览网页），单击要下载的文件超链接，在下载地址列表中单击所选择的下载地址，将出现"新建下载任务"对话框，如图 6-7 所示。

图 6-7　"新建下载任务"对话框

Step2：单击"浏览"按钮，将弹出"浏览计算机"对话框，如图 6-8 所示。

Step3：选择要保存下载文件的目录，输入要保存的文件名，并选择文件类型，单击"确定"按钮，则回到之前"新建下载任务"对话框；单击"下载"按钮，则弹出"下载"对话框（如图 6-9 所示），其中将显示下载剩余时间和传输速度等信息。

图 6-8　"浏览计算机"对话框

图 6-9　"下载"对话框

2．文件传输协议 FTP

FTP（File Transfer Protocol）服务解决了远程传输文件的问题，Internet 上的两台计算机在地理位置上无论相距多远，只要两台计算机都加入网络并且支持 FTP，它们之间就可以进行文件传输。只要两者都支持 FTP，网络上的用户既可以把服务器上的文件传输到自己的计算机上（下载），也可以把自己计算机上的信息发送到远程服务器上（上传）。

FTP 实质上是一种实时的联机服务。与远程登录不同，FTP 只能进行与文件搜索和文件传输等有关的操作。用户登录到目的服务器上，就可以在服务器目录中寻找所需文件，FTP 几乎可以传输任何类型的文件，如文本文件、二进制文件、图像文件、声音文件等。匿名 FTP 是最重要的 Internet 服务之一。匿名登录不需要输入用户名和密码，许多匿名 FTP 服务器上都有免费的软件、电子杂志、技术文档及科学数据等。

要采用 FTP 客户软件进行文件传输，首先必须安装 FTP 客服软件，CuteFTP 就是 Windows 下非常流行的客户端软件。在安装好 FTP 客服软件后，就可以进行文件传输了。

Step1：双击"此电脑"图标，在地址栏中输入"ftp://默认域名"（注意不是"http://"），按 Enter 键，将登录到相应的 FTP 服务器，如图 6-10 所示。

图 6-10 FTP 服务器

Step2：如果该服务器不支持匿名登录，将要求输入用户名和密码。用户名和密码由服务器管理员提供。如果匿名登录后要以其他用户身份登录，可执行"文件"→"登录"菜单命令，将出现"登录"对话框，然后重新登录即可。

Step3：在图 6-10 所示的窗口中，用户可以将本地计算机中的文件和目录复制到 FTP 服务器的目录中，实现文件的上传；也可以将 FTP 服务器中的文件和目录复制到本地计算机的目录中，实现文件的下载。

6.7 网络安全

随着计算机的普及和网络的日益发展，网络安全问题已经成为全球面临的重大问题。有网络的地方就有病毒，就有黑客的攻击。因此，加强网络安全防范刻不容缓。事实上，对于网络安全问题一直都是业界关注的重点，现在几乎每个局域网都安装了复杂的防火墙、网关保护和反病毒软件等，即便如此，还是不断出现一些安全问题和漏洞。

1．网络安全的基础知识

病毒是一些程序，是一些人利用计算机软硬件方面的一些漏洞编写出来破坏计算机的具有特殊功能的程序。计算机一旦中毒，轻则导致系统响应速度变慢，重则会导致系统崩溃，更严重的会使计算机硬件遭到破坏。常见的计算机病毒分类、病毒的传播途径、计算机感染病毒的表现详见本书 1.5 节。

目前，市面上的病毒防治软件很多，国内比较有名的杀毒软件有 KV3000、瑞星杀毒软件、金山毒霸等，国外比较出名的则是 Norton 杀毒软件、Kaspersky 杀毒软件等。

2．如何提高网络的安全性

要提高网络的安全性，主要是要做好防护工作，下面介绍几种基本的防护措施。

① 建立良好的安全习惯。不要轻易下载小网站上的软件与程序；不要随意打开来历不明的邮件以及附件；安装正版的杀毒软件，安装防火墙；不要在线启动、阅读某些文件；使用移动存储器之前先杀毒。

② 安装专业的杀毒软件。在病毒肆意的今天，安装防毒软件进行防毒是越来越经济的选择，在安装了防毒软件之后，要注意经常升级，并对一些主要监控项目要经常打开。

③ 使用复杂的密码。有些网络病毒是通过猜测简单密码的方法攻击系统的，因此使用复杂密码可以大大提高计算机的安全系数。

④ 迅速隔离受感染计算机。当发现计算机中毒或有异常情况时，应立即断网，以防止其他计算机中毒。

⑤ 关闭或删除系统中不需要的服务。在默认情况下，操作系统会安装一些辅助服务，如 FTP 客户端、Telnet 和 Web 服务器。这些服务对用户没有太大用处，但是可以为攻击者提供方便，删除这些服务就可以减少被攻击的可能性。

⑥ 经常升级补丁。根据数据显示，有 80%的网络病毒是通过系统的安全漏洞进行传播的，如红色代码病毒。因此，应该定期下载最新的安全补丁，防患于未然。

案例 1：谨防个人信息泄露。在当今的数字化时代，个人信息泄露已经成为一个严重的问题。例如，小明是一个大学生，他平时喜欢在社交媒体上发布个人动态和照片，与朋友互动交流，然而由于他没有注意个人隐私保护，他的个人信息最终遭到泄露。

那么，造成小明个人信息泄露的原因主要包括以下几方面。

① 缺乏隐私设置：小明在社交媒体账户上没有设置严格的隐私设置，允许陌生人查看他的个人信息和动态。

② 实时定位信息：小明在社交媒体上经常发布当前所在地的动态，这使得陌生人可以根据他的动态轻易追踪到他的具体位置。

③ 公开个人信息：小明在社交媒体上公开了自己的手机号码、家庭地址和生日等个人敏感信息，使得潜在的恶意用户可以利用这些信息进行不法行为。

④ 不谨慎添加朋友：小明经常接受陌生人的添加请求，未认真筛选对方的真实身份，容易接收到来自不肖分子的恶意信息或诈骗。

那么，如何防范个人信息泄露呢？

① 设置隐私设置：用户应该意识到社交媒体账户中的隐私设置的重要性，限制陌生人对自己个人信息的查看权限。

② 谨慎发布地理位置：避免在社交媒体上实时公开自己的地理位置动态，以防止陌生人进行追踪和骚扰。

③ 保护个人敏感信息：不要随意在社交媒体上公开手机号码、住址、银行卡号等个人敏感信息，以防止个人信息被滥用。

④ 谨慎添加朋友：在社交媒体中，应该审慎判断对方身份，尽量只添加认识的朋友，避免接受陌生人的添加请求。

为了更好地保护个人信息，我们需要了解常见的信息泄露途径，并采取相应的预防措施。例如，定期检查账户安全、限制个人信息的共享、使用加密通信等。此外，我们还应该定期查阅个人信用报告，及时发现并解决任何异常情况。

案例2：防止网络诈骗。案例描述：2023年7月10日，龙湾镇的吴某报警称：接到了自称是快递公司工作人员的电话，对方称吴某的快递已经破损了，要给其赔偿200元。吴某信以为真，便在电话中与对方商讨赔偿一事。接着，对方诱导吴某操作支付宝转账，并在转账金额中填入对方事先发来的所谓"激活码"，诱骗吴某转账4万余元。之后，对方以"操作超时资金冻结"为由，让吴某再转5000余元用于资金解冻，这时吴某才意识到被骗，遂报警求助。

案例分析：这种假冒快递公司工作人员电话诈骗的手法属于社交工程攻击，通过冒充快递公司工作人员的身份，诱导受害者提供个人信息和验证码，从而获取受害者的银行账户控制权。这种诈骗手法的原因主要包括以下几点：攻击者利用人们对快递公司工作人员的信任，冒充快递公司工作人员的身份，通过电话等方式与受害者进行沟通，诱导受害者提供个人信息和验证码；缺乏警惕性，受害者在接到退赔款等异常情况的电话，没有通过官方渠道，查询核实快递信息。

那么如何防范网络诈骗呢？

① 提高警惕性：对于来自银行、政府机构等的电话或信息，要保持警惕，不轻易相信对方的身份。可以通过其他渠道核实对方的身份，如拨打银行客服电话或登录官方网站查询。

② 不轻易提供个人信息：不要在电话、短信或社交媒体上提供个人敏感信息，如身份证号码、银行卡号等。银行等机构通常不会通过这种方式要求提供个人信息。

③ 谨慎处理紧急情况：在接到紧急情况的电话时，要保持冷静，不要被对方制造的紧迫感所左右。可以先挂断电话，然后通过其他渠道联系相关机构核实情况。

④ 加强网络安全意识：定期更新操作系统和应用程序的安全补丁，使用强密码并定期更换，不随意点击可疑链接或下载未知来源的文件。

⑤ 要及时报案：万一上当受骗，一定要向公安机关立即报案，并提供骗子的账号、联系方式等详细情况，以便公安机关侦查破案。

总之，网络诈骗案件层出不穷，我们需要提高警惕，增强网络安全意识，遵循防范方法，以保护自己的个人信息和财产安全。同时，也应该加强相关机构的监管和打击力度，减少网络诈骗事件的发生。

6.8 常见网络故障的诊断

如今网络故障很普遍，故障种类也十分繁杂，把常见故障进行归类，无疑能够加快查找故障根源，解决网络故障。

1. 常见网络故障分类

根据网络故障的性质，网络故障可分为物理故障和逻辑故障。

1）物理故障

物理故障一般是指网络线路或网络设备损坏、插头松动、线路受到严重电磁干扰等情况。

① 线路故障：通常包括线路损坏或线路受到严重电磁干扰。在日常网络维护工作中，网络线路出现故障的概率非常高。

② 端口故障：通常包括插头松动和端口本身的物理故障。这是最常见的硬件故障。

③ 交换机或路由器故障：指设备遭到物理损坏，无法工作，导致网络不通。

④ 主机物理故障：又可归为网卡故障，因为网卡多装在主机内，靠主机完成配置和通信，即可以看成网络终端。此类故障通常包括网卡松动、网卡物理故障、主机的网卡插槽故障和主机本身故障，导致网络不通。

2）逻辑类故障

逻辑故障中的最常见情况是配置错误，即由于网络设备的配置错误而导致的网络异常或故障。

① 主机逻辑故障。主机逻辑故障所造成网络故障率是较高的，通常包括网卡的驱动程序安装不当、网卡设备有冲突、主机的网络地址参数设置不当、主机网络协议或服务安装不当和主机安全性故障等。

❖ 网卡的驱动程序安装不当：包括网卡驱动未安装或安装了错误的驱动出现不兼容，从而导致网卡无法正常工作。

❖ 网卡设备有冲突：指网卡设备与主机其他设备有冲突，从而导致网卡无法工作。

❖ 主机的网络地址参数设置不当：常见的主机逻辑故障。例如，主机配置的 IP 地址与其他主机冲突，或 IP 地址根本就不在子网范围内，从而导致该主机不能连通。

❖ 主机网络协议或服务安装不当：主机安装的协议必须与网络上的其他主机相一致，否则会出现协议不匹配、无法正常通信的情况；"文件和打印机共享服务"不安装会使自身无法共享资源给其他用户，"网络客户端服务"不安装会使自身无法访问网络其他用户提供的共享资源。

❖ 主机安全性故障：通常包括主机资源被盗、主机被黑客控制、主机系统不稳定等。

② 路由器逻辑故障。路由器逻辑故障包括路由器端口参数设定有误、路由器路由配置错误、路由器 CPU 利用率过高和路由器内存余量太小等。

③ 一些重要进程或端口关闭。一些有关网络连接数据参数的重要进程或端口受系统或病毒影响而导致意外关闭。例如，路由器的 SNMP 进程意外关闭，这时网络管理系统不能从路由器中采集到任何数据，因此网络管理系统失去了对该路由器的控制，或者线路中断，没有流量。

2．网络故障的处理

当网络故障发生以后，对于普通用户来讲，通常按照以下步骤进行处理。

Step1：首先检查网络故障是否由以下原因引起。

❖ 网卡灯有没有正常闪烁，如果没有，可能是网卡驱动程序没有装好或网卡已经损坏，也可能是网线插头松动或双绞线误接及损坏。

❖ 错误的设置 IP 导致与其他用户冲突而被网络中心封闭了端口。

❖ 更换了端口且没有到网络中心注册。

❖ 重装了操作系统且没有配置网络，包括 IP、网关、DNS 等。

以上情况只需重新设置或更换相应网络设备，即可正常上网。

Step2：如果网络故障的原因并不是上述故障基本情况，可先 ping 本机的 IP 地址。具体操作是：在"开始"菜单中选择"Windows 系统 → 命令提示符"，弹出"命令提示符"窗口，如图 6-11 所示，输入"ipconfig"命令，出现如图 6-12 所示的信息。

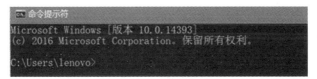

命令提示符
Microsoft Windows [版本 10.0.14393]
(c) 2016 Microsoft Corporation。保留所有权利。
C:\Users\lenovo>

图 6-11　命令提示符窗口

D:\Documents and Settings\guozh>ipconfig
Windows IP Configuration
Ethernet adapter 本地连接 3:
Media State . . . . : Media disconnected
Ethernet adapter 无线网络连接:
Connection-specific DNS Suffix . :
IP Address. . . . . : 192.168.1.100
Subnet Mask . . . . : 255.255.255.0
Default Gateway . . . . : 192.168.1.1
D:\Documents and Settings\guozh>
IP地址
子网掩码
默认网关

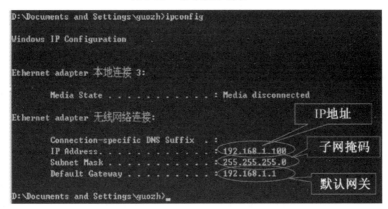

图 6-12　执行 ipconfig 命令的结果

ipconfig 命令可用于显示当前的 TCP/IP 配置的设置值，这些信息一般用来检验人工配置的 TCP/IP 是否正确，如计算机当前的 IP 地址、子网掩码和默认网关等。

通过执行 ipconfig 命令可以知道所使用计算机当前的 IP 地址，以及子网掩码和网关的设置是否有误。如果正确，就在“命令提示符”窗口中输入“ping[自己的 IP 地址]”命令，若弹出如图 6-13 所示的信息，则表明 ping 通，本地机器支持上网的 TCP/IP 运行正常。若出现如图 6-14 所示的信息，则需要确认是否存在前面网络故障基本情况中描述的问题。

D:\Documents and Settings\guozh>ping 192.168.1.100
Pinging 192.168.1.100 with 32 bytes of data:
Reply from 192.168.1.100: bytes=32 time=-1ms TTL=128
Reply from 192.168.1.100: bytes=32 time=-1ms TTL=128
Reply from 192.168.1.100: bytes=32 time=1ms TTL=128
Reply from 192.168.1.100: bytes=32 time=1ms TTL=128

图 6-13　ping 通结果

Request timed out.
Request timed out.
Request timed out.
Request timed out.

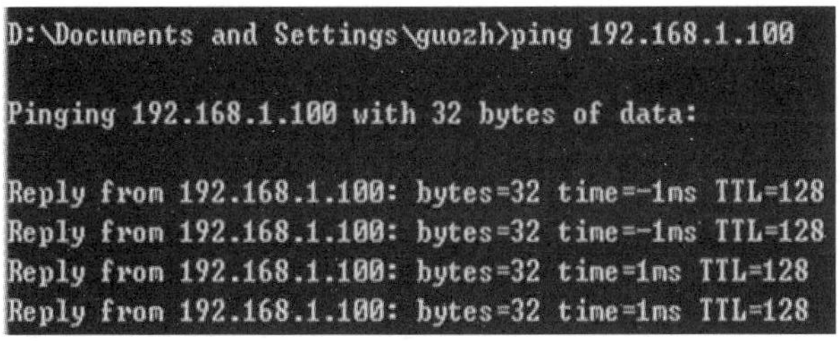

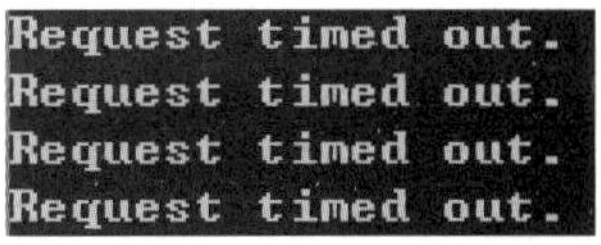

图 6-14　没有 ping 通

当确认网卡没有问题、网络配置无误后，网卡指示灯仍然不亮，可能是因为网线与交换机之间的连接存在问题，这时可以检查一下网线。若还有问题，则需联络网络管理员。

Step3：ping 网上邻居的 IP 地址。在 ping 通本机的基础上，可以 ping 网上邻居的 IP，看能否找到本网段的其他机器，如果不能 ping 通网上邻居或找不到其他机器，说明本机还是存在前面基本情况中描述的问题。

确认网卡没有问题、网络配置无误后，网卡指示灯仍然不亮，可能是因为网线与交换机之间的连接存在问题，这时可以检查一下网线。若还有问题，则需联络网络管理员。

当网上邻居的机器装有防火墙时，会出现 ping 不通的现象，网上邻居关闭防火墙后，再运行 ping 命令。如果可以 ping 通自己，也可以 ping 通网上邻居或能看到其他机器，表明本地设置是正确的，此时再去测试与网关的连通。

Step4：测试与网关的连通。网关（Gateway）是将两个使用不同协议的网络段连接在一起的设备，其作用就是对两个网络段中的使用不同传输协议的数据进行互相翻译转换。

首先 ping 本机的网关，如"ping 192.168.1.1 -t"，如果网关 ping 不通，说明本地机器与网关的连接有问题，这时需找网络管理员来解决；如果网关可以 ping 通，可试试 ping 所用内部服务器。

Step5：测试与所用内部服务器的连通。例如，所用内部服务器的 IP 为 10.1.1.1 的计算机为 DNS（域名服务器）和 Mail 服务器，则输入"ping 10.1.1.1"命令，若能 ping 通，也能正常收发邮件，但用网页浏览器不能正常访问外部网页，则检查以下情况：是否已经取消网页浏览器的代理服务设置；检查本机网络设置中 DNS 的设置是否正确。

Step6：测试与局域网外的连通。如果不能正常访问外网，这就是局域网外边的故障了。通常的做法是致电网络中心，请求排除故障。

6.9　搜索引擎

1990 年，加拿大麦吉尔大学（University of McGill）计算机学院的师生开发出 Archie。当时，万维网（WWW）还没有出现，人们通过 FTP 来共享交流资源。Archie 能定期搜集并分析 FTP 服务器上的文件名信息，提供查找分别在各 FTP 主机中的文件。用户必须输入精确的文件名进行搜索，Archie 告诉用户哪个 FTP 服务器能下载该文件。虽然 Archie 搜集的信息资源不是网页（HTML 文件），但与搜索引擎的基本工作方式是一样的：自动搜集信息资源，建立索引，提供检索服务。所以，Archie 被公认为现代搜索引擎的鼻祖。

搜索引擎（search engine）是指根据一定的策略、运用特定的计算机程序搜集互联网上的信息，在对信息进行组织和处理后，并将处理后的信息显示给用户，是为用户提供检索服务的系统。

1．搜索引擎分类

1）全文索引

全文搜索引擎是名副其实的搜索引擎，国外代表有 Google，国内则有著名的百度搜索。它们从互联网提取各网站的信息（以网页文字为主），建立起数据库，并能检索与用户查询条件相匹配的记录，按一定的排列顺序返回结果。

根据搜索结果来源的不同，全文搜索引擎可分为两类：一类拥有自己的检索程序（Indexer），俗称"蜘蛛"（Spider）程序或"机器人"（Robot）程序，能自建网页数据库，搜索结果直接从自身的数据库中调用，上面提到的 Google 和百度就属于此类；另一类则是租用其他搜索引擎的数据库，并按自定的格式排列搜索结果，如 Lycos 搜索引擎。

2）目录索引

目录索引虽然有搜索功能，但严格意义上不能称为真正的搜索引擎，只是按目录分类的网站链接列表而已。用户完全可以按照分类目录找到所需要的信息，不依靠关键词（Keywords）进行查询。目录索引中最具代表性的莫过于大名鼎鼎的 Yahoo、新浪分类目录搜索。

3）元搜索引擎

元搜索引擎（META Search Engine）接受用户查询请求后，同时在多个搜索引擎上搜索，并将结果返回给用户。著名的元搜索引擎有 InfoSpace、Dogpile、Vivisimo 等，中文元搜索引擎的代表是搜星搜索引擎。在搜索结果排列方面，有的直接按来源排列搜索结果，如 Dogpile，有的则按自定的规则将结果重新排列组合，如 Vivisimo。

其他非主流搜索引擎包括如下。

❖ 集合式搜索引擎：类似元搜索引擎，但它并非同时调用多个搜索引擎进行搜索，而是由用户从提供的若干搜索引擎中选择，如 HotBot 在 2002 年底推出的搜索引擎。

❖ 门户搜索引擎：AOL Search、MSN Search 等虽然提供搜索服务，但自身既没有分类目录也没有网页数据库，其搜索结果完全来自其他搜索引擎。

❖ 免费链接列表（Free For All Links，FFA）：一般只简单地滚动链接条目，少部分有简单的分类目录，不过规模要比 Yahoo 等目录索引小很多。

2．搜索引擎工作原理

1）抓取网页

每个独立的搜索引擎都有自己的网页抓取程序（Spider）。Spider 顺着网页中的超链接，连续地抓取网页。被抓取的网页被称为网页快照。由于互联网中超链接的应用很普遍，理论上，从一定范围的网页出发，就能搜集到绝大多数的网页。

2）处理网页

搜索引擎抓到网页后，还要做大量的预处理工作，才能提供检索服务。最重要的就是提取关键词、建立索引文件，以及去除重复网页、分析超链接、计算网页的重要度。

3）提供检索服务

用户输入关键词进行检索，搜索引擎从索引数据库中找到匹配该关键词的网页，为了用户便于判断，除了网页标题和 URL，还会提供一段来自网页的摘要以及其他信息。

6.9.1　常用的搜索引擎

1．常用中文搜索引擎

1）搜狐

搜狐（Sohu）于 1998 年推出中国首家大型分类查询搜索引擎，到现在已经发展成为中国影响力最大的分类搜索引擎，每日页面浏览量超过 800 万，可以查找网站、网页、新闻、网址、软件、黄页等信息。

2）雅虎

雅虎（Yahoo）是世界上最著名的目录搜索引擎。雅虎中国于 1999 年 9 月开通，是雅虎在全球的第 20 个网站。雅虎目录是一个 Web 资源的导航指南，包括 14 个主题大类的内容。

3）谷歌

谷歌（Google）是目前世界上最优秀的支持多语种的搜索引擎之一。Google 的主要特点是容量大和查询准确。Google 目录收录了 10 亿多个网址，这些网站的内容涉猎广泛，无所不有。Google 擅长于为常见查询找出最准确的搜索结果，单击"手气不错"按钮，会直接进入最符合搜索条件的网站，省时又方便。Google 存储网页的快照，当存有网页的服务器暂时出现故障时仍可浏览该网页的内容。

4）新浪

新浪是互联网上规模最大的中文搜索引擎之一，设大类目录18个，子目录1万多个，收录网站20余万，提供网站、中文网页、英文网页、新闻、汉英辞典、软件、沪深行情、游戏等多种资源的查询。

5）百度

百度在中文互联网拥有优势，是世界上最大的中文搜索引擎。对重要中文网页实现每天更新，用户通过百度搜索引擎可以搜到世界上最新最全的中文信息。百度在中国各地分布的服务器，能直接从最近的服务器上把所搜索信息返回给当地用户，使用户享受极快的搜索传输速度。

6）中国搜索

中国搜索（原慧聪搜索）2002年正式进入中文搜索引擎市场，实现主要功能包括：桌面搜索、个性化定制新闻专题、行业资讯、对接即时通（IMU）、自写短信功能、智能搜索（按照用户天气预报设置的城市，在目标城市范围内进行搜索）。中国搜索目前提供网页、新闻、行业、网站、MP3、图片、购物、地图等搜索，其中行业搜索较有特色。

7）搜狗

搜狗是搜狐公司于2004年8月3日推出的完全自主技术开发的全球首个第三代互动式中文搜索引擎，是一个具有独立域名的专业搜索网站。搜狗以一种人工智能的新算法，分析和理解用户可能的查询意图，给予多个主题的"搜索提示"，在用户查询和搜索引擎返回结果的人机交互过程中，引导用户更快速、准确地定位自己所关注的内容，帮助用户快速找到相关搜索结果，并可在用户搜索冲浪时给用户未曾意识到的主题提示。

8）网易有道

网易于2006年12月推出的独立技术中文搜索引擎——有道搜索，是业内第一家推出了网页预览和即时提示功能的中文搜索引擎。目前，有道搜索已推出的产品包括网页搜索、图片搜索、音乐搜索、新闻搜索、购物搜索、海量词典、博客搜索、地图搜索、视频搜索、有道工具栏、有道音乐盒、有道阅读、有道快贴等。

9）必应

必应（Bing）是一款微软公司推出的用以取代Live Search的搜索引擎。微软CEO史蒂夫·鲍尔默（Steve Ballmer）于2009年5月28日在《华尔街日报》于圣迭戈（San Diego）举办的"All Things D"公布，简体中文版Bing于2009年6月1日正式开放。其中文名称被定为"必应"，即"有求必应"的寓意。

2. 常用的外文搜索引擎

1）Yahoo

Yahoo有英、中、日、韩、法、德、意、西班牙、丹麦等10余种语言版本，各版本的内容互不相同，提供类目、网站及全文检索功能。目录分类比较合理，层次深，类目设置好，网站提要严格清楚，但部分网站无提要。其网站收录丰富，检索结果精确度较高，有相关网页和新闻的查询链接；全文检索由Inktomi支持；有高级检索方式，支持逻辑查询，可限时间查询；设有新站、酷站目录。

2）AltaVista

AltaVista有英文版和其他几种西文版，提供纯文字版搜索和全文检索功能，并有较细致的分类目录。其网页收录极其丰富，有英、中、日等 25 种文字的网页；搜索首页不支持中文关键词搜索，但有支持中文关键词搜索的页面；能识别大小写和专用名词，且支持逻辑条件限制查询。AltaVista 高级检索功能较强，提供检索新闻、讨论组、图形、MP3/音频、视频等检索服务以及频道区（zones），对诸如健康、新闻、旅游等类进行专题检索；有英语与其他语言的双向在线翻译等服务；有可过滤搜索结果中有关毒品、色情等不健康的内容的"家庭过滤器"功能。

3）Excite

Excite 是一个基于概念性的搜索引擎，在搜索时不只搜索用户输入的关键字，还可智能地推断用户要查找的相关内容进行搜索；除了美国站点，还有中国及法国、德国、意大利、英国等站点；查询时支持英、中、日、法、德、意等 11 种文字的关键字；提供类目、网站、全文及新闻检索功能。其目录分类接近日常生活，细致明晰，网站收录丰富；网站提要清楚完整；搜索结果数量多，精确度较高；有高级检索功能，支持逻辑条件限制查询（AND 及 OR 搜索）。

4）InfoSeek

InfoSeek 提供全文检索功能，并有较细致的分类目录，还可搜索图像。其网页收录极其丰富，以西文为主，支持简体和繁体中文检索，但中文网页收录较少；查询时能够识别大小写和成语，且支持逻辑条件限制查询（AND、OR、NOT 等）；高级检索功能较强，另有字典、事件查询、黄页、股票报价等多种服务。

5）Lycos

Lycos 是多功能搜索引擎，提供类目、网站、图像及声音文件等检索功能。其目录分类规范细致，类目设置较好，网站归类较准确，提要简明扼要，收录丰富；搜索结果精确度较高，尤其是搜索图像和音频文件的功能很强；有高级检索功能，支持逻辑条件限制查询。

6）AOL

AOL 提供类目检索、网站检索、白页（人名）查询、黄页查询、工作查询等功能。其目录分类细致，网站收录丰富，搜索结果有网站提要，按照精确度排序，方便用户得到所需结果；支持布尔操作符，包括 AND、OR、AND NOT、ADJ 和 NEAR 等；有高级检索功能，可针对用户要求在相应范围内进行检索。

7）HotBot

HotBot 提供有详细类目的分类索引，网站收录丰富，搜索速度较快；有功能较强的高级搜索，提供多种语言的搜索功能，以及时间、地域等限制性条件的选择等；提供音乐、黄页、白页（人名）、E-mail 地址、讨论组、公路线路图、股票报价、工作与简历、新闻标题、FTP检索等专类搜索服务。

6.9.2　搜索引擎的使用技巧

1. 搜索习惯问题

1）在类别中搜索

许多搜索引擎（如 Yahoo）都显示类别，如计算机和 Internet、商业和经济。如果单击其中一个类别，再使用搜索引擎，可以选择搜索当前类别。显然，在一个特定类别下进行搜索所耗费的时间较少，而且能够避免大量无关的 Web 站点。

2）使用具体的关键字

如果想要搜索以鸟为主题的 Web 站点，可以在搜索引擎中输入关键字"bird"。但是，搜索引擎会因此返回大量无关信息，如谈论高尔夫的"小鸟球"（birdie）等网页。为了避免这种问题的出现，请使用更为具体的关键字，如"ornithology"（鸟类学，动物学的一个分支）。所提供的关键字越具体，搜索引擎返回无关 Web 站点的可能性就越小。

3）使用多个关键字

比如，想了解北京旅游方面的信息，可以输入"北京 旅游"，这样才能获取与北京旅游有关的信息；如果想了解北京暂住证方面的信息，可以输入"北京 暂住证"进行搜索；如果要下载名叫"绿袖子"的 MP3，可以输入"绿袖子 下载"来搜索。

例如，若想搜索有关佛罗里达州迈阿密市的信息，则输入关键字"Miami"和"Florida"。如果只输入其中一个关键字，搜索引擎就会返回诸如 Miami Dolphins 足球队或 Florida Marlins 棒球队的无关信息。一般而言，提供的关键字越多，搜索引擎返回的结果越精确。

2．搜索语法问题

1）基本的搜索语法

专业的搜索引擎一般都会实现一个搜索语法，基本的搜索语法有以下逻辑运算符。

❖ 与（+、空格）：查询词必须出现在搜索结果中。

❖ 或（OR、|）：搜索结果可以包括运算符两边的任意一个查询词。

❖ 非（-）：要求搜索结果中不含特定查询词。

例如，搜索"干洗 AND 连锁"（AND 可以用空格代替），将返回以干洗连锁为主题的 Web 网页；如果搜索所有包含"干洗"或"连锁"的 Web 网页，只需输入这样的关键字"干洗 OR 连锁"（OR 可以用"|"代替，百度中使用"|"比较准），搜索会返回与干洗有关或者与连锁有关的 Web 站点。

又如，搜索"射雕英雄传"，希望得到的是关于武侠小说方面的内容，却发现很多关于电视剧方面的网页，那么可以改为"射雕英雄传-电视剧"。用减号语法可以去除所有这些含有特定关键词的网页。前一个关键词和减号之间必须有空格，否则减号会被当成连字符处理，而失去减号语法的功能。减号与后一个关键词之间有无空格均可。

2）把搜索范围限定在网页标题中

网页标题通常是对网页内容提纲挈领式地归纳。把查询内容范围限定在网页标题中，有时能获得良好的效果。使用的方式是把查询内容中特别关键的部分用"intitle:"修饰。

例如，找刘谦的魔术，可以输入"魔术 intitle:刘谦"。注意："intitle:"与后面的关键词之间不要有空格。

3）把搜索范围限定在特定站点中

如果知道某个站点中有自己需要找的东西，就可以把搜索范围限定在这个站点中，以提高查询效率。使用的方式是在查询内容的后面加上"site:站点域名"。

例如，要从查询 QQ 聊天工具的下载，可以输入"qq site:skycn.com"。"site:"后跟的站点域名不要有"http://"，"site:"与站点名之间不要有空格。

site 语法的另一个用处是查看一个网站被搜索引擎收录的情况，如通过 site:search.rayli. com.cn 可以看出 Google 中收录了多少条"瑞丽"搜索的信息。这些信息对于搜索引擎优化

（SEO）是有参考价值的。

4）把搜索范围限定在 URL 链接中

URL 中的某些信息常常具有某种有价值的含义。如果对搜索结果的 URL 做某种限定，就可以获得良好的效果。实现的方式是用 "inurl:" 后跟需要在 URL 中出现的关键词。

例如，查找关于 Word 的使用技巧，可以这样查询 "Word inurl:技巧"。上面这个查询串中的 "Word" 可以出现在网页中的任何位置，"技巧" 则必须出现在网页 URL 中。注意："inurl:" 与后面所跟的关键词之间不要有空格。

5）精确匹配：双引号和书名号

如果输入的查询词很长，搜索引擎在经过分析后，给出搜索结果中的查询词可能是拆分的。如果对这种情况不满意，可以让搜索引擎不拆分查询词。给查询词加上双引号，就可以达到这种效果。

例如，搜索 "中山大学南方学院"，如果不加双引号，搜索结果被拆分，效果不是很好，加上双引号后，即搜索 ""中山大学南方学院""，获得的结果就全是符合要求的了。

书名号是中文搜索独有的一个特殊查询语法。在有些搜索引擎中，书名号会被忽略，而在百度、谷歌等搜索中，中文书名号是可被查询的。加上书名号的查询词有两层特殊功能：一是书名号会出现在搜索结果中；二是在书名号中的内容不会被拆分。书名号在某些情况下特别有用，如查名字很通俗和常用的那些电影或者小说。比如，搜索电影《手机》，如果不加书名号，很多情况下搜出来的是通信工具——手机，而加上书名号后，搜索结果就基本是关于电影方面的了。

6）搜索特定文件类型中的关键词

"filetype:" 语法用于对搜索对象做限制，":" 后是文档格式，如 PDF、DOC、XLS 等。例如，"旅游 filetype:pdf" 的搜索结果将返回包含旅游的 PDF 格式的文档。注意："filetype:" 与关键词之间必须有空格。

3．一些常见错误

1）错别字

经常发生的一种错误是输入的关键词含有错别字。每当你觉得某种内容在网络上应该有不少却搜索不到结果时，就应该先查一下是否有错别字。

2）关键词太常见

搜索引擎对常见词的搜索存在缺陷，因为这些词曝光率太高了，以致出现在成百万网页中，使得它们事实上不能被用来帮你找到什么有用的内容。比如，搜索 "电话"，有无数网站提供跟 "电话" 相关的信息，从网上黄页到电话零售商到个人电话号码都有。所以当搜索结果太多太乱时，应该尝试使用更多的关键词或者减号来搜索。

3）多义词

要小心使用多义词，如搜索 "Java"，要找的信息究竟是太平洋上的一个岛、一种著名的咖啡，还是一种计算机语言？搜索引擎是不能理解辨别多义词的。最好的解决办法是，在搜索前先问自己这个问题，然后用短语、用多个关键词或者用其他词语来代替多义词作为搜索的关键词。比如，用 "爪哇 印尼""爪哇 咖啡""Java 语言" 分别搜索可以满足不同的需求。

4）不会输关键词，想要什么输什么

搜索失败的另一个常见原因是类似这样的搜索："当爱已成往事歌词""南方都市报发行

情况""广州到武汉列车时刻表"。其实搜索引擎是很机械的，用关键词搜索的时候，它只会把含有这个关键词的网页找出来，而不管网页上的内容是什么。

而问题在于，没有一个网页上会含有"当爱已成往事歌词"和"广州到武汉列车时刻表"这样的关键词，所以搜索引擎也找不到这样的网页。但是真正含有你想找的内容的网页，应该含有的关键词是"当爱已成往事""歌词"或者"广州""武汉""列车时刻表"，所以应该这样搜索："当爱已成往事　歌词"或者"广州　武汉　列车时刻表"。

当搜索结果太少甚至没有的时候，应该输入更简单的关键词来搜索，猜测你找的网页中可能含有的关键词，然后用那些关键词搜索。

6.9.3　百度搜索引擎的使用

在浏览器的地址栏中输入百度网站的网址，按 Enter 键，进入百度搜索网站的首页。

1．基本搜索

1）搜索很简单

只要在搜索框中输入关键词，并单击"百度一下"按钮，百度就会自动找出相关的网站和资料。百度会寻找所有符合全部查询条件的资料，并把最相关的网站或资料排在前列。

小技巧：输入关键词后，直接按键盘的 Enter 键，百度会自动找出相关的网站或资料。

2）用好关键词

关键词，就是输入搜索框中的文字，也就是命令百度寻找的东西。可以在百度中寻找任何内容，所以关键词的内容可以是：人名、网站、新闻、小说、软件、游戏、星座、工作、购物、论文……

关键词可以是任何中文、英文、数字，或中文英文数字的混合体。例如，可以搜索"大话西游""Windows""911""F-4 赛车"。

关键词可以是一个，也可以是两个、三个、四个词语，甚至可以是一句话。例如，可以搜索"爱""风景""电影""过关　攻略　技巧""这次第，怎一个愁字了得！"。

注意：多个关键词之间必须有一个空格。

① 使用准确的关键词。百度搜索引擎要求"一字不差"。例如，分别输入[张宇]和[张雨]，搜索结果是不同的；分别输入[电脑]和[计算机]，搜索结果也是不同的。因此，若对搜索结果不满意，建议检查输入文字有无错误，并换用不同的关键词搜索。

② 输入多个关键词搜索，可以获得更精确更丰富的搜索结果。例如，搜索"北京　暂住证"，可以找到几万篇资料，而搜索"北京暂住证"，则只有严格含有"北京暂住证"连续 5 个字的网页才能被找出来，找到的资料只有几百篇，资料的准确性也比前者差得多。

因此，当要查的关键词较为冗长时，建议将它拆成几个关键词来搜索，词与词之间用空格隔开。多数情况下，输入两个关键词搜索，就已经有很好的搜索结果。

2．百度网页搜索特色

1）百度快照

百度快照是百度网站最具魅力和实用价值的一方面。

百度搜索引擎已先预览各网站，保存网页的快照，为用户存储大量应急网页。百度快照功能在百度的服务器上保存了几乎所有网站的大部分页面，使用户在不能链接所需网站时，百度暂存的网页也可救急，而且通过百度快照寻找资料要比常规链接的速度快得多。因为：

- ❖ 百度快照的服务稳定，下载速度极快，不会再受死链接或网络堵塞的影响。
- ❖ 在快照中，关键词均已用不同颜色在网页中标明，一目了然。
- ❖ 单击快照中的关键词，还可以直接跳到它在文中首次出现的位置，使用户浏览网页更方便。

2）相关检索

如果无法确定输入什么关键词才能找到满意的资料，百度相关检索可以提供帮助。

可以先输入一个简单词语搜索，百度搜索引擎会提供"其他用户搜索过的相关搜索词"作参考。单击任何一个相关搜索词，都能得到那个相关搜索词的搜索结果。

3）拼音提示

如果只知道某个词的发音，却不知道怎么写，或者嫌某个词拼写输入太麻烦，可以输入查询词的汉语拼音，百度就能把最符合要求的对应汉字提示出来，事实上是一个无比强大的拼音输入法。拼音提示显示在搜索结果下方，如输入"liqingzhao"，在下端会显示以"李清照"开头的若干信息。

4）错别字提示

由于汉字输入法的局限性，我们在搜索时经常会输入一些错别字，导致搜索结果不佳。这时百度会给出错别字纠正提示。错别字提示显示在搜索结果上方。如输入"唐醋排骨"，提示为"您要找的是不是：糖醋排骨"。

5）英汉互译词典

百度网页搜索内嵌英汉互译词典功能。如果想查询英文单词或词组的解释，可以在搜索框中输入想查询的"英文单词或词组"＋"是什么意思"，搜索结果第一条就是英汉词典的解释，如"received 是什么意思"；如果想查询某个汉字或词语的英文翻译，可以在搜索框中输入想查询的"汉字或词语"＋"的英语"，搜索结果第一条就是汉英词典的解释，如"龙的英语"。另外，可以单击搜索框右上方的"词典"链接，到百度词典中查看想要的词典解释。

6）计算器和度量衡转换

百度网页搜索内嵌的计算器功能，能快速高效地解决我们的计算需求。只需简单地在搜索框中输入计算式，回车即可，如可以查看这个复杂计算式的结果"log((sin(5))^3)-5+pi"。

注意：如果要搜的是含有数学计算式的网页，而不是做数学计算，单击搜索结果上的表达式链接，就可以达到目的。

在百度的搜索框中，也可以做度量衡转换，格式为"换算数量换算前单位＝？换算后单位"，如"-5 摄氏度=?华氏度"。

7）专业文档搜索

很多有价值的资料在互联网上并非普通网页，而是以 Word、PowerPoint、PDF 等格式存在的。百度支持对 Office 文档（包括 Word、Excel、PowerPoint）、Adobe PDF 文档、RTF 文档进行全文搜索。要搜索这类文档很简单，在普通的查询词后面加一个"filetype:"文档类型限定。"filetype:"后可以跟以下文件格式：DOC、XLS、PPT、PDF、RTF、ALL。其中，ALL 表示搜索所有这些文件类型。例如，查找张五常关于交易费用方面的经济学论文，"交易费用 张五常 filetype:doc"，单击结果标题，直接下载该文档，也可以单击标题后的"HTML 版"快速查看该文档的网页格式内容。

也可以通过"百度文档搜索"界面（http://file.baidu.com/），直接使用专业文档搜索功能。

8）高级搜索语法

（1）减少无关资料

有时候，排除含有某些词语的资料有利于缩小查询范围。百度支持"-"功能，用于有目的地删除某些无关网页，但减号之前必须有一个空格，语法是"A－B"。例如，要搜寻关于"言情小说"，但不含"琼瑶"的资料，可使用如下查询"言情小说－琼瑶"。

（2）并行搜索

使用"A | B"来搜索"或者包含关键词A，或者包含关键词B"的网页。例如，要查询"风情"或"壁画"相关资料，无须分两次查询，只要输入"风情|壁画"搜索即可，百度会提供跟"|"前后任何关键词相关的网站和资料。

（3）在指定网站内搜索

在一个网址前加"site:"，可以限制只搜索某个具体网站、网站频道或某域名内的网页。例如，"intel site:com.cn"表示在域名以"com.cn"结尾的网站内搜索和"intel"相关的资料。

（4）在标题中搜索

在一个或几个关键词前加"intitle:"，可以限制只搜索网页标题中含有这些关键词的网页。例如，"intitle:维生素 C"表示搜索标题中含有关键词"维生素 C"的网页。

（5）在 URL 中搜索

在"inurl:"后加 URL 中的文字，可以限制只搜索 URL 中含有这些文字的网页。例如，"inurl:mp3"表示搜索 URL 中含有"mp3"的网页。

9）高级搜索

如果希望更准确地利用百度进行搜索，又不熟悉繁杂的搜索语法，可以使用百度高级搜索功能。使用高级搜索可以更轻松地定义要搜索的网页的时间、地区，语言、关键词出现的位置及关键词之间的逻辑关系等。高级搜索功能将使百度搜索引擎功能更完善，使用百度搜索引擎查找信息也将更加准确、快捷。

10）个性设置

可以自己设置在使用百度时的搜索结果是显示 10 条、20 条还是 50 条，是喜欢在新窗口中打开网页还是在同一窗口中打开，是否在百度网页搜索结果中显示相关的新闻等。当完成个性设置后，下次再次进入百度进行搜索时，百度会按照所设置偏好提供个性化百度搜索。

3．其他功能

1）新闻搜索

百度新闻不含任何人工编辑成分，没有新闻偏见，真实地反映每时每刻的新闻热点，突出新闻的客观性和完整性。每天发布 150000～160000 条，365 天，7×24 小时，每 1 小时的每 1 分钟，永不休息，风雨无阻。

2）MP3 搜索

百度 MP3 搜索是百度在天天更新的数十亿中文网页中提取 MP3 链接从而建立的庞大 MP3 歌曲链接库。百度 MP3 搜索拥有自动验证链接有效性的卓越功能，总是把最优的链接排在前列，最大化保证用户的搜索体验。只需输入关键词，就可以搜到各种版本的相关 MP3。

3）图片搜索

百度图片搜索是世界上最大的中文图片搜索引擎，百度从数十亿中文网页中提取各类图片，建立了世界第一的中文图片库。目前为止，百度图片搜索引擎可检索图片已经近亿张。只需输入关键词，就可以搜到各种图片。

4）百度搜索伴侣

百度搜索伴侣是最新一代的互联网冲浪方式，使浏览器地址栏增加了百度搜索引擎功能，用户无须登录百度网站，直接利用浏览器地址栏，可快速访问相关网站，或快速获得百度搜索结果。

5）百度搜霸

百度搜霸工具条将安装于浏览器的工具条中，让用户在访问互联网上任何网站时，随时使用百度搜索引擎轻松查找，提供的功能有站内搜索、新闻搜索、图片搜索、MP3 搜索、Flash搜索、关键词高亮、页面找词、自动屏蔽弹出窗口等。

6.9.4 必应搜索引擎应用

必应是微软全球搜索品牌 Bing 的中文搜索品牌，于 2009 年 5 月 29 日正式推出。

1．必应搜索的特点

必应搜索主要有以下特点。

1）必应之美：每日首页美图

必应搜索将来自世界各地的高质量图片设置为首页背景，并加上与图片紧密相关的热点搜索提示，使用户在访问必应搜索的同时获得愉悦体验和丰富资讯。

2）与 Windows 操作系统深度融合

通过与 Windows 11 在操作系统层面的深度融合，必应为用户带来了全新的沉浸式搜索体验——必应超级搜索功能（Bing Smart Search）。通过该功能，用户不需打开浏览器或点击任何按钮，直接在 Windows 11 搜索框中输入关键词，就能一键获得来自互联网、本机以及应用商店的准确信息，从而颠覆传统意义上依赖于浏览器的搜索习惯，实现搜索的"快捷直达"。

3）全球搜索与英文搜索

中国存在着大量具有英文搜索需求的互联网用户。但中国目前几乎没有搜索引擎，可为广大用户带来更好的国际互联网搜索结果体验。凭借先进的搜索技术，以及多年服务于英语用户的丰富经验，必应将更好地满足中国用户对全球搜索——特别是英文搜索的刚性需求，实现稳定、愉悦、安全的用户体验。

4）输入中文，全球搜图

必应图片搜索一直是用户使用率最高的垂直搜索产品之一。为了帮助用户找到最适合的精美图片，必应率先实现了中文输入全球搜图。用户不需用英文进行搜索，而只需输入中文，必应将自动为用户匹配英文，帮助用户发现来自全球的合适图片。

5）跨平台，必应服务应用产品

微软必应搜索与亿万中国用户相随相伴。用户登录微软必应网页，打开内置于 Windows操作系统的必应应用，或直接按下 Windows Phone 手机的搜索按钮，均可一站直达微软必应搜索，轻松享有网页、图片、视频、词典、翻译、资讯、地图等全球信息搜索服务。

2．必应搜索方法

必应搜索方法与百度的基本相似，普通搜索通常是在搜索框中输入关键字，如搜索"高考分数线"，选中"国内版"选项，然后单击"搜索"图标（或直接按 Enter 键），结果就出来了。

注意：文中搜索语法外面的引号仅起引用作用，不能带入搜索栏。

除了基本搜索，下面介绍一些常用的关键词搜索技巧：

① contains：只搜索包含指定文件类型的链接的网站。例如，要搜索包含"音乐"的 WMA 文件的网站，则输入"音乐 contains:wma"。

② filetype：仅返回以指定文件类型创建的网页。例如，要查找"演讲技巧"的 PDF 格式的文件，则在搜索框中输入"演讲技巧 filetype:pdf"；要查找"演讲技巧"的 PPT 格式文件，则在搜索框中输入"演讲技巧 filetype:ppt"。

③ ip：查找特定 IP 地址的网站。IP 地址必须是以英文句点分开的地址。例如，要查找 IP 地址为 217.4.249.222 的网站，则在搜索框中输入"217.4.249.222"。

④ language：返回指定语言的网页。在关键字"language:"后直接指定语言代码。使用搜索生成器中的"语言"功能也可以指定网页的语言。例如，若只需查看有关"斐济"的英文网页，则在搜索框中输入"斐济 language:en"。

⑤ prefer：着重强调某个搜索条件或运算符，以限定搜索结果。例如，若查找"烤鸭"的相关网页但搜索内容主要限定在北京，则在搜索框中输入"烤鸭 prefer:北京"。

⑥ site：返回属于指定网站的网页，若要搜索两个或更多域，请使用逻辑运算符 OR 对域进行分组。例如，在去哪儿和携程中搜索"夏威夷"，则在搜索框中输入"site: qunar.com OR ctrip.com 夏威夷"。

3．图片搜索

在必应首页中单击"图片"链接，就进入了必应的图片搜索界面，可以在搜索框中输入描述图片内容的关键字。

4．必应学术搜索

在必应首页中单击"学术"链接，就进入了必应的学术搜索界面，可以在搜索框中输入所有搜索文献的关键词。

6．视频搜索

在必应首页中单击"视频"链接，就进入了必应的视频搜索界面，可以在搜索框中输入描述视频内容的关键字。

7．必应词典

必应词典是微软首款中英文智能词典，不仅提供中英文单词和短语查询，还拥有词条对比等众多特色功能，能够为英文写作提供帮助。

8．必应地图

必应地图全面支持国内外地图浏览和出行规划，并提供地点搜索、公共交通线站查询、自驾车导航、路况查询和位置定位等功能。

6.10 文献检索

6.10.1 单库检索——中国期刊全文数据库

单库检索是指用户只选择某数据库所进行的检索及其后续的相关操作。在进行数据库检索前，需要根据检索需求确定检索目标，然后选择数据库。例如，查找某学科领域某研究发展方向的论文综述，或查找某位作者发表的文章，可检索《中国期刊全文数据库》；查找某位研究生或某学科某方向学位论文，可检索《中国优秀博硕士学位论文全文数据库》；查找某篇会议论文或某届某个主题的会议论文，可检索《中国重要会议论文集全文数据库》。不同的数据库因收录文献不同其检索项也会不同。不同的检索项有不同的检索功能和价值，可满足不同的检索需求。下面以中国期刊全文数据库的检索为例说明如何进行检索。

CNKI（中国知识基础设施工程）中的中国期刊全文数据库是目前世界上最大的连续动态更新的中国期刊全文数据库，收录国内 9100 多种重要期刊，以学术、技术、政策指导、高等科普及教育类为主，同时收录部分基础教育、大众科普、大众文化和文艺作品类刊物，内容覆盖自然科学、工程技术、农业、哲学、医学、人文社会科学等领域，全文文献总量 3252 多万篇。产品分为十大专辑：理工 A、理工 B、理工 C、农业、医药卫生、文史哲、政治军事与法律、教育与社会科学综合、电子技术与信息科学、经济与管理。十个专辑下分 168 个专题和近 3600 个子栏目。

可以通过 CNKI 官网或者各高校图书馆的"数字资源"，登录中国知网数据库并进行文献检索。该数据库检索主页如图 6-15 所示，首页中列出了所有的数据库类型，下面以"期刊"数据库为例进行介绍。

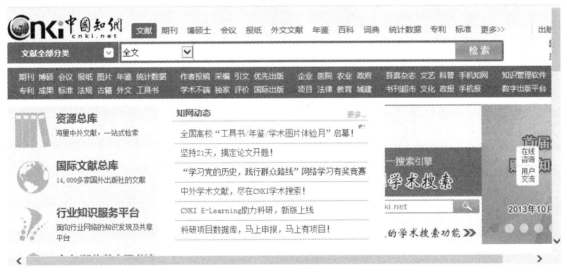

图 6-15　中国期刊全文数据库检索主页

1. 初级检索

单击"期刊"，跳转至期刊检索页面的初级检索窗口，初级检索是一种简单检索，不能实现多检查项的逻辑组配检索，但该系统所设初级检索具有多种功能，如简单检索、多项单词逻辑组合检索、词频控制、词扩展等。期刊及初级检索窗口如图 6-16 所示。

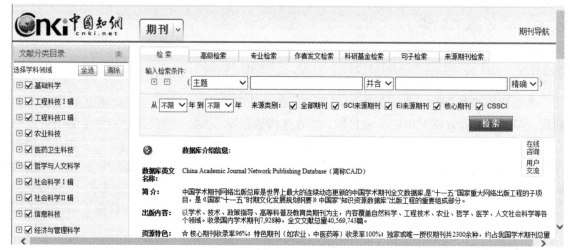

图 6-16　期刊数据库初级检索窗口

多项单词逻辑组合检索：多项是指可选择多个检索项，通过单击"逻辑"下方的"增加一逻辑检索行"；单词是指每个检索项中只可输入一个词；逻辑是指每个检索项之间可使用逻辑与、逻辑或、逻辑非进行项间组合。

多项单词逻辑组合检索：多项是指可选择多个检索项，通过单击"逻辑"下方的"增加一逻辑检索行"；单词是指每个检索项中只可输入一个词；逻辑是指每个检索项之间可使用逻辑与、逻辑或、逻辑非进行项间组合。

最简单的检索只需输入检索词，单击"检索"按钮，则系统将在默认的"主题"（题名、关键词、摘要）项中进行检索，任意一个项中与检索条件匹配者均为命中记录。

【例6-4】　检索有关"物理学"的 2014 年期刊的全部文献。

Step1：选择"中国期刊全文数据库"。

Step2：选择检索项"主题"。

Step3：输入检索词"物理学"。

Step4：选择从"2014"年到"2014"年。

Step5：选择"来源类别"中的"全部期刊"。

Step6：选择"匹配"中的"精确"。

Step7：选择"排序"中的"主题排序"。

Step8：选择"每页"中的"50"，如图 6-17 所示。

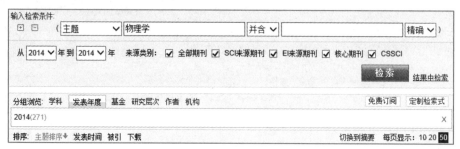

图 6-17　中国期刊全文数据库单库初级检索

Step9：单击"检索"。

2. 高级检索

高级检索是一种比初级检索要复杂一些的检索方式，也可以进行简单检索。高级检索特有功能如下：多项双词逻辑组合检索、双词频控制。

❖ 多项是指可选择多个检索项。
❖ 双词是指一个检索项中可输入两个检索词（在两个输入框中输入），每个检索项中的两个词之间可进行5种组合：并且、或者、不包含、同句、同段，每个检索项中的两个检索词可分别使用词频、最近词、扩展词。
❖ 逻辑是指每个检索项之间可使用逻辑与、逻辑或、逻辑非进行项间组合。

单击搜索页面中的"高级检索"按钮，就能进入高级检索页面，如图6-18所示。

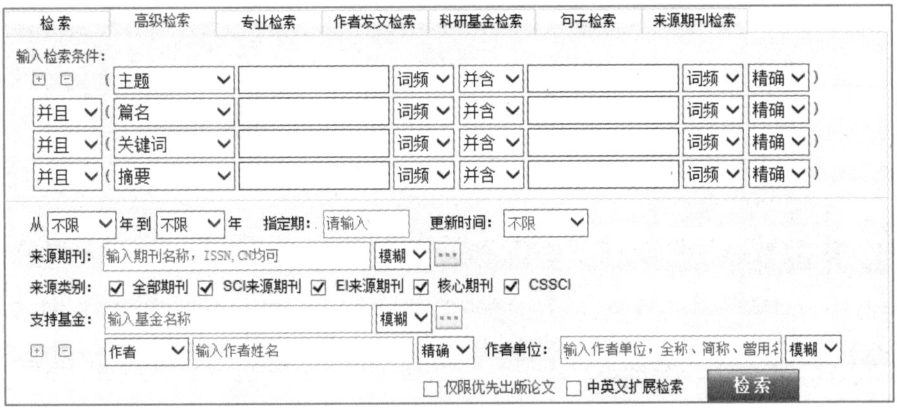

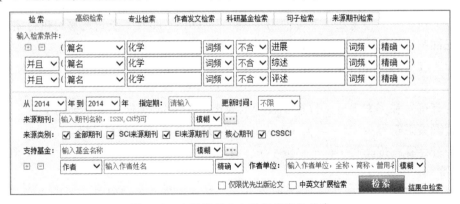

图6-18　高级检索栏

【例6-5】　要求检索2010年发表的篇名中包含"化学"，不要篇名中包含"进展""综述""评述"的期刊文章。

Step1：在图6-18中单击"删除"按钮 ⊟，删除一个检索行。

Step2：使用三行逻辑检索行，每行选择检索项"篇名"，输入检索词"化学"。

Step3：选择"同一检索项中另一检索词（项间检索词）的词间关系"下的"不含"。

Step4：在三行中的第二检索词框中分别输入"进展""综述""评述"。

Step5：选择三行的项间逻辑关系（检索项之间的逻辑关系）"并且"。

Step6：选择检索控制条件从"2014"年到"2014"年，如图6-19所示。

图6-19　中国期刊全文数据库高级检索

Step7：单击"检索"按钮。

3．专业检索

专业检索比高级检索功能更强大，但需要检索人员根据系统的检索语法编制检索式进行检索，适用于熟练掌握检索技术的专业检索人员。

本系统提供的专业检索分单库和跨库。单库专业检索执行各自的检索语法表，跨库专业检索原则上可执行所有跨库数据库的专业检索语法表，但由于各库设置不同，会导致有些检索式不适用于所有选择的数据库。

单击图 6-16 所示页面中的"专业检索"按钮，就能进入专业检索页面，如图 6-20 所示。

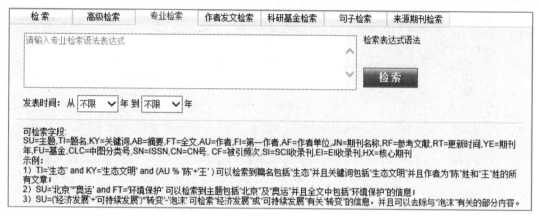

图 6-20　专业检索栏

1）检索项

单库专业检索表达式中可用检索项名称见检索框上方的"可检索字段"，构造检索式时应采用"（）"前的检索项名称，而不要用"（）"括起来的名称。"（）"内的名称是在初级检索、高级检索的下拉检索框中出现的检索项名称。

例如，"中文刊名&英文刊名(刊名)"代表含义：检索项"刊名"实际检索使用的检索字段为两个字段："中文刊名"或者"英文刊名"。读者使用初级检索"刊名"为"南京社会科学"，等同于使用专业检索"中文刊名 ＝ 南京社会科学 or 英文刊名 ＝ 南京社会科学"。

2）逻辑组合检索

① 使用"专业检索语法表"中的运算符构造表达式，使用前请详细阅读其说明。

② 多个检索项的检索表达式可使用"AND""OR""NOT"逻辑运算符进行组合。

③ 三种逻辑运算符的优先级相同。

④ 如要改变组合的顺序，请使用英文半角圆括号"（）"将条件括起。

3）符号

① 所有符号和英文字母（包括下表所示操作符），都必须使用英文半角字符。

② 逻辑关系符号 AND（与）、OR（或）、NOT（非）前后要空一格。

③ 字符计算：按真实字符（不按字节）计算字符数，即一个全角字符、一个半角字符均算一个字符。

④ 使用"同句""同段""词频"时请注意：用一组西文单引号将多个检索词及其运算符括起，如"'流体 # 力学'"；运算符前后需要空一格，如"'流体 # 力学'"。

【例 6-6】 检索张红在武汉大学或广州大学时发表的文章。

检索式：作者=张红 and (单位=武汉大学 or 单位=广州大学)。

【例 6-7】 检索张红在武汉大学期间发表的题名或摘要中都包含"化学"的文章。

检索式：作者=张红 and 单位=武汉大学 and (题名=化学 or 摘要=化学)。

6.10.2　跨库检索

跨库检索首页是跨库检索各种功能最齐备的页面，可单击图 6-16 右上方的"期刊导航"，弹出如图 6-21 所示的菜单，从中可以根据需要进行选择。

图 6-21　跨库检索首页

选择完成后，单击图 6-16 中的"高级检索"，可进入跨库检索页面，如图 6-22 所示。

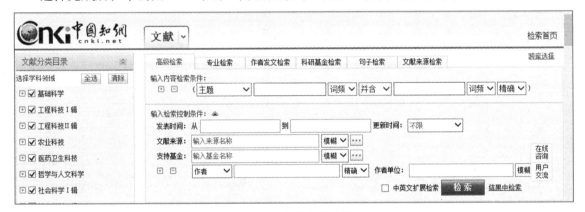

图 6-22　跨库检索首页

跨库检索中的高级检索、专业检索等检索方式与单库检索类似。

本章小结

本章主要介绍了计算机网络基础知识，包括网络的定义、分类等基础知识，以及局域网的定义、网络的接入方式，介绍了 Internet 的基础知识和应用、Edge 浏览器的使用、网页收藏、Web 笔记和文件的上传和下载，以及网络安全、网络故障的诊断与排除等内容。

本章还简单介绍了搜索引擎的分类、原理及一些比较常用的中英文搜索引擎，介绍了搜索引擎的使用技巧，包括搜索的习惯、搜索的语法及一些常见的错误，并详细介绍了常用的百度和必应两个搜索引擎。掌握好这些知识，读者可以进行有效的搜索。

最后介绍了如何在中国知网中进行文献检索，为以后毕业设计（论文）做准备。

通过本章的学习，读者可以提高信息获取和利用最新信息的能力。

参考文献

[1] 张立波，武延军，赵琛. 图灵宇宙：原初纪元——计算机科学发展简史. 北京：电子工业出版社，2022.

[2] 罗晓娟，罗雪兵，严海涛. 计算机基础（Windows 10+WPS Office）. 北京：清华大学出版社，2023.

[3] 陈雪，胡珊，王琳琳. MS Office 高级应用设计. 北京：中国铁道出版社，2021.

[4] 谢江宜，蔡勇，黄艳，朱利红. 大学计算机基础（WPS 版）. 北京：中国水利水电出版社，2022.

[5] 教育部教育考试院. 全国计算机等级考试一级教程：计算机基础及 WPS Office 应用. 北京：高等教育出版社，2022.

[6] 黄灿. 计算机基础及 WPS Office 应用标准教程. 北京：清华大学出版社，2024.

[7] 精英资讯. WPS Office 高效办公从入门到精通. 天津：天津科学技术出版社，2022.

[8] 段德全，王海振. 计算机应用基础. 北京：人民邮电出版社，2024.

[9] 秋叶，陈文登，赵倚南，刘晓阳. 和秋叶一起学：秒懂 Word+Excel+PPT. 北京：人民邮电出版社，2021.

[10] 精英资讯. WPS Office 办公应用从入门到精通. 北京：中国水利水电出版社，2023.

[11] 何国辉. WPS Office 高效办公应用与技巧大全. 北京：中国水利水电出版社，2021

[12] 博蓄诚品. WPS Office 高效办公一本通：文字·表格·演示·PDF·脑图. 北京：化学工业出版社，2021.

[13] 黄春风，赵盼盼. WPS Office 办公软件应用标准教程. 北京：清华大学出版社，2021.

[14] 蔡杰锋，程书红，卢金花. WPS Office+移动办公从入门到精通. 北京：清华大学出版社，2023.

[15] 文杰书院. WPS Office 高效办公入门与应用. 北京：清华大学出版社，2022.

[16] 回航. 从平凡到非凡：PPT 设计蜕变. 北京：中国水利水电出版社，2021.

[17] 秦阳，章慧敏，张伟崇. WPS Office 办公应用技巧宝典. 北京：人民邮电出版社，2022.

[18] Excel Home. WPS Office 应用大全. 北京：北京大学出版社，2023.

[19] 佚名. WPS Office 高效办公. 北京：北京大学出版社，2023.

[20] 佚名. WPS Office 办公应用任务式教程. 北京：人民邮电出版社，2023.

[21] WPS 官网.

[22] 百度官网.

[23] cnki 官网.

[24] 文心一言官网.

[25] Kimi 官网.

[26] Iflytek 官网.

反侵权盗版声明

  电子工业出版社依法对本作品享有专有出版权。任何未经权利人书面许可，复制、销售或通过信息网络传播本作品的行为；歪曲、篡改、剽窃本作品的行为，均违反《中华人民共和国著作权法》，其行为人应承担相应的民事责任和行政责任，构成犯罪的，将被依法追究刑事责任。

  为了维护市场秩序，保护权利人的合法权益，我社将依法查处和打击侵权盗版的单位和个人。欢迎社会各界人士积极举报侵权盗版行为，本社将奖励举报有功人员，并保证举报人的信息不被泄露。

举报电话：（010）88254396；（010）88258888

传　　真：（010）88254397

E-mail：　dbqq@phei.com.cn

通信地址：北京市万寿路 173 信箱

     电子工业出版社总编办公室

邮　　编：100036